蔬菜栽培关键技术与经验

SHUCAI ZAIPEI GUANJIAN JISHU YU JINGYAN

王久兴　闫立英　李晓丽　编著

中国科学技术出版社

·北　京·

图书在版编目（CIP）数据

蔬菜栽培关键技术与经验 / 王久兴，闫立英，李晓丽编著 .
—北京：中国科学技术出版社，2017.6
ISBN 978-7-5046-7484-5

Ⅰ. ①蔬… Ⅱ. ①王… ②闫… ③李… Ⅲ. ①蔬菜园艺
Ⅳ. ① S63

中国版本图书馆 CIP 数据核字（2017）第 092685 号

策划编辑　张海莲　乌日娜
责任编辑　张海莲　乌日娜
装帧设计　中文天地
责任校对　焦　宁
责任印制　徐　飞

出　　版　中国科学技术出版社
发　　行　中国科学技术出版社发行部
地　　址　北京市海淀区中关村南大街16号
邮　　编　100081
发行电话　010-62173865
传　　真　010-62173081
网　　址　http://www.cspbooks.com.cn

开　　本　889mm × 1194mm　1/32
字　　数　240千字
印　　张　10
彩　　页　4
版　　次　2017年6月第1版
印　　次　2017年6月第1次印刷
印　　刷　北京威远印刷有限公司
书　　号　ISBN 978-7-5046-7484-5 / S · 630
定　　价　32.00元

1. 温室后墙内侧悬挂反光幕
2. 温室前沿贴“裙苫”防寒保温
3. 温室外覆盖遮阳网
4. 日光温室内悬吊二层幕
5. 阴雨雪天后骤晴，揭“花苫”让蔬菜逐渐适应较强光照
6. 寒流期间在温室内部用炉火进行临时加温

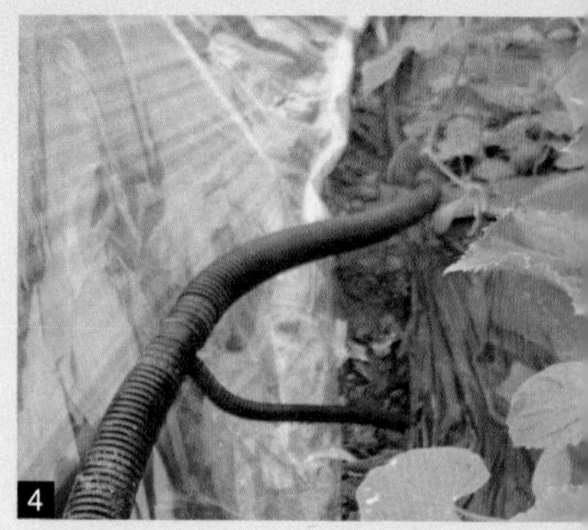

1. 阴天利用模拟阳光光谱的太阳灯为蔬菜补光
2. 将沼气池建于温室内保障冬季形成沼渣沼液用于蔬菜生产
3. 建造内置式秸秆反应堆
4. 温室滴灌系统
5. 冬季在温室内搭建拱棚进行保温育苗
6. 蔬菜工厂化育苗

1. 适宜多雨地区夏季露地栽培的高畦
2. 用打孔器打定植孔
3. 地膜覆盖栽培
4. 早春近地面地膜覆盖栽培
5. 茄子再生栽培植株
6. 中棚甘蓝初夏揭膜后生长状

1. 塑料大棚春提前茬辣椒
2. 塑料大棚秋延后茬茄子
3. 日光温室芹菜生长状
4. 日光温室越冬茬茄子
5. 日光温室越冬茬番茄
6. 利用秋冬茬或冬春茬之间的空闲期栽培小白菜

Preface 前言

蔬菜栽培是农民的优势种植项目，随着栽培面积的扩大，竞争日趋激烈，蔬菜种植者要想在竞争中立于不败之地，就要以科技为先导，不断学习新经验，开发新技术，合理安排茬口，提高栽培水平，降低生产成本，最终达到高产优质的栽培效果。为此，笔者用通俗易懂的文字，编写了《蔬菜栽培关键技术与经验》一书。

本书阐述了笔者多年来对设施蔬菜栽培的研究成果和在技术推广工作中积累的大量实践经验，列举了主要病虫害的诊断经验、防治方法、药剂配方，叙述了众多老菜农的成功经验，广泛收集了近年来农业领域取得的科技成果，汇集了全国各地生产中行之有效的种植模式和栽培技术。书中列举的许多技术问题，都是广大蔬菜种植者、基层农业技术人员和农业企业管理者在生产中经常遇到的；书中介绍的蔬菜栽培技术具有相对独立性，读者只要结合本地实际，将其中任何一项技术应用好，就能从中获得效益。本书内容详实，技术科学，具有较高的实用价值和较强的针对性，可以说是一本微缩版的蔬菜种植技术“宝典”。

由于水平所限，书中难免有疏漏和错误之处，望广大读者和同行专家批评指正。同时，对本书所引用技术的原作者表示衷心的感谢。

王久兴

Contents 目录

第一章
主要栽培设施

一、日光温室结构优化设计中的“五度”

日光温室是我国特有的栽培设施，其建造和运行成本低，合乎中国国情，适合我国经济发展的需要，而且伴随着能源的短缺，日光温室将成为今后我国大面积温室园艺产业发展的必然选择。但由于对日光温室光温性能和结构强度设计等方面的研究还不成熟，农民建造日光温室缺乏科学的理论指导，导致很多日光温室在生产中采光、保温性能差，抗风、抗雪能力差。所以，优化结构设计，规范建造技术，已经成为继续推进日光温室发展的迫切要求。

日光温室的结构设计主要是指其几何尺寸设计，包括前屋面角度、前屋面形状、后屋面仰角、后屋面投影宽度、脊高、跨度等参数。这些结构参数主要与采光设计有关。冬春季节是日光温室的主要生产期，也是太阳辐射最弱的季节，能否充分、合理利用太阳辐射，关系到温室生产的成败。因此，与日光温室采光设计相关的几何尺寸是设计过程中应首先解决的问题。

日光温室最关键的结构参数可以概括为“五度”，即角度、高度、跨度、长度、厚度。

（一）角　度

包括方位角、前屋面角、后屋仰角等。

1. 方位角　华北、东北、西北等北方地区栽培越冬茬蔬菜的日光温室都是东西方向延长，坐北朝南，偏西 5° ～ 10°。与朝向正南的日光温室相比，这种偏西建造的温室每天下午覆盖草苫或保温被的时间能推迟 20 分钟以上，使温室可以接受更多的光能，蓄积更多的热量，从而提高温室夜间温度，尤其是能提高早晨日出前的日光温室内的最低气温，避免作物受到这一关键时段的低温伤害，这一点至关重要。这种方位角偏西的方式称为“抢阴”（图 1–1）。

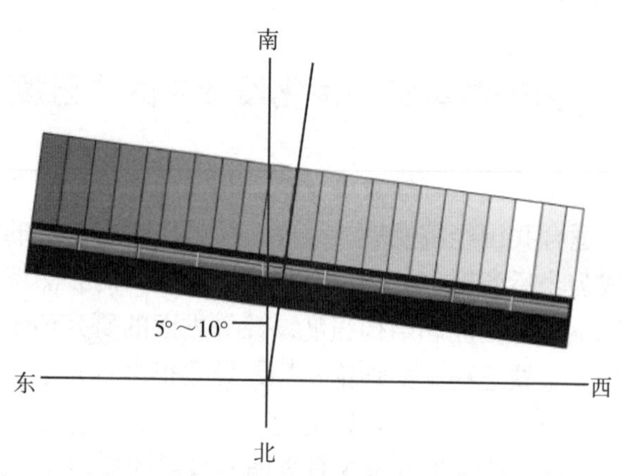

图 1–1　日光温室方位角示意图

有人采用南偏东 5° ～ 10° 的方位设计、建造温室，认为这样有利于日光温室在每天早晨早接收阳光，从而延长上午的光照时间，提高太阳光能的利用率。理由是，植物的 60% ～ 70% 的光合产物是在上午形成的，延长上午的光照时间对蔬菜光合作用更有益，这种做法称为“抢阳”。但实际情况是，在寒冷地区严冬季节的早晨，日出后 30 ～ 60 分钟内温室外的气温很低，此时根本不能立即揭开温室的不透明覆盖物，也就不能利用这一时段的阳光，因此，温室略偏向东建造没有现实意义。根据笔者的经验，建造日光温室还是以略偏西为好。

在设计和建造温室的时候，需要特别指出的是，指南针所指示的方向与真正南、北方向之间有一小小的角度差异，指南针两端并没有指向准确的地理上的南北极，而偏转的这个角度，就是我们平时所说的磁偏角。地球本身也是个磁性体，具有极性相反的两个磁极：一个在南，一个在北。这南、北磁极尽管非常靠近地球的地理南、北极，但并没有与之完全重合。所以，当指南针的两端分别被地球的两个磁极吸引时，并不能完全精确地指示南北方向，而是有了一个角度的误差。因此，在按方位角进行温室定位时，如果使用指南针确定方位，要注意按当地地理纬度的磁偏角进行修正。

2. 前屋面采光角、前屋面角及前屋面形状

（1）前屋面采光角　对于前屋面为弧形或部分为弧形的日光温室，前屋面采光角度并不是一个确定的值，不同位置的采光角度是不一样的，理论上，采光角是指前屋面拱架圆弧上某一点的切线与地平面的夹角。不同位置角度不同，求取平均值是没有实际意义的，因此，通常用前屋面主要采光部位的采光角度作为代表，进行推导和设计。

在推导过程中，为便于理解，可以将前屋面采光角分为理想前屋面采光角、合理前屋面采光角、最佳前屋面采光角 3 层含义，这一过程的目的是推导出实际生产中使用的最佳前屋面角。

①理想前屋面角　理想前屋面角是指太阳光线能垂直照射前屋面条件下的前屋面角，这一角度下阳光的透过率最大。太阳高度角是个动态的值，由于不同纬度、不同季节、不同时间太阳高度角不同，在设计日光温室时，通常以太阳高度角最低的冬至节这一天的正午的太阳高度角为依据进行计算（图 1–2）。

在图 1–2 中，δ 为赤纬，即天体的位置与天赤道位置的差，在天赤道以北多少度就为正多少度；反之，在天赤道以南多少度为负多少度。太阳赤纬的绝对值总是等于太阳直射点的纬度。

ΔABC 相当于日光温室，线段 BC 相当于温室前屋面，α 相当于温室前屋面采光角。

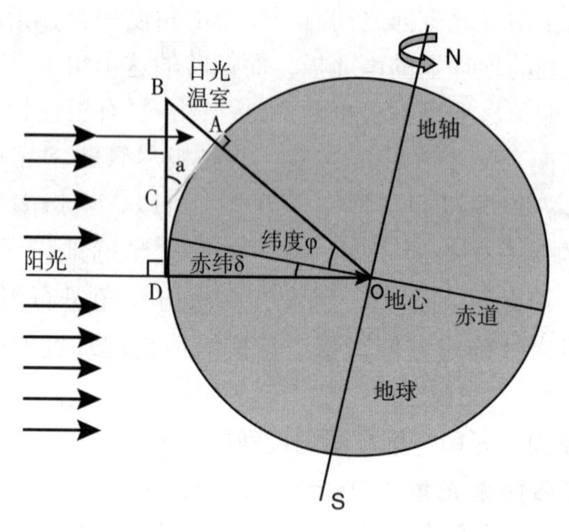

图 1–2　冬至正午阳光、地球、日光温室三者关系示意图

由图 1–2 可知：

ΔABC 是直角三角形，∠ABC＋α＝90°

ΔOBD 是直角三角形，∠OBD＋ϕ＋|δ|=90°

而由图可知，∠ABC=∠OBD

那么，可得：α＝ϕ＋|ϕ|

以西安为例，地理纬度（ϕ）是 33.4°，冬至节（ϕ）=–23.5°，那么西安地区理想的前屋面采光 α 是：

α＝ϕ＋|ϕ|

　=33.4° +|–23.5°|

　=56.9°

但实际上，如果真的按照这个前屋面采光角度建造日光温室，则温室的后墙将会特别高，远远超出人们的想象，建造成本高，奇形怪状，前屋面角度看似理想，但并不实用，因此没有实际意义。

②合理前屋面采光角　指的是在理想前屋面采光角的基础上，依据塑料薄膜的通光特性，对其加以调整，使之更趋于合理的采光角度（图 1–3）。

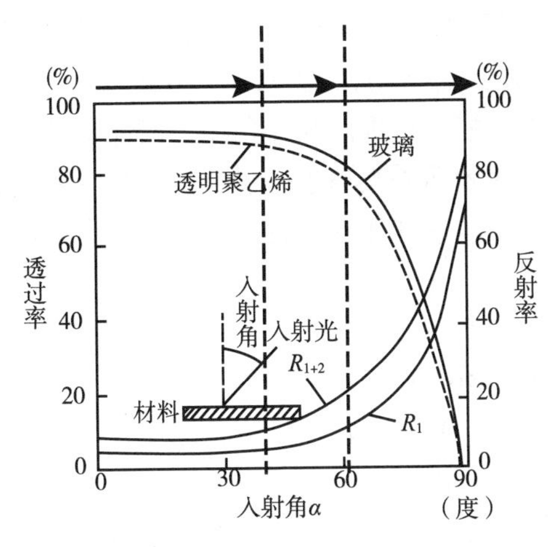

图 1–3　入射角与光线透过率及反射率的关系

由图 1–3 可以看出：当入射角在 0°～40°范围内时，随着入射角的增大，透光率逐渐下降，但变化并不明显；当入射角在 40°～60°范围内时，阳光透光率随着入射角的加大明显下降；当入射角处在 60°～90°范围时，透光率随着入射角增大而急剧下降。因此，入射角没有必要保持理想的 0°，而是可以逐渐增加，只要入射角不超过 40°，对阳光的透过率就没有明显的影响，而这样调整后还可以大大降低温室建造的成本。

基于这一理念，则合理前屋面采光角为：$\alpha=\phi+|\phi|-40°$

还以西安为例，$\phi=33.4°$，冬至日 $\phi=-23.5°$，

那么，西安地区合理前屋面采光角是：

$$\alpha=\phi+|\phi|-40°$$
$$=33.4°+|-23.5°|-40°$$
$$=16.9°$$

合理前屋面角为：16.9°

③最佳前屋面采光角　理想屋面采光角和合理屋面采光角都是以当地冬至节正午 12 时的太阳高度角为基础进行计算的。但在实际生产中，太阳的位置是不断变化的，对蔬菜来说，只保证温室在

中午 12 时这一时刻的采光角度合理是远远不够的，还要考虑阳光有效利用时段的问题。对蔬菜来说，一般要求从上午 9 时到下午 3 时，温室前屋面都能有合理的采光角度，以保证较高的透光率。因此，必须对合理前屋面采光角进一步修正，在原来基础之上再加一个修正值，从而得出最佳的，也就是真正能作为建造参数的前屋面采光角。

最佳前屋面角度：

$$\alpha = \phi + |\phi| - 40^\circ + c$$

其中：c 表示各地区冬至节上午 9 时或下午 3 时的太阳高度角与正午太阳高度角的差值。

以西安为例，$\phi=33.4^\circ$，冬至日 $\phi=-23.5^\circ$，西安地区 $c=14^\circ$

那么，西安地区最佳前屋面角度是：

$$\begin{aligned}\alpha &= \phi + |\phi| - 40 + c \\ &= 33.4^\circ + |-23.5| - 40^\circ + 14^\circ \\ &= 16.9^\circ + 14^\circ \\ &= 30.9^\circ\end{aligned}$$

最佳前屋面角为：30.9°

依据上述方法，可以计算出我国不同地区日光温室理想前屋面采光角、合理前屋面采光角和最佳前屋面采光角的具体数值（表 1–1）。

表 1–1　不同纬度地区日光温室前屋面采光角度　（单位：°）

纬　度	32	33	34	35	36	37	38	39	40	41	42	43
理想角	55.3	56.3	57.3	58.3	59.3	60.3	61.3	62.3	63.3	64.3	65.3	66.3
合理角	15.3	16.3	17.3	18.3	19.3	20.3	21.3	22.3	23.3	24.3	25.3	26.3
最佳角	30.0	30.7	31.5	32.2	32.9	33.7	34.4	35.2	35.9	36.6	37.4	38.1

（2）前屋面角的概念　前屋面角和前屋面采光角是两个不同的概念，要注意区分（图 1–4）。前屋面角指的是温室顶部前后屋面

相接处与前屋面接地处连线与地平面的夹角，对于每个温室来说，前屋面角都是固定的值。这个角度很容易测量，而且是唯一固定的，便于不同温室之间进行比较；而且，这个角度也能反映温室的保温和采光性能。因此，前屋面角也是日光温室设计中的一个重要参数。但这个参数的不足之处是不能反映前屋面的形状。

图 1–4　日光温室前屋面角和前屋面采光角的关系

（3）对前屋面形状设计的认知　日光温室的热量来自太阳辐射，争取更多太阳光进入温室是采光面设计的关键。温室前屋面的形状是温室采光和结构受力两者平衡的结果。

从让日光温室获得最大的采光量的角度分析，日光温室的前屋面以平面为最佳，采光量最大，而且光照分布最均匀。但这种结构的日光温室的南端低矮，操作空间太小，蔬菜生长受限，结构受力最差。为此，人们通常用可描述的数学表达式，如圆、椭圆、抛物线等，来研究采光面的形状。有研究者通过计算机模拟，认为圆弧面的采光效率最高，椭圆面次之，抛物面最低。也有研究者得出圆抛物面温室内的光环境明显优于单斜面和抛物面温室。还有人认为拱形前屋面采光效果最好，但上述拱形采光面在解决上部排水和下部操作方面均存在问题。

随着计算机模拟方法引入日光温室采光面优化研究，有学者发现，采光面的形状对采光效果影响不大，这一点尽管十分重要，但尚未得到所有学者的认可。比如，河北农业大学高志奎建立了日光温室采光性能的数学模型，发现无论曲线类型如何，若将内跨、脊高和肩高固定后，经过模拟优化曲线参数后，最终的曲面形状会趋同。轩维艳建立了日光温室采光屋面曲线数学模型，得出温室采光面的形状不同、弧度不同，对温室结构强度、散热、蓄热都有较大影响，但对采光效果即太阳光入射率影响最大相差不到3%。以此为依据，多数人得出结论，在进行设计时，日光温室前屋面的形状可根据操作要求，如屋面排水、放苫、前部的操作空间和结构受力来进行优化设计。但同时也必须认识到采光面形状对日光温室内光照的均匀性仍有较大的影响，在优化设计中必须引起高度重视。

前屋面是日光温室的采光屋面，是日光温室的重要结构部分。但单纯以采光作为优化目标很难得到合适的前屋面。例如，采光好但前部过低的圆弧形屋面，因其前部低矮区域过大、土地使用效率低、农事操作困难等并非理想的采光面。不同形状前屋面的应力也不同，相应的材料用量也就有差异。抛物线形是日光温室最理想的受力曲面，抛物线形温室骨架的应力值最小。

无柱式日光温室，取消立柱后前屋面和后屋面骨架形成一体，后屋面荷载将全部作用在骨架上，故其受力比有立柱日光温室骨架复杂得多。有人分析无柱式日光温室的受力特点，提出对前屋面骨架进行优化时，应该用恒载＋前屋面均布荷载［草毡＋风载（＋植物吊重）、草毡＋雪载（＋植物吊重）］进行曲线寻优，然后用后屋面（屋脊）荷载进行校核，修正优化截面。

（4）前屋面形状的设计方法　日光温室断面的形状及尺寸标注如图 1–5 所示。日光温室跨度 L、后墙高 h、后坡仰角 a、高度 H、南屋面角度 a_0 是决定日光温室结构的主要参数。其中，如前所述，对前屋面角度 a_0 的研究表明，温室采光总量的多少与采光屋面形状基本没有关系，前屋面的形状只是影响温室所获得光能在时间、空间上分布的均一性、温室抗风排水能力、坚固性以及温室保温性

能。进入温室的总的光能量是由前屋面最高点到前屋面着地点处的连线与水平地面夹角 a_0 决定的，也就是说是由前屋面角决定的。

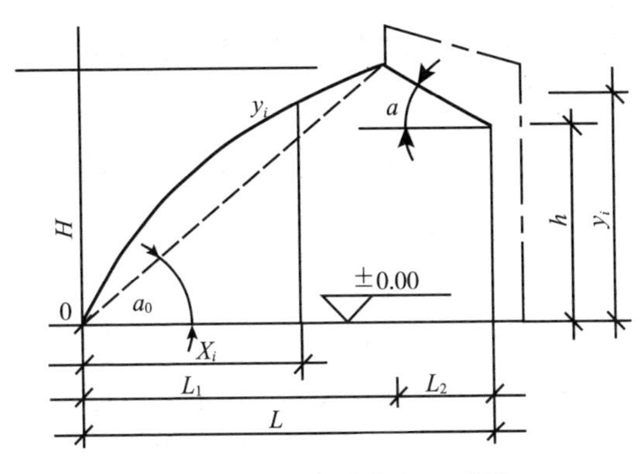

图 1-5　日光温室断面尺寸图

由于不同地理纬度的地区接收的太阳辐射能不同，经理论推导，得出了北纬 33°～43° 地区前屋面角度 a_0 的优化值（表 1-2）。为不同地理纬度地区设计日光温室时，可以首先查出适宜的前屋面角度再进行设计，注意，这个角度应该宁大勿小。

表 1-2　不同地理纬度地区日光温室前屋面角 a_0 优化值

地理纬度 φ	30°	34°	35°	36°	37°	38°	39°	40°	41°	42°	43°
前屋面角 α_0	23.5°	24.0°	25.0°	26.0°	27.0°	28.0°	29.0°	29.5°	30°	31°	32°

确定前屋面角度后，设计日光温室前屋面形状，虽然前屋面形状与温室总体的采光量多少几乎没有关系，但仍要考虑很多问题。比如，从前屋面的牢固性出发，薄膜的摔打现象（“风鼓膜”现象）与棚面弧度有很大关系。棚面摔打现象是由棚内外空气气压不等造成的。当温室外风速大时，空气压强（静压）减小，温室内空气产生举力，薄膜向外鼓起；但在风速变化的瞬间，由于压膜线的拉力，薄膜又返回拱架，如此反复，薄膜就被反复摔打，当压膜线

不牢固时，就很容易破坏薄膜。对这一问题，如果根据合理轴线公式，就能设计出光效高、前屋面薄膜摔打轻且方便操作的优化日光温室。

根据理论推导可知，对于跨度为5.5米和6米的温室，前屋面曲线的合理轴线设计公式为：

$$Y_i=[H/(L_1+0.25)^2]\times(X_i+0.25)\times[2(L_1+0.25)-(X_i+0.25)]$$

式中：Y_i 为棚面对应于 X_i 的弧线点高；

X_i 为距温室南端的水平距离；

L_1 为日光温室棚膜在水平方向上的投影宽度。

对跨度为6米和8米的温室，用下述公式计算：

$$Y_i=[H/(L_1+0.30)^2]\times(X_i+0.30)\times[2(L_1+0.30)+(X_i+0.30)]$$

对跨度为8米和10米的温室，用下述公式计算：

$$Y_i=[H/(L_1+0.35)^2]\times(X_i+0.35)\times[2(L_1+0.35)+(X_i+0.35)]$$

举例说明。以北纬 φ=41° 为例，设预建日光温室跨度为L=7米，后墙高度h=2米，优化前屋面角 a_0=30°，如选取后屋面仰角 a=35°，则经弧线公式计算，其结果如表1–3所示。

表1–3　北纬41°地区7米跨度后墙高2米的日光温室弧线点高度

（单位：米）

X_i	0.5	1.0	2.0	3.0	4.0	5.0	5.43（L1）
Y_i	0.85	1.29	2.02	2.57	2.93	3.10	3.12（H）

3. 后屋面仰角　有的温室的后屋面除有保温的功能外，还起着蓄积热量的作用，白天吸收光能，夜间将储存的热量释放出来，提

高温室温度，因此要求阳光最好能照射到后屋面内侧。即使那些因材料原因只能起保温作用，不被要求具备储热功能的后屋面，也要保证在低温季节的中午时段不对后墙形成遮阴。因此，后屋面应有一个较大的仰角，使阳光尽量多地照射到后屋面内侧和后墙上，便于后屋面和后墙吸收光能。有菜农观察到，有些后屋面仰角大的土后墙温室比仰角小的温室气温要高出许多，这是因为，蓄积阳光热量的主要是土壤，而栽培地块的土壤多被蔬菜植株覆盖，阳光能量很多被植物吸收或阻挡，照射到地面的直射光并不多，而大的后屋面仰角使更大的后墙面积直接暴露在阳光之下，被阳光照射，吸收热量，温度提高，到了夜间，后墙又像一座巨大的暖气一样，把热量释放出来，加热温室空气。这样，后屋面仰角大的温室就比仰角小的温度性能好很多（图 1–6）。

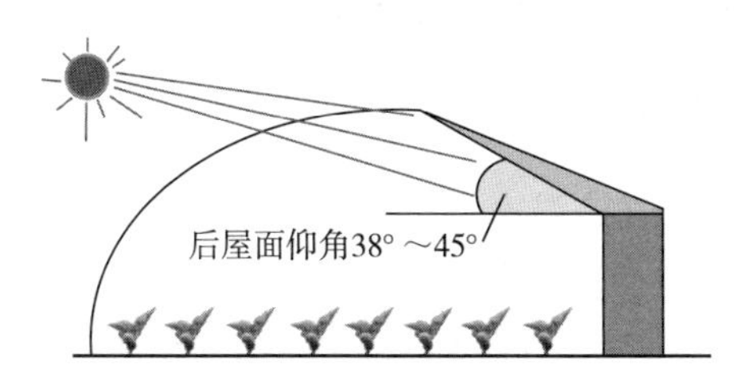

图 1–6　温室后屋面仰角示意图

一般认为，从内部测量，后屋面的仰角应该在 38° 以上，只要不超过 45°，后屋面仰角越大越好。

（二）高　度

1. 脊高　指日光温室前、后屋面交界处到地面的垂直距离，通常也就是温室最高点到地面的距离，因此也称为矢高。需要注意的是，这里所说的地面，指的是温室内部地面。早年的温室只有 2 米多高，后来增加到 3.5 米左右；近年来，温室的高度达到了 4.5～5 米，而且形成了一种错误的认识，认为温室越高保温、采光性能越好，越先进，尤其是在山东省农民当中，这种认识更加普遍。其实，过高的温室不但不利于保温，也增大了光程（光线进入温室后到达植物叶片的距离），综合效果并不理想。笔者综合实践经验得出，就目前来说，在北纬40°左右地区，比较适宜的日光温室高度为4.3米左右，应该控制在4.5米以内才比较合理。

2. 后墙高度 后墙高度的确定，主要从两个方面考虑。其一，后墙具有保温和储热作用，过于低矮的后墙储热空间小，储存的热量少，不利于提高温室夜间的温度。其二，后墙的高度影响温室后屋面内侧的仰角，如果后墙过高，仰角就会变小，形成对后墙的遮光，后墙虽高，但不能被阳光照射，没有意义，后墙低些，仰角才能增大。综合这两个因素得出，适宜的后墙高度应该是，能保证后屋面内部仰角达到近45°，中午阳光照射到后墙上，保证后墙不被遮阴，在这种情况下，后墙越高越好。

（三）跨　度

温室跨度，也就是温室的宽度，实际上指的是"内跨"，即温室后墙内侧到前屋面南端接地点的距离。跨度不是一个孤立的参数，要与温室高度和前屋面角度等其他指标相协调才有意义，也就是说，跨度、高度、前屋面角度，三者中有一个因素变化了，其他因素要同时变化，温室结构才能保持合理。

在早期的研究和日光温室结构标准中都限定了日光温室的跨度在6～9米，是从节约用地和扩大空间的角度出发。近几年的日光温室向"高""大"方向发展，如辽沈II型跨度为12米，山东省更为夸张，新型的寿光市日光温室跨度超过20米，即使在甘肃省河西地区，新建造的一种西北型日光温室跨度也达到了10米。

跨度的增大可以增加温室的有效栽培面积，但温室的保温性能会受到影响，而且跨度的增大是否能节约土地，也是一个需要严格论证的问题。对大跨度日光温室的规划实例表明，由于跨度大、脊高较高，需要较大的间距，使得节地效果并不很明显，加之有的温室后墙堆土太厚，有的竟然达到了6.5米以上，反而浪费了土地；而且，各地由于地理纬度不同，不应照搬照抄，尤其是不能全国各地都照抄照搬山东经验。笔者根据生产实践、气候特点、建造工艺分析认为，在北纬40°左右地区，在温室高度4.3米的前提下，温室内部跨度以9米左右为好。在北纬40°左右地区，过高、过宽的温室保温性能并不好，有的农户温室高度超过4.5米，个别达到5.3米，跨度超过11米，有的达到12米，保温效果就明显降低了。

（四）长　度

温室长度是指温室东西侧墙之间的距离，以50～100米为宜，利于1～2个强壮劳力操作，而且浇水施肥、农产品外运等都比较方便，还能阻断病害的大面积传播。过长的温室虽然节约了建筑成本，但物资运输、机械安装、病虫防治都会受到阻碍。

（五）厚　度

温室厚度这类指标，主要包括三方面的内容，即墙体厚度、后屋面厚度和草苫等覆盖物厚度，厚度决定了温室的保温性能。

1. 墙体厚度　由于对日光温室墙体结构的热环境研究不足，过去，在实际建设中经常以当地冻土层深度作为墙体厚度标准。但后来有一种思潮，部分技术人员和大部分菜农认为墙体越厚越保温，最近在山东寿光市农村，推广建设了一种墙体厚度达7米的日光温室，不仅造成温室建设占地面积增加，而且建造的土方工程量也很大。

土堆后墙，可以节约建筑材料，提高日光温室的保温性能，特别是在较大的日光温室运用较多。但目前的土堆后墙普遍存在尺寸过大、强度无标准等问题。实际上，从日光温室的蓄热、保温和结构强度等方面考虑，经过测算，在保证墙体坚固性的前提下，土墙厚度达到1.5米就足够了，如果墙体再厚，则进入墙体热量向深层传导，夜间不能释放到温室内部用于提高温度，会造成热量的

浪费，反而会降低温室的保温性能。举个特殊的例子，假设某人在土山坡上建温室，切削出直面，以整个山体做后墙，可以说，这样的墙体极厚，想象中保温性应该更好，实际上有农民也确实这样做了，但实践证明，温度性能很差。这说明，墙体并不是越厚越好。

为了在满足保温储热功能的同时，减少墙体厚度，节约土地，可以采用以聚苯板为隔热材料的复合墙体。聚苯板是良好的保温隔热材料，建造复合墙体时，建议使用5～10厘米厚度的聚苯板贴在墙体外侧。为提高强度，可以对聚苯板进行处理，外包水泥，做成氯氧镁水泥聚苯乙烯泡沫塑料保温板，这种板材市场有售，效果很好。复合墙体的内侧可以为夯土墙，也可以为砖墙，砖墙的厚度至少应保证37厘米，也就是通常所说的三七砖墙，还可采用加气混凝土砖替代黏土红机砖。

2. 后屋面厚度 当前的建设思路已不同于日光温室发展初期，现在对后屋面的定位是，后屋面的主要作用是隔热或称保温，而不过分强调储热功能，因此可以采用轻质隔热材料，这样不仅有利于保温，还能降低重量，提高温室的坚固性。只是在材料的隔热性能差时，才建得厚一些，比如用作物秸秆建造后屋面时，建议厚度超过50厘米为好，而用泡沫塑料板，5厘米厚就够了。

3. 草苫厚度 温室的前屋面是夜间主要散热面，因此，薄膜外的草苫或其他不透明覆盖物就对保温起着至关重要的作用。草苫以外的保温被等材料，应用范围尚不广泛，生产上还是以稻草制作的草苫应用最多。草苫一定要有足够的厚度，最简单的感知厚度的方法是，在黄昏时分放下草苫，然后站到温室内抬头看前屋面，如果能看到透进来的星星点点的亮光，则说明草苫厚度不够，光斑越多，说明草苫越薄。不透光，是对草苫厚度的最基本要求。

二、日光温室优化设计中的“四比”

“四比”，指日光温室相互关联的各结构部位尺寸或面积的比例关系，包括前后屋面投影、高跨比、保温比和遮阴比。

（一）前后屋面投影比

指日光温室前屋面、后屋面的地面垂直投影宽度的比例（图1-7）。对于内侧墙面上部向北倾斜的堆土后墙，后屋面北端的地面投影点实际上是在墙体内，测量时不能从地面直接量取，要利用后屋面仰角和后屋面内侧的长度经计算才能得出。

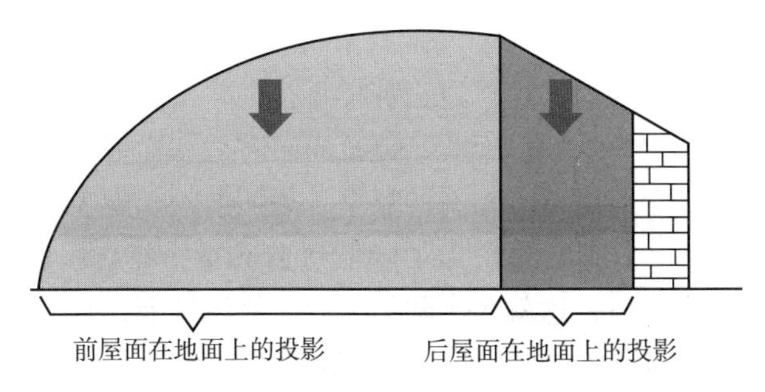

图 1-7　前后屋面地面投影示意图

在进行温室结构的优化时，后屋面的尺寸是一个影响因素，设计时需要兼顾采光和保温两个方面的性能。但目前，随着堆土后墙的使用，而且温室整体比过去高出很多，土后墙也比过去高了近 2 米，温室的保温储热功能有很大的比重转由后墙来承担，后屋面的储热作用在逐渐削弱，但后屋面的长度对保温的影响却是至关重要的。这是因为，整个温室的外表面可以理解为一个广义的散热面，前屋面只有一层薄膜，夜间加一层草苫，保温能力比后屋面、墙体差很多，可以理解为温室的主要散热面；而无论在白天还是夜间，起主要保温作用的是墙体和后屋面，笔者姑且称为主要保温面，在墙体表面积固定的前提下，后屋面越长，整个温室的主要保温面的面积所占温室散热面的面积比例越大，保温性能就越好。

由于测量、计算温室前屋面、后屋面、后墙的表面积较为烦琐，于是人们用前后屋面的地面投影长度，间接反映日光温室的主要散热面、主要保温面的大小，从而粗略地反映出日光温室的保温性能。

早年，中国农业大学陈端生先生提出，以北京地区为例，前、后屋面的地面投影比为3～4∶1时，温室的热效应最大。现在看，温室结构、建材，甚至气候，都发生了较大变化，这一比例也不再适宜。对于采用堆土后墙的日光温室，在北纬40°地区，当前的前、后屋面投影比应在8～10∶1。越往北方，投影比越小；越往南方，投影比越大。

实践中，菜农不再像过去那样重视前、后屋面的投影比，而是在建造时，更多地凭借经验，让日光温室后屋面保持一个必要的长度。对于一个跨度9米左右的温室，后屋面的长度（内侧）至少应在1.5米以上，有的菜农为了降低建造成本，将后屋面建得很短，甚至在1米以下，这就大大降低了温室保温性能，致使冬季温室最低温度会低于5℃的极限，不能在严冬季节栽培喜温蔬菜。试想，如果没有后屋面，日光温室不就变成有后墙的塑料大棚了吗？而塑料大棚的保温性能又是什么样的呢，不言而喻，保持适当的投影比还是很有必要的。

（二）高 跨 比

指日光温室内部高度与内部跨度的比例。可参照前述的前、后屋面投影比部分的内容理解高跨比的意义。

前屋面采光角、脊高、跨度和后屋面仰角4个因素是互相制约的。脊高和跨度的大小及其相互配合影响采光角的大小和采光面形状。4个因素共同作用，影响着日光温室的操作空间、采光和保温性能。

如果温室高度固定，增加跨度，则前屋面采光角度随之降低，温室难以获得最佳采光效果。跨度变小，采光角度虽然更加有利，但温室内的有效可利用面积会减少（图1-8）。如果温室跨度固定，温室高度增加，则采光面增大，有利于温室采光，而且温室空间增大，操作更加便利。如果高度降低，则采光角度变小，进入温室的光量减少（图 1–9）。

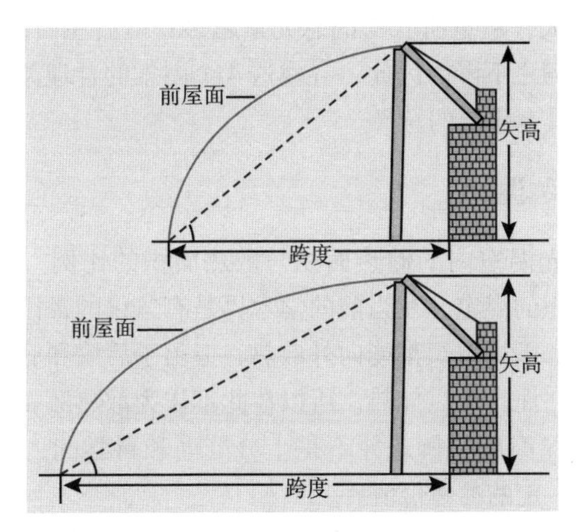

图 1–8　跨度变化对采光角度的影响

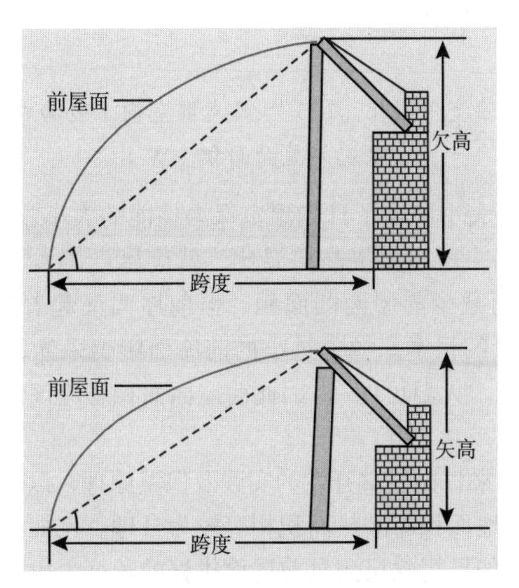

图 1–9　高度降低对采光角度的影响

温室的跨度和高度不仅影响采光，也影响保温。改变温室跨度和高度，会分别对地面及北墙面受到的太阳辐射有较大影响，且呈线性关系。后屋面地面投影宽度一定，采光面投影在温室跨度中所占的比例越大，温室所获得的总光量越多；但后屋面的宽度减小，保温性能也随之下降。因此，寻找这 4 个因素的合理关系，对日光温室的保温具有重要的意义。

（三）保 温 比

是指日光温室内的储热面积与散热面积的比例。但对储热面积和散热面积的界定，在当前的学术界是有争议的，比如在日光温室中，虽然各围护组织都能向外散热，但由于后墙和后坡较厚，不仅向外散热，而且可以储热，所以在此不作为散热面和储热面来考虑。因此，保温比的概念并不是十分严谨和科学的，在实际应用中，仅具有一定的参考价值。

在通常条件下，人们一般认为，温室内的储热面就是温室内的地面，散热面为前屋面，故保温比就等于土地面积与前屋面面积之比。

日光温室保温比（R）＝日光温室内土地面积（S）/ 日光温室前屋面面积（W）

保温比的大小决定了日光温室保温性能的大小，保温比越大，保温性能越高，所以要提高保温比，就应尽量扩大土地面积，延长后屋面，而减少前屋面的面积。但前屋面又起着采光的作用，也是温室热量的根本来源，过小的前屋面影响采光，减少热量的获得，使温室“无温可保”，因此前屋面面积还应该保持在一定的水平上。

根据近年来日光温室开发的实践及保温原理，以保温比值等于 1 为宜，即土地面积与散热面积相等较为合理。比如，内部跨度为 9 米的温室，如果用软尺测量前屋面拱杆的长度，也应该是 9 米才

好，这是一条经验，读者可以试一下。

（四）遮 阳 比

遮阳比是指前面的地物高度与其到后面建筑物距离之比。指在建造多栋温室或在高大建筑物北侧建造温室时，前面的物体对所建造温室的遮阴影响。为了不让南面地物、地貌及前排温室对后方温室产生遮阴，应确定适当的无阴影距离。

遮阴比反映在温室设计上，主要是指前后日光温室之间距离的确定。为节省土地，很多地区在建造温室时设定的温室间距过小，导致后一栋温室被前面的温室遮光，导致后面的温室内温度较低，升温缓慢，光照不良，严重时薄膜内侧结冰。

推导确定合理的温室间距，是一个递进的过程。首先要保证后排温室在一年当中太阳高度角最小的冬至那一天的中午不被前一排温室遮阴。这样，首先计算出冬至节中午温室后墙以外地面被遮阴的长度（图 1-10）。计算公式是：

$$L=h/\tan\alpha-S$$

公式中：L 为冬至节中午温室后墙外阴影的长度；
h 为前排温室加草苫以后最高点的高度；
$\tan\alpha$ 为当地冬至正午太阳高度角的正切值；
S 为温室最高点的地面投影到温室后墙外侧的距离。

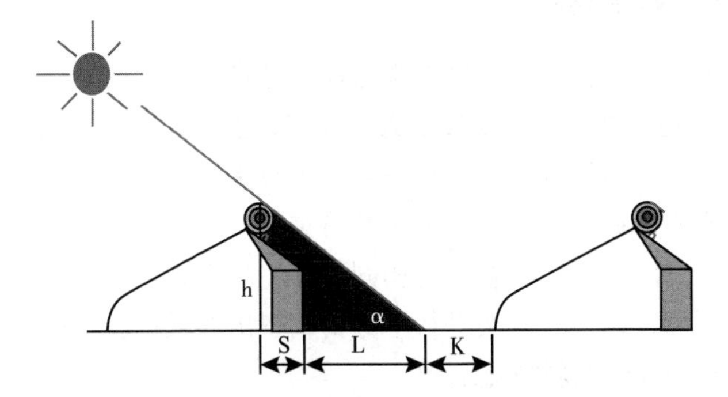

图 1-10　温室前后排之间的适宜距离

再在此基础上，考虑冬至中午前后需要多长一段时间后排温室不被遮阴，同时还要考虑后排温室前面应预留出多宽的空地，至少在这段时间不被前一排温室遮阴，因为被遮阴的土壤温度低，会影响后排温室内部的土壤温度。因此，还要再加上一个修正值K，即温室前面在冬至中午不被遮阴的地块宽度，K 一般为 1～3 米。K 值过大，温室间距过大，一方面浪费土地，另一方面后排温室不能起到为前排温室阻挡冬季寒冷北风的作用；K 值过小，后排温室不被遮阴的时段仅限于中午前后较短的一段时间，而在其他时间，蔬菜仍要进行旺盛的光合作用，而温室前部的蔬菜却被遮光，长期如此，自然会对这一部分蔬菜的生长发育造成不良影响。所以，温室前后排间距的总的计算公式就是：

$$L_0=L+K$$

公式中：L_0 为适宜的温室间距。

如果嫌计算麻烦，也可按温室高度（含草苫）的 2 倍来粗略计算温室前后排的距离。

三、日光温室结构优化设计中的“三材”

“三材”，指建造温室所用的建筑材料、透光材料及保温材料。

（一）建筑材料

无论采用何种建材，都要考虑有一定的牢固度和保温性。

1. 屋面骨架　主要视投资大小而定，投资大时可选用耐久性的钢结构、水泥结构等。投资小时可采用竹木结构。目前，日光温室的屋面普遍为钢桁架结构，由于其自重轻、造价低、施工简单，在工程中得到广泛应用。有人对相同长度、高度和跨度下不同结构形式的单坡面日光温室骨架进行了分析，得出的最佳骨架设计方案是采用方管的双骨架斜拉花结构。

2. 墙体　墙体不仅是结构承力部件，而且作为日光温室的主要蓄热体和放热体，对保证室内夜间温度起着关键性作用。

（1）单质空心墙体　主要有3类。

其一，堆土碾压墙体和夯实黏土墙体。这种墙体吸热和蓄热能力强，建造费用低，但导热能力较大。夯实黏土墙造价最低，而且建造工艺简单，可就地取材，适合应用于农户自建的温室。但是使用年限短，保温效果较差，需要经常维修。

其二，加草黏土墙体。这种墙体导热能力差，建造费用低，吸热和蓄热能力较强。

其三，普通砖砌墙体。这种墙体导热、吸热和蓄热能力介于前两者之间，但是建造费用高。

（2）复合异质墙体　近年来，复合异质墙体由于其良好的蓄热能力和保温特性，受到大家的重视。有学者提出理想的墙体结构应是内侧由吸热、蓄热能力较强的材料组成蓄热层，外侧由导热、散热能力较差的材料组成保温层，中间有夹层隔热的异质复合墙体。当前，常用的复合异质墙体主要有3种：一是内、外层为砖砌体，中间隔层为空心。二是内、外层为砖砌体，中间有炉渣、珍珠岩、岩棉等各种保温材料作为夹层。但是造价相对高一些，填充材料由于吸水性强，在遇到潮湿条件后墙体的保温性能下降很快，要注意保温材料的防潮。三是新型材料异质复合墙体。如使用了聚苯板的保温墙体。有人提出在厚37厘米的砖墙外贴聚苯保温板具有较好的经济性能和热力性能。这种异质复合墙体，建造工艺不复杂，材料容易取得，同时也节约材料，更主要的是耐久性能好，其缺点是一次性投资较大。用这种墙体建造的温室，造型美观，经久耐用，适合规模较大的设施种植。

在此基础上，改进的铝箔聚苯板也有采用。铝箔结构的质量仅为砖墙结构质量的万分之一，泡沫塑料结构质量的8%，防潮性能好，能有效阻止水或汽通过，而其铝箔结构的材料费仅为砖墙结构材料费的29%；铝箔绝热材料可制成各种预制件，施工方便，是一种值得推广的新型材料。另外，聚乙烯发泡板材等，也在温室墙体的建造中得到应用。

以下表 1–4、表 1–5 为进行温室保温设计时可能用到的一些热力学基本参数，供读者选材时查阅。

表 1–4　几种建筑用砖的技术性能

名　称	尺寸（毫米）	容　重（千克 / 米 ^{3}）	导热系数（λ）（千焦 / 千焦 2 · 小时 · ℃）	耐水性	耐久性
普通黏土砖	240×115×53	1 800	2.93	好	好
灰沙砖	240×115×53	1 900～2 000	3.14	较差	较差
矿渣砖	240×115×53	2 000	2.72	较好	较差
粉煤灰砖	240×115×53	1 500～1 700	1.67～2.60	较差	较差
空心砖	240×115×53	1 000～1 500	1.67～2.30	好	好

表 1–5　常用温室筑墙材料的热工参考指标

材料名称	容重（r）（千克 / 米 ^{3}）	导热系数（λ）（千焦 / 厘米 ^{2} · 小时 · ℃）	比热（C）（千焦 / 千克 · ℃）	蓄热系数（S）（千焦 / 厘米 ^{2} · 小时 · ℃）
夯实草泥或黏土墙	200	3.35	0.84	38.09
草　泥	1 000	1.25	1.05	18.59
土坯墙	1 600	2.51	1.05	33.07
重砂浆黏土砖砌体	1 800	2.93	0.88	34.74
轻砂浆黏土砖砌体	1 700	2.72	0.88	32.44
容重为 2 800 的石砌体	2 680	11.51	0.92	86.23
容重为 2 000 的石砌体	1 969	4.06	0.92	43.53

（二）透光材料

1. 传统塑料薄膜　塑料薄膜具有质地轻、价格较低、性能优

良、使用和运输方便等优点，因而成为我国目前设施农业中使用面积最大的覆盖材料。按其母料进行分类，目前我国使用的农用薄膜主要可分为聚氯乙烯（PVC）、聚乙烯（PE）和最近开发出的乙烯－醋酸乙烯（EVA）多功能复合膜等3大类。

（1）聚氯乙烯（PVC）薄膜　是以聚氯乙烯树脂为主原料，加入适量的增塑剂（增加其柔性）制作而成，同时许多产品还添加光稳定剂、紫外线吸收剂以提高耐候性，添加表面活性剂以提高防雾效果。因此，聚氯乙烯薄膜种类繁多，功能丰富，是我国使用最普遍的薄膜。

聚氯乙烯薄膜有透明和粉色之分，加工过程大多经过了防尘和防雾滴处理，从而使水分能以膜状流下。聚氯乙烯薄膜不仅具有较好的柔性、透明度、保温性和防雾滴效果；同时，一些薄膜还具有选光和强保温功能。聚氯乙烯薄膜的缺点是容易发生增塑剂的缓慢释放及吸尘现象，使得聚氯乙烯薄膜的透光率下降迅速，缩短了使用年限。

目前，市场上有许多所谓的转光膜出售，其中大多为近年生产的去紫外线薄膜，通过在聚氯乙烯原料中添加紫外线吸收剂以改变紫外线的透过率。通过控制紫外线透过率不仅可促进一些植物的生长，同时也可减少叶霉病和菌核病及一些虫害的发生，但在一些作物上必须谨慎使用。

保温性与薄膜对长波辐射区域的透过率有关，聚氯乙烯薄膜对长波辐射的透过率显著低于聚乙烯薄膜，因此其保温性也比聚乙烯薄膜和EVA薄膜要好。

（2）聚乙烯（PE）薄膜　是由低密度聚乙烯（LDPE）树脂或线型低密度聚乙烯（LLDPE）树脂吹制而成，除作为地膜使用外，也广泛作为外覆盖和保温多重覆盖使用。与聚氯乙烯薄膜相比，聚乙烯薄膜具有比重轻（0.95，PVC为1.41）、幅度大和覆盖比较容易的优点；另外，聚乙烯薄膜还具有吸尘少、无增塑剂释放等特点，使用一段时间后的透光率下降要比聚氯乙烯薄膜低。但聚乙烯薄膜对紫外线的吸收率较聚氯乙烯薄膜要高，容易引起聚合物的光氧化

而加速薄膜的老化，因此大多聚乙烯薄膜的使用寿命要比聚氯乙烯薄膜短。

（3）乙烯－醋酸乙烯（EVA）多功能复合薄膜 是以乙烯－醋酸乙烯共聚物为主原料，添加紫外线吸收剂、保温剂和防雾滴助剂等制造而成的多层复合薄膜。其外表层一般以 LLDPE、LDPE 或 EVA 树脂为主，添加耐候、防尘等助剂，使其具有较强的耐候性，并可阻止防雾滴剂等的渗出，在中层和内层以不同的 VA 含量的 EVA 为主并添加保温和防雾滴剂，以提高其保温性能和防雾滴性能。因此，乙烯－醋酸乙烯复合膜具有质轻、使用寿命长（3～5年）、透明度高、防雾滴剂渗出率低等特点。EVA 膜的红外线区域的透过率介于聚氯乙烯薄膜和聚乙烯薄膜之间，故保温性显著高于聚乙烯薄膜，夜间的温度一般要比普通聚乙烯薄膜高出 2℃～3℃，对光合有效辐射的透过率也高于聚乙烯薄膜与聚氯乙烯薄膜。因此，乙烯－醋酸乙烯复合膜既克服了聚乙烯薄膜无滴持效期短和保温性差的缺点，也克服了聚乙烯薄膜比重大、幅窄、易吸尘和耐候性差的缺点，具有很好的应用前景。

2. 新型多功能覆盖材料 随着科学技术的发展，透明覆盖材料的种类也越来越多。除目前普遍使用的长寿无滴膜以外，还开发了转光膜、有色膜、病虫害忌避膜等覆盖材料，需指出的是，这类薄膜大多还处于开发研究阶段，尚未达到大面积应用水平。

（1）漫反射薄膜 漫反射薄膜通过在聚乙烯等母料中添加调光物质，使直射光进入大棚后形成更均匀的散射光，作物受光变得一致，设施中的温度变化减少，可促进植物的光合作用。

（2）转光膜 转光膜通过在聚乙烯等母料中添加光转换物质和助剂，使太阳光中的能量相对较大的紫外线转换成能量较小有利于植物光合作用的可见光。许多试验表明，转光膜还具有较普通薄膜更优越的保温性能，可提高设施中的温度。

（3）有色膜 有色膜通过在母料中添加一定的颜料以改变设施中的光环境，创造更适合光合作用的光谱，从而达到促进植物生长

的目的。这方面虽然有很多的研究，但由于效果不稳定，加上使用有色膜后降低了光透过率，限制了有色膜在生产上的使用。目前，利用蓝色膜进行水稻育苗方面相对比较成功。

（4）红光 / 远红光（R/FR）转换膜　R/FR 转换膜主要通过添加红光或远红光的吸收物质来改变红光和远红光的光量子比率，从而改变植株特别是茎的生长。R/FR 越小，茎节间长度越长，可利用这类薄膜在一定程度上调节植株的高度。

（5）光敏薄膜　通过添加银化合物，使本来无色的薄膜在超过一定光强后变成黄色或橙色等有色薄膜，从而减轻高温强光对植物生长的危害。

（6）红外线反射薄膜　红外线反射薄膜通过在 PE 薄膜中添加 SnO_2 等金属氧化物并夹在玻璃中，可解决夏季的高温问题。

（7）近红外线吸收薄膜　近红外线吸收薄膜通过在 PVC、PET、PC 和 PMMA 等薄膜中添加近红外线吸收物质，从而可以减少光照强度和降低设施中的温度，但这类薄膜只适合高温季节使用，而不适合冬季或寡日照地区使用。

（8）温敏薄膜　温敏薄膜利用高分子感温化合物在不同温度下的变浊原理以减少设施中的光照强度，降低设施中的温度。由于温敏薄膜是解决夏季高温替代遮阳网等材料的重要技术，因此，许多国家正在积极研究开发。

（9）病虫害忌避膜　病虫害忌避膜除通过改变紫外线透过率和改变光反射和光扩散来改变光环境外，还可通过在母料中加入或在薄膜表面粘涂杀虫剂和昆虫性激素，从而达到病虫害忌避的目的。

（10）自然降解膜　自然降解膜主要通过微生物合成、化学合成及利用淀粉等天然化合物制造而成，能在土壤微生物的作用下分解成二氧化碳和水等，从而减少普通薄膜所造成的环境污染。

（三）保温材料

指各种围护组织所用的保温材料，包括墙体保温、后坡保温和

前屋面的保温材料。

1. 墙体保温材料 墙体除用土墙外，在利用砖石结构时，内部还应填充保温材料，如煤渣、锯末等（表1–6）。

表1–6 不同填充材料夹心墙蓄热保温比较

处 理	内墙表面温度大于室温的时段	墙体夜间平均放热量（瓦/米^2）	室内最低气温（℃）
中 空	下午3时至翌日早上4时	2.9	6.2
煤 渣	下午3时至翌日上午8时	13.8	7.8
锯 末	下午3时至翌日上午8时	7.6	7.6
珍珠岩	下午3时至翌日上午8时	37.9	8.6

2. 前屋面保温材料

（1）草苫 目前使用最多的是稻草苫，其次是蒲草、谷草、蒲草加芦苇及其他山草编织的草苫。草苫的特点是保温效果好、取材方便、成本低，是目前日光温室前屋面覆盖的主要保温材料。草苫的保温效果一般为5℃～6℃，但实际保温效果与其编织原料、草苫厚薄、疏密程度等不同而有很大差异。蒲草掺芦苇的草苫保温效果好于稻草苫，可增温7℃～10℃，辽宁省大连市瓦房店琴弦式日光温室覆盖双层稻草苫，保温能力约为14.5℃。

（2）纸被 北纬40℃以北的地区，在严冬季节为了弥补草苫保温能力的不足，可在草苫下加盖纸被。纸被一般采用4层旧水泥袋或4～6层新的牛皮纸，缝制成与草苫大小相仿的一种保温覆盖材料。在沈阳地区冬季，4层牛皮纸做纸被，其保温效果可达到7℃左右，而在同样条件下，一层草苫的保温能力为10℃。因此，若将纸被与草苫配套使用，可获得良好的保温效果。

（3）棉被 用棉布或包装用布和棉絮（可用价钱相对便宜的等外花布或短绒棉）缝制而成。棉被的特点是保温性能好，在高寒地

区可达10℃以上，保温能力高于草苫。其缺点是使用年限低，成本高，一次性投资较大。

（4）**无纺布** 又称不织布或“丰收布”。它是以聚酯纤维为原料，不用织布工序，而采用热压纤维压合成的一种有形材料。根据聚酯纤维的长短，又可分为长纤维不织布和短纤维不织布：农业上用于保温覆盖的长纤维不织布按每平方米的克数，可分成多种规格，如20克/米^2、30克/米^2、40克/米^2、50克/米^2，每平方米克数越重，保温效果越好。无纺布具有节能保温、防霜防冻、减少棚室内结露、降湿防病、遮阴调光、增产增收的作用。它在蔬菜生产上的应用极为广泛，但与日光温室、塑料薄膜大棚配套使用时，主要是作为温室、大棚的内保温幕。悬挂无纺布保温幕时应与棚顶相距30～40厘米，可将保温幕做成活动的，即白天拉开、夜间盖上。

四、山东省寿光市大跨度半地下日光温室结构与建造

山东省寿光市以设施蔬菜闻名，该地区以厚墙体、大跨度、大容积、半地下为特点的日光温室也成为全国各地纷纷效仿的对象。这种温室在当地表现为保温性好、温度变化平稳，冬季外温在-15℃条件下，最低室温能在6℃～7℃，且这种低温持续时间不超过8小时。室内10厘米地温不低于12℃，能在冬季长达百天的低温期让黄瓜、番茄等喜温蔬菜越冬，为当前各地温室设计建造提供了很好的借鉴。但各地地理纬度不同，经济条件、生产习惯、土壤环境、区域气候各不相同，寿光温室虽好，但不能照搬照抄。这里选一种普遍应用的有立柱的寿光温室加以介绍，供读者参考，经济条件许可时，可在此基础上将其改为立柱钢筋或钢管拱架温室。

（一）结构参数

1. 基本参数 日光温室为半地下式，堆土墙体，钢筋竹竿混合拱架。下挖1米，总宽度即外跨15.4米，内跨11.4米，后墙外从地面算起墙高3.4米，山墙顶部高4.7米，墙体基部从内侧算起厚4米，墙上部厚度1.5米。后墙内侧的操作通道及水渠宽0.6米，种植区宽10.8米（图1–11）。

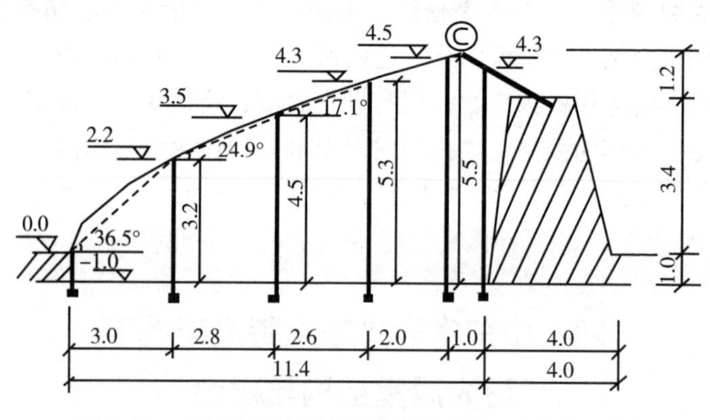

图1–11　大跨度半地下式日光温室结构（单位：米）

2. 立柱 东西方向共6排立柱，钢筋水泥结构。从北往南，依次排列。第一排立柱基部紧靠后墙，总长6.1米，下部埋入土中，露出地面部分高5.3米，至南侧的第二排立柱距离为1米；第二排立柱长6.3米，露出地面部分高5.5米，至其南侧的第一排立柱距离为2米；第三排立柱长6.1米，地上部高5.3米，至第四排立柱距离2.6米；第四排立柱长5.3米，地上部高4.5米，至第五排立柱距离2.8米；第五排立柱长4米，地上部高3.2米，至第六排立柱距离3米；第六排立柱在温室前沿，长1.8米，地上部高1米。

3. 角度 采光屋面平均角度23.1°左右，后屋面仰角45°。前立柱与第五排立柱连线之间、与地面之间的夹角，第五排立柱与第四排立柱之间的连线和地面之间的夹角，第四排立柱与第三排立柱

连线与地面之间的夹角分别为 36.3°、24.9°和 17.1°左右。

（二）温室建造

1. 墙体建造　采用推土机和挖掘机相配合的方法建造墙体。

（1）移出熟土　原址的表层土壤经过多年种植，土壤理化性质良好，如果用于堆墙实在有些浪费，况且让生土熟化也很费时间，因此最好将这部分宝贵的土壤留用。方法是，将 20 厘米深的耕层土壤（熟土）推向棚址南侧，等墙体建完后，整平温室地面再回填，作为栽培蔬菜的土壤。

（2）灌水造墒　干土很难堆墙，保障墙体建设质量的关键是土壤湿度。如果土壤湿度偏低，可在施工前 5～7 天围高 30～40 厘米的围堰，灌足水。

（3）堆土碾压　分层堆土，每层的厚度很重要，太厚，坚固性降低；太薄，费时费工，增加成本。在土壤湿度合适的情况下，一般需要 8～10 层土。堆每层土，都要先用挖掘机抓起土壤，堆放到后墙位置，然后反复碾压，抓堆一层碾压一层，如此反复，一直把墙体碾轧到设计高度为止。

（4）内侧切削　墙体雏形完成后，用推土机将顶部推平，保证从温室外地面算起墙体高度达到 3.4 米。再切削内侧，先从顶部，沿墙内侧划好线，用挖掘机切去多余的土，随切随平整地面。建好的墙体基部宽 4 米，顶部宽 1.5 米。东西山墙也按相同方法切好，两山墙上部拱形，严格按图纸切削。墙体内侧与地面要有一个倾斜角，轻壤土墙体内侧与地面夹角以 80°为好，沙壤土可掌握在 75°～80°。后墙的外侧采用自然坡形式，坡面要整平。

（5）熟土回填　反复整平温室内地面，回填熟土。温室地平面用旋耕犁旋耕 1～2 次，整平、整细。

2. 埋设立柱

（1）规划布线　以日光温室内部东西方向 100 米长为例，按照 3.5 米一间，地块中间可规划出 28 个大间，棚东西两端剩下各 1 米的两小间。量出每一间位置，南北向拉线，按立柱之间距离，用石灰粉点出埋柱位置。

（2）**埋基准柱** 南北方向在一条直线上的立柱称为一列，先埋设最东、最西两侧的立柱，保证高度精准，以便其他立柱以此为参照。如前图 1–11 所示，北侧第一根加重立柱总长 6.1 米（偏北斜 5°），第二根加重立柱 6.3 米（直立），第三根立柱 6.1 米（偏南斜 3°）、第四根 5.3 米（偏南斜 5°）、第五根 4 米（偏南斜 5°）。选好立柱，按图布线，把温室东西两端的两列立柱埋设。埋设深度为 80 厘米，立柱底部要垫砖或石头，以防下沉。

（3）**分次埋柱** 以温室东西两端作为标准的两列立柱为基准，按照由南、北到中央的顺序依次埋设各排立柱。埋设北侧第一排立柱时，先在每根立柱距离顶端 3 米的位置用记号笔做标记。然后，东、西两端基准柱同一位置也做标记，并在此位置东西方向拉一条线，埋柱后，各立柱标记位置应与此线等高。按照此方法，埋设最南侧第五排立柱，再埋设其他各排立柱。

3. 后坡处理

（1）**埋后砌柱** 温室后屋面内侧，用于承托后屋面，相当于椽子的水泥柱，称作后砌柱。后砌柱向南倾斜，南端由第一排立柱顶端支撑，北端埋入土墙。埋设方法是，在整平温室后墙顶部后，东西向拉线，确定各个后砌柱的埋设点。先将温室内后墙根处的第一排立柱埋设好，而后分别把温室东端和西端的两根后砌柱（每根长 2 米）摆放在第一排立柱之上，并稍加固定，待确定好其与水平线的夹角后，再把后砌柱埋设后，并用铁丝将其与第一排立柱相连接。然后，在埋设好的两根立柱下方，东西向拉一条线。其余后砌柱便按照同样的方法依次埋设。后砌柱的一端要探出第一排立柱约 56.5 厘米，以备安装温室拱架。后砌柱的另一端埋入墙内约 20 厘米。

（2）**铺拉钢丝** 先在温室东或西两端的底部埋设地锚，而后拴系好钢丝，将其横铺在后砌柱之上，并每间隔 1 后砌柱捆绑 1 次，最后将钢丝的另一端用紧线机固定牢。钢丝间距 10～15 厘米，铺好后，后屋面上的钢丝如琴弦一般。

（3）覆盖保温防水材料　先选一块宽5～6米、与温室同长的废旧塑料薄膜，一般选用日光温室使用1年以上的淘汰薄膜即可。一边先用土压盖在距离后墙边缘20厘米处，而后再将其覆盖在“后屋面”的钢丝棚面上，棚面顶部可再东西向拉1条钢丝，固定塑料薄膜的中间部分。而后，把事先准备好的草苫或苇箔等保温材料（1.8米宽）依次加盖其上，注意保温材料的下边缘要在塑料薄膜之上。最后，为防雨雪浸湿保温材料，需再把塑料薄膜剩余部分“回折”，把草苫和毛毡包裹在里面，操作方法如同“絮棉被”。

（4）压土　从温室一端开始，使用挖掘机从温室后取土，然后将土一点点地堆砌在“后屋面”上，每加盖30厘米厚的土层，可用铁锹等工具稍加拍实，压土高度不应超过温室顶，且要南高北低、南薄北厚。

（5）护坡　在平整好后屋面土层后，最好使用一整幅塑料薄膜覆盖后墙。棚顶和后墙根两处各东西向拉根钢丝将其固定。

4. 前屋面建造

（1）建造前屋面　在两山墙前坡上，顺坡各放置两排直径6厘米左右的木棒作垫木，并添草泥促使木棒正好埋入山墙内。

（2）架设横杆和拱杆　横杆是直径5厘米的钢管，在前斜立柱上端槽口处，顺东西方向，依次绑横杆。拱杆是用长13.5米左右、直径5厘米的钢管，南北向绑好。拱杆应紧紧嵌入各排立柱顶端的槽口中，用12#铁丝穿过立柱槽口下边的孔绑牢固。拱杆与横杆衔接处要平整，并用废旧塑料薄膜或布条缠起来，以防扎坏薄膜。绑好后的所有拱杆必须高度一致。

（3）上前屋面钢丝　在拱杆上间隔30厘米均匀铺设，并拉紧固定在两山墙外边的地锚接铁丝上。最靠棚顶部的1根钢丝与后立柱上后砌柱顶端处钢丝之间的距离约为20厘米。拱杆上与拉紧钢丝交叉处用12#铁丝绑牢。

（4）绑垫杆　在拉紧的铁丝上要绑上垂直于拉紧钢丝的细竹竿，

即垫杆。垫杆是用直径 2 厘米左右、长 2～3 米的细竹竿，几根细竹竿接起来，接头一定要平滑，从温室前沿一直到棚顶，并用细铁丝紧绑于东西向拉紧的钢丝上。相邻垫杆的间距为 60 厘米左右。

（5）**黏接塑料棚膜** 选用幅宽 3 米、厚度 0.11 毫米的聚氯乙烯功能无滴膜。经黏合后，形成 3 块薄膜，一大块在中间，另外两块分别在顶部和前沿位置。

中间的一大块薄膜要用 4 块 3 米宽的薄膜用专用的聚氯乙烯薄膜黏合剂黏合，边缘重叠 5 厘米黏成一体，在整张棚膜顶部一边包埋 22# 钢丝，用于固定天窗通风口的宽度，防止棚膜松动。在下方 8 米处再黏合一道 22# 钢丝，作为下通风口的固定钢丝用，以防止下通风口通风时棚膜松动。另用 2～3 米宽与温室一样长的塑料膜，每边都包埋 22# 钢丝，作固定通风口用。

聚氯乙烯薄膜黏合剂的主要成分是环乙酮，只能用于黏合聚氯乙烯薄膜，不能黏合聚乙烯薄膜。涂胶前应将两个黏接面擦干、擦净，不能有水或土，然后才能涂胶。涂胶时，两个面都要涂胶，胶层应涂得薄而均匀，涂胶面应大于黏接面，以保证边缘部分黏接牢固。涂胶后根据气温适当晾置。气温高时，如 20℃～30℃，晾 1～2 分钟即可。晾置后将两黏接面紧密黏合，用手、圆辊或较软的物品压黏接面，以将空气赶出，使两层薄膜紧密黏合。这种胶为压敏型胶，验证强度时，只能拉，不能揭。黏接后放置一段时间方可达到最高强度。胶水使用后，要保留瓶塞、垫膜，盖紧瓶口后置于阴凉处保存。阴雨天及潮湿环境下不宜进行黏接作业。

（6）**覆盖薄膜** 选择晴朗、无风、温度较高的天气，于中午覆盖薄膜，俗称上膜或上棚。在覆盖薄膜之前，先把塑料薄膜放置于阳光下晒软，然后用长 7 米、直径 5～6 厘米的 4 根竹竿，分别卷起棚膜东西两端，再东西同步展开放到温室前坡架上。当温室顶和前缘的人员都抓住棚膜的边缘，并轻轻地拉紧对准应覆盖的位置后，两端人员开始抓住卷膜杆向东西两端方向拉棚膜，把棚膜拉紧后，随即将卷膜竹竿分别绑于山墙外侧地锚的钢丝上。在上棚膜时，由上坡往下坡展顺膜面，在顶部留出80～100厘米宽与温室等长的天窗通风口不盖整体膜。上完整体棚膜，随即覆盖顶部较窄的薄膜，俗称通风口敞开膜，将其包埋钢丝的一边置于南侧，作为顶部通风口一边，先把被包埋的14#钢丝连同薄膜一起轻轻地伸展开，当此膜压在整体膜上方靠南20厘米处（即盖过天窗通风口），拉紧固定在两山墙地锚上。后边盖过棚脊并向后盖过后坡将其拉紧，用泥盖在后坡及棚脊上的一边压住，并将泥抹严。在此通风口钢丝上分段设置5～6组（三间长设1组）敞开天窗膜的滑轮，每组3个滑轮，以便于顶部通风用。

（7）上压膜线　采取专用的压膜线，按前坡拱形面长度加150厘米截成段。事先在棚前东西向每隔1.2米设1个地锚，并将其埋在棚外，深40厘米。压膜线上端拴在温室脊后东西向拉紧的钢丝上，下端绑在温室前沿外的地锚上。

（8）覆盖草苫　草苫由稻草和尼龙绳组成，长度以从棚脊至前底脚处地面的长度再加长1.5米为准。厚度和宽度因不同气候、不同地理纬度而不同，在北纬39°～41°地区，一般草苫6厘米厚、1.1～1.3米宽。在北纬36°～38°地区，一般草苫的厚度为5厘米左右、宽度1.3～1.5米。在北纬35°以南地区，一般草苫厚3～4厘米、宽1.4～1.5米。每床草苫的质量为50～100千克。

把草苫从后坡搬至顶部北侧，在温室外后屋面上拉一道东西向的钢丝，将草苫一端固定在钢丝上，同时在草苫底下固定2根尼龙拉绳，每根拉绳的长度应为草苫长度的2倍再加2米。也可把草苫搬在棚前，从棚面向上铺至棚顶，顶部固定在后坡钢丝上。

草苫从东至西依次摆放，西边一床草苫压着东边相邻的一床草苫，根据保温要求确定重叠量，保温性差的温室重叠量大，通过大面积重叠密布温室保温性的不足，北方地区重叠半米以上，相当于覆盖了一层半至两层草苫。也可以由东至西，先隔一个草苫覆盖一个草苫，盖到温室西边后，再由西到东把未覆盖着的草苫覆盖，并使其两边压着相邻草苫的相邻边。如使用卷帘机，用后一种方法。

五、温室施工放线

当农业园区、专业村建造日光温室群时，首先要在平整场地后进行施工放线，从而具体确定墙体砌筑的位置或基础施工要求基槽开挖的位置。基槽开挖前，应该确定的参数包括温室的方位、温室其中一个点的具体坐标位置及温室的高程系统。

（一）确定基准点

确定温室其中一个点（一般为后墙与山墙轴线的交点）的坐标位置及其高程，在施工测量上称为“场地定位”。在温室总平面施工图中，新建温室的定位点总是要从建设场区周围比较明显的建筑物上引出，一般如永久建筑物的拐角或等级公路交叉路口的中心点等，如果建设场地附近没有明显的参考点，新建温室的定位点就需要从最近的县级以上水准点引出。设计图中有相对坐标和绝对坐标两种表示方法，其中相对坐标就是从建设场地周围的某点引出，绝对坐标一般是从水准点引出。无论是哪种表示方法，坐标的引出点即是施工测量的起始点，从这一点可以获得坐标网格的（0，0）点（或是在方格网坐标系中的某个结点）和高程系统的起始点，这是全部工程施工的最原始的基准点。温室施工将从这里开始。

（二）确定定位点

将坐标基准点引入到施工场地中温室的定位点是施工测量的第一步。由于基准点位置的不同，引入基准点的方法也较多。精确的测量一般用经纬仪和水准仪，在受到条件限制的情况下也可以用钢卷尺或皮尺来完成。这里主要介绍两种比较常见的基准点引入方法。

1. 从建筑物拐角点引出确定温室施工的定位点 如图 1–12 所示，从已有建筑物的拐角点 N 引出，确定距离 N 点（a，b）的 A 点的位置。测量步骤如下：①分别过 M 点和 N 点做垂线 MM′和

NN′，并使 MM′ =NN′（1～1.5 米），则 MN 平行于 M′ N′。②在 N′点安置经纬仪，照准 M′点，用正倒镜延长线法做 M′ N′的延长线，并自 N′点起向外量水平距离 a 定出 O 点。③在 O 点安置经纬仪，测设 90° 角，并在此方向上自 O 点量取水平距离 OA，使 OA=b-MM′，即可测得温室施工的定位点 A。

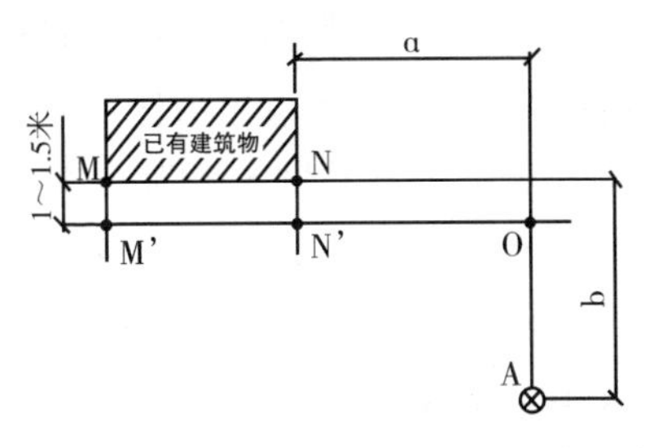

图 1-12　从建筑物拐角点引出确定温室施工的定位点

2. 从道路中心线的交叉点引出确定温室施工的定位点　如图 1-13 所示，从道路中心线的交叉点 M 点引出，确定距离 M 点（a，b）的 A 点的位置。测量步骤如下：①先用钢卷尺（或皮尺）找出道路中心线，并标出其交点 M。②自 M 点起沿道路中心线 MQ 方向量出水平距离 a 定出 N 点。③在 N 点安置经纬仪测设 MN 的垂线，并自 N 点起在该垂线方向上量取水平距离 b，即为要测定的温室施工的定位点 A。

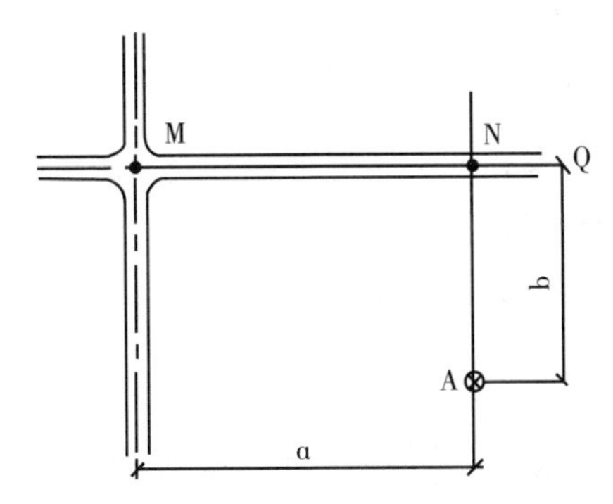

图 1-13　从道路中心线的交叉点引出确定温室施工的定位点

3. 用“勾股弦”法测量一条直线的垂线 不论从建筑物拐角点还是道路中心线交点引出到新建温室的定位点，其中测量的一个核心参数是一条直线的垂线。如果测量现场没有经纬仪，只用钢卷尺、皮尺或测绳也可以比较精确地用“勾股弦”法测得直线的垂线，其余的测量则用钢卷尺即可完成全部任务。

所谓“勾股弦”法就是利用勾股弦定理做垂线。具体方法是用钢卷尺或测绳，在测绳上找出 3 个点，由任意端点 O 开始，量 3 米为 A 点，再量 4 米为 B 点，最后量 5 米为 C 点。测量时，将测绳 3 米段 OA 与已知直线重合，并将测绳的 C 点与 O 点重合，捏住测绳上的 B 点朝已知直线（OA）的垂直方向走，直到将测绳的 AB 和 BC 两段都绷紧，定位 B 点，此时的 AB 方向就是已知直线（OA）的垂线，如图 1–14 所示。

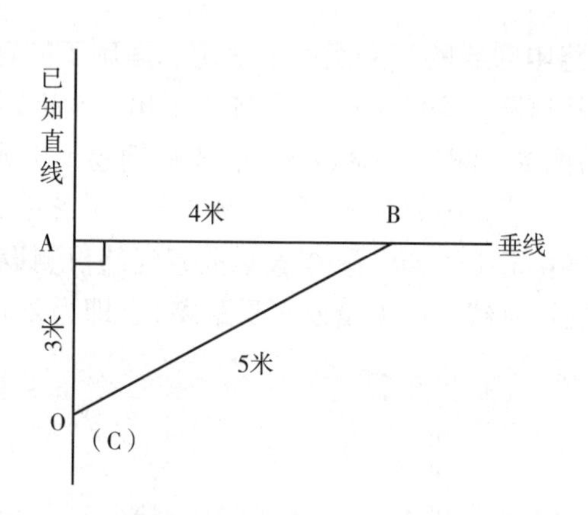

图 1–14 用勾股弦法做已知直线的垂线

（三）定位点高程的确定

测量定位点高程也需要从基准点（或其他给定点）高程系统中引出。如图 1–15 所示，已知给定基准点 O 的高程，测量温室定位点 A 的高程（绝对高程），或简单地要求温室定位点 A 的高程高出或低于基准点 O 高程 h（相对高程）。测量的方法如下：①在基准点 O 和温室定位点 A 之间直线上的任意一点架设水准仪。②在基准点 O 上立标尺，在标尺 M 点读取后视读数 a，并在 M 点做标记。③在标尺上标记 N 点，使 M、N 之间的距离等于基准点与温室定位点之间的高差 h，如果基准点 O 低于温室定位点 A，则 N 点在 M 点的下方，否则在上方。④将标尺移到 A 点，并沿 A 点木桩一侧上下移动标尺，用水准仪的前视寻找标尺上的 N 点，此时标尺的底面即是温室定位点的高程基点 +0.000，在木桩的此处位置划红线，并做重点保护。

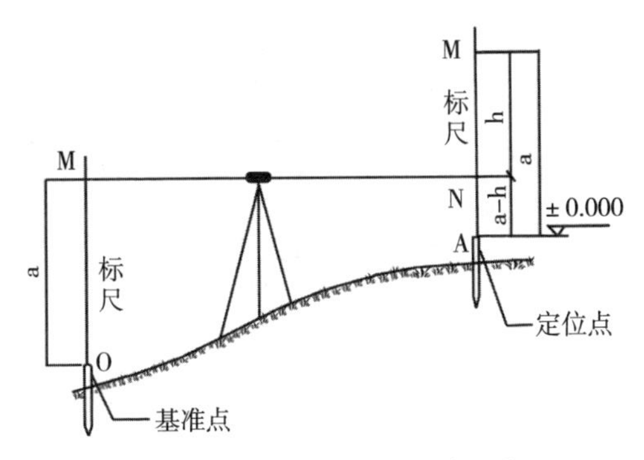

图 1–15　定位点高程系统测定

（四）温室墙体轴线施工放线

在获得温室的定位点后，日光温室施工最重要的一点便是确定温室的朝向或方位，根据当地气象条件和栽培茬次要求，温室要偏东或偏西一定角度。因此，首先应找到当地的正南正北方向，也就是真子午线的走向。在真子午线方向的基础上，通过温室的定位点，确定温室的墙体轴线，这就是温室墙体施工放线的主要工作内容。

1. 温室南北方向的确定　真子午线是指当地太阳时 12 时作为正南的方向。用指北针测定的南北方向是地球的磁子午线。由于受地球两极磁场的影响，太阳时真子午线与地球磁子午线不能完全重合；而且，地球上的位置不同（即不同的地区），二者之间的偏差也在变化。表 1–7 给出了我国北方地区主要城市的磁偏角，施工中可作参考。

表 1–7　我国北方地区主要城市的磁偏角

城市名称	磁偏角	城市名称	磁偏角	城市名称	磁偏角
漠　河	11° 00′（西）	天　津	5° 30′（西）	乌鲁木齐	2° 44′（西）
齐齐哈尔	9° 54′（西）	济　南	5° 01′（西）	银　川	2° 35′（西）
哈尔滨	9° 39′（西）	呼和浩特	4° 36′（西）	西　安	2° 29′（西）
长　春	8° 39′（西）	徐　州	4° 27′（西）	兰　州	1° 44′（西）
满洲里	8° 40′（西）	太　原	4° 11′（西）	西　宁	1° 22′（西）
沈　阳	7° 44′（西）	包　头	4° 03′（西）	拉　萨	0° 21′（西）
大　连	6° 35′（西）	郑　州	3° 50′（西）		
北　京	5° 50′（西）	许　昌	3° 40′（西）		

测定当地真子午线的方法是首先用罗盘仪测出地球磁子午线，然后再根据当地磁偏角调整并测出真子午线。实际应用时，最简单的校正方法是，查出当地的磁偏角，按磁偏角度数调整指北针。此时，表盘上的南北两极连线，才是真子午线（图 1–16）。举个例子，在北京地区建温室，要求温室朝向为南偏西 5°（偏向西南方向）。如果用简易的指北针实际测量，此时，指北针所指的南方，并不是真子午线的实际的南，而是南偏东 5° 50′（偏向东南方向），需要再往西南方向偏 10° 50′，才是能达到温室设计预期的南偏西 5° 的效果。

在没有仪器的情况下，可用立杆法测出真子午线。即在温室定位点（或周围其他地方）立一垂直于地面的木杆，于上午 10 时至下午 2 时每 10 分钟测一次木杆的影长和位置，其中木杆最短的阴影线便是当地的真子午线。再用“勾股弦”法做真子午线的垂直线，

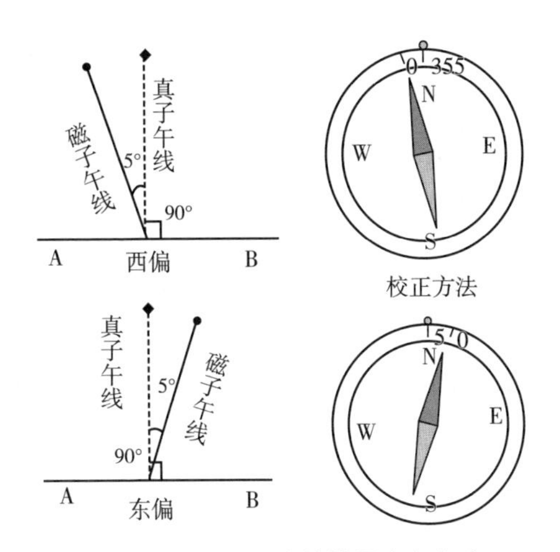

图 1–16 真子午线的简易确定方法

便是正东西方向线。

2. 温室朝向偏东（偏西）情况下的放线 如果温室施工图要求温室建设不是坐北朝南，而是要求南偏东或南偏西一定角度 a 建设，则温室施工放线要在当地正南正北方向的基础上，要找到 α 偏角的位置。

如图 1–17 所示，如果温室朝向偏东 a 角，可用三角函数计算测出温室偏东 a 角的方向线。即先在真子午线上由测点 A 向南量出 L 长，如 10 米的线段到 B，然后在 B 点处按 $L' = L \times tg\alpha$ 的公式算出对边长 L′，再用“勾股弦”法由 B 点处向东做子午线的垂线，并量出 L′ 长的线段到 C 点，最后将 C 点与初测点 A 连线，这条线便是南偏东 α 角的方向线，再用“勾股弦”法做偏东 α 线的垂线，便是温室的方向线。

如果施工现场有测量经纬仪，上述用“勾股弦”法测量各种直线垂线的工作均可用经纬仪做 90°转角来完成。

3. 温室墙体轴线放线 日光温室的墙体一般有三堵，北墙、西侧墙（西山墙）和东侧墙（东山墙）。此外，日光温室还常有一个门。其中，放线的重点是北墙的墙体轴线。对复合墙体温

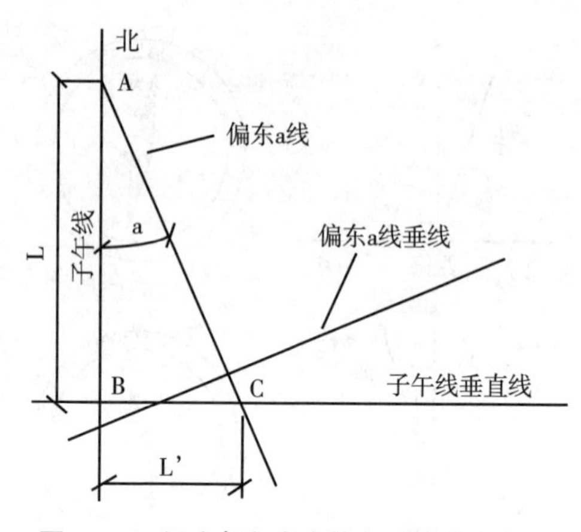

图 1–17　温室朝向发生偏角时的放线方法

室，北墙往往有两条轴线，施工放线时先找到其中一条，平行移动便可以找到第二条。

日光温室北墙轴线的放线就是以温室北墙轴线与山墙轴线的交点为温室的定位点，通过该定位点测量温室北墙轴线的走向。如果温室朝向为正南，则东西方向即为其走向；如果温室朝向有偏向，按照上述温室偏向情况下的放线方法可找出北墙轴线的走向（图 1–18）。

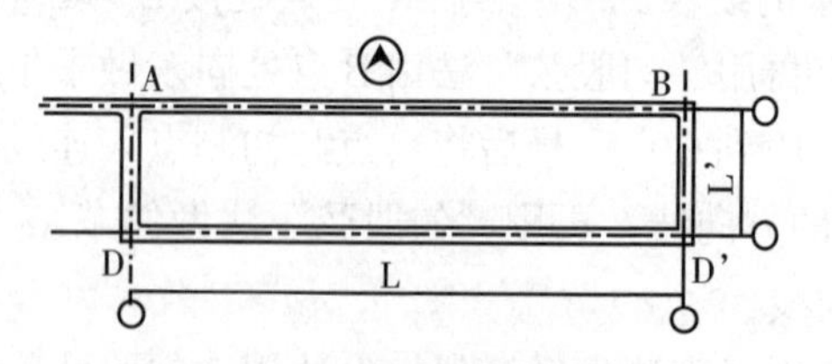

图 1–18　温室墙体轴线放线

找到北墙轴线走向后，以温室定位点 A（北墙轴线与山墙轴线交点）为起点，沿北墙轴线方向测量北墙长度 L 到温室另一堵山墙轴线与北墙轴线的交点 B，分别过 A 点和 B 点做北山墙轴线的垂线，

即为两山墙的轴线。在两山墙轴线上量测山墙长度 L′，分别到 D 和 D′点，连接 D 与 D′点，即为温室南侧基础墙的轴线。

六、日光温室结构测量

无论是个体农户还是农业企业，在建造日光温室前都会参观其他个人或企业的温室，很多人在参观时感觉无从下手，抓不住关键问题，拍了很多照片，但回来后仍不能独立建造。因此，掌握正确的测量和记录方法，也是一项重要技能。

（一）用　具

观测工具有 50 米卷尺、1 米钢直尺或 5 米钢卷尺，量角器，记录纸。

（二）温室类型

基本的温室类型有土墙竹拱日光温室、砖墙钢筋（管）结构日光温室、土墙钢筋（管）结构日光温室、砖墙水泥拱架日光温室、砖墙竹拱架日光温室、土墙琴弦式日光温室。

（三）观测温室结构

重点测量如下几个基本参数，温室基本尺寸（长度、高度、跨度），墙体（高度、厚度、材料），前屋面（采光角，骨架材料的种类、规格、数量，覆盖材料的种类、规格、数量），后屋面（仰角、厚度），建造材料（规格、用量），温室面积（建筑面积、使用面积），计算出温室的高跨比、前屋面与后屋面地面投影比。表 1–8 为结构观测记载表，读者需要时，可以参照此表的格式记录。同时，画出温室截面简图，标注数字，并现场有目的地拍摄照片。这样，参观完成后，根据当地气候特点进行改进，就可以模仿、建造出高效节能的日光温室了。

表 1-8 温室结构观测记载表

调查日期：　　　　调查地点：

调查项目		说 明	单 位	数 据
温 室	长	温室外侧东、西山墙外缘之间距离	米	
	宽	温室前沿到后墙基部外缘的距离	米	
	高	温室内地面到温室前后屋面交接点距离	米	
温室占地面积		长×宽	$米^2$	
栽培床	长	温室内栽培地块东端到西端的距离	米	
	宽	温室前沿到北墙内田间通道或水沟的距离	米	
	深	栽培床面与温室外地面的距离	厘米	
栽培床面积		栽培畦或垄的宽度、长度、个数，然后计算	$米^2$	
土地利用率		（栽培床面积 / 温室占地面积）×%	%	
采光面	长	前屋面东西方向长度	米	
	弧 长	温室最高点到前沿的弧长	米	
	面 积	弧长×长	$米^2$	
通风方式		拔缝通风或拔风筒通风	—	
通风装置类型与个数		拔风筒及个数，开窗装置及个数	个	
前屋面角度	前端与地面夹角	相当于三折式温室立窗位置	°	
	主要受光面与地面夹角	主要采光面角度，相当于三折式温室中部位置	°	
	顶部与地面夹角	相当于三折式温室顶部位置	°	
人行道宽		后墙内侧到栽培畦距离，有时含水沟	米	
加温设施	类 型	炉火加温、暖气加温、热风加温等	—	
	个 数	锅炉个数、暖气片组数等	个	
	规 格	加温装置的基本规格	米	
	位 置	安装位置，如暖气靠北墙还是前沿等	—	

续表 1-8

调查项目		说　明	单　位	数　据
后　墙	用　料	土、砖土混合、砖、聚苯板等	—	
	厚　度	不同层、不同高度的厚度	米	
	内　高	墙体内部垂直高度，倾斜墙体要测量倾角	米	
	外　高	温室外地面到墙体顶部	米	
山　墙	高	最高点到墙基	米	
	厚　度	顶部和基部厚度	米	
后屋面	用料及组成	由内而外的建筑材料	—	
	厚　度	不同材料的厚度	米	
	仰　角	内侧仰角	°	
立　柱	材质或用料	钢筋水泥柱、石柱、木柱	—	
	粗　度	立柱截面直径或边长	米	
骨　架	类型或用料	钢筋、钢管、竹竿、木杆	—	
	拱杆直径	不同材料拱杆的粗度	厘米	
	拱杆间距	相邻拱杆的距离	米	
	拉杆直径	拉杆或横杆的粗度	厘米	
	拉杆道数		道	
不透明覆盖物	用　料	草苫、纸被、保温被等	—	
	规　格	单幅长、宽、厚	厘米	
备　注				

第二章 环境调控技术

一、塑料大棚早春多层覆盖保温技术

河北省乐亭县及周边地区，在塑料大棚早春甜瓜、黄瓜、番茄等果菜生产中，普遍采用多层覆盖保温技术，克服了塑料大棚保温性能差、春季蔬菜定植时间较晚的问题，提前了蔬菜定植期，延长了生产时间。其核心是，在塑料大棚内部、塑料薄膜之下，再悬吊一层或两层薄膜，使棚膜总层数达到两层或三层，内部悬吊的薄膜，称为“二幕”“三幕”，或“二膜”“三膜”，通过增多透明覆盖物层数，达到提高保温性能的目的。这一技术应用可以使塑料大棚的蔬菜定植时间提前近 1 个月。

（一）选　膜

悬吊“二幕”和“三幕”所用的塑料薄膜为厚度 0.008 毫米或更薄的聚氯乙烯薄膜，通常作地膜使用。这种薄膜透光性好，白色或浅蓝色，价格低廉。膜的长度随塑料大棚的长度而定，宽度随塑料大棚立柱的间距而定。

（二）悬吊时间

在春季，至少在定植前 15 天要覆盖大棚薄膜开始烤棚，蓄积热量，这样才能保证定植时达到蔬菜要求的气温和地温。塑料大棚

膜覆好后、蔬菜定植前，吊“二幕”“三幕”。

（三）吊幕方法

塑料大棚宽度 12～20 米，南北走向，“二幕”“三幕”的走向和大棚膜的走向一致，也为南北走向。

1. 架线 先将多股的钢丝绳拆开，用钢丝承托薄膜，钢丝不易生锈或折断。以东西方向延长的大棚为例，将一根钢丝沿南北方向穿过高度不同的每排立柱上距离柱顶 30 厘米处的钻孔，两端分别固定在最边缘的一根立柱之上，每排立柱都这样穿过一根横向钢丝，用于承托第一层地膜。再将一根钢丝沿东西方向穿过高度相同的每列立柱上距离柱顶 55 厘米处的钻孔，将一列立柱连起来，每列立柱都穿过一根纵向钢丝，在每排立柱两侧、纵向钢丝之上，南北方向各拉一道横向钢丝，用于承托第二层地膜。

2. 悬吊“二幕” “二幕”为塑料大棚外覆盖的薄膜之下的那层薄膜。要求在各列立柱之间沿东西方向将作天幕的地膜铺开，各列立柱从两幅地膜的缝隙间穿过。悬吊时，从大棚的一端开始，一人放塑料薄膜，一人从架线上面边穿边拽，如大棚太长，可由一人或多人在中间协助完成。为防止膜破裂，此时不要将塑料薄膜展开，以方便穿膜和拽膜，当膜穿好后，再将其展开。各幅塑料薄膜之间的缝隙处理方法是，将薄膜边缘折叠两层，用塑料夹子夹住，棚两头的膜直接埋入地下。覆盖一定要严密，尤其是下垂接地部分更要注意。大棚侧面的膜，一边埋入地下，一边与旁边的一幅薄膜用小夹子连接，每幅塑料薄膜都要拉紧。这样，在原来的塑料大棚内，又“套”了一个大棚，只是两棚薄膜之间相差约 30 厘米的距离。

3. 悬吊“三幕” “三幕”的铺设原理同吊“二幕”，只是在“二幕”以下，距离“二幕”约 25 厘米的距离，又形成了一个棚中棚。

（四）注意事项

1. 通风方法 吊“二幕”“三幕”的塑料大棚，在外界气温回升后，尤其是在中午前后，棚内温度很高，这时可以松开塑料夹，扒开“二幕”“三幕”和大棚薄膜，通风散热。当棚内温度降低后，特别是夜间，一定要把“二幕”“三幕”和大棚膜关闭好。

2. 积水问题 由于塑料大棚内吊“二幕”“三幕”后湿度高，棚内外温度相差大，因此在“二幕”“三幕”的局部可能形成“水兜”现象，只要将“水兜”扎破把水放出就可以了。竹木结构的塑料大棚，在风中会晃动，“三幕”内侧的水滴会不规则地滴落到地面，而钢筋、钢管结构的塑料大棚，晃动微弱，滴水集中，反而不利于蔬菜防病。

3. 撤除时间 在生产上，生产者可以根据具体情况确定吊“二幕”“三幕”及摘除“二幕”“三幕”的时间，可以根据天气或棚内果菜的长势而定。只要单层膜的夜间温度可以达到果菜生长的最低要求，就可以撤“二幕”或“三幕”了，以保证充足的光照。

（五）效　果

观测结果显示，吊“二幕”可以使大棚内的温度提高2℃～4℃，吊“三幕”可以使大棚内的温度提高4℃～8℃，这样就使塑料大棚的生产时间比一般只覆盖一层薄膜的大棚提前近20天。为生产争得时间，如果地面再覆盖地膜，并对定植后的蔬菜扣小拱棚，实行五层覆盖，则定植时间可提前1个月。

二、塑料大棚增光措施

冬春季节，塑料大棚内良好的光照条件直接影响蔬菜的生长发育、产量和品质。在此，介绍几种行之有效的增加棚内光照的措施。

（一）改进大棚结构

经济条件许可的情况下，最好使用镀锌钢管大棚，这种棚架材遮光少。棚膜最好使用无滴膜，普通膜则以聚氯乙烯膜为好。适当增加大棚高度，也能改善棚内光照条件。采用适宜的大棚方位和角度，应根据大棚使用时间、生产目的和作物对光照条件的要求进行调节，以春、秋两季栽培为主的塑料大棚，棚面角可小些（15°左右），棚面较平，使透射进来的光线距离相等，分布均匀；早春低温期使用的大棚，要求棚面角度大些（25°左右），棚面起拱，以利采光。

（二）改进种植方式

在塑料大棚内种植不同品种的蔬菜时，要按照“北高南低”的原则合理配置。播种时，使种子朝同一方向，移栽时子叶平行排列，并严格栽培规格，使植株排列整齐，尽量减少株间遮光。秋冬茬采用东西畦，冬春茬采用南北畦，使植株受光均匀。另外，加强栽培管理也有利于改善棚内光照条件。

（三）保持棚膜清洁

棚膜上的水滴、尘物等对棚内光照条件影响很大。对棚膜上的水滴和尘物要经常打扫和清洗。下雪后及时清除积雪，以增加透明度和进光量。另外，有的塑料大棚为提高保温性，会在大棚外面覆盖草苫等保暖材料，这种情况下，要在不明显影响棚内温度的前提下，适当早揭晚盖，以确保采光面积，延长光照时间。大棚在日出后通风排湿半小时，可减少膜面水珠，增加透光率。

（四）地面覆盖地膜

棚内蔬菜地面覆盖地膜或铝箔，对提高地温、降低棚内空气湿度有利。覆盖地膜后形成的反射光，还可增强蔬菜基部光照强度，使蔬菜着色良好，并能防止下部叶片早衰。

（五）人工补充光照

在早春连续阴天、阳光不足的情况下，可以进行人工补光。但由于人工补光成本较高，目前大面积推广尚有困难，仅作为改善棚内光照条件的应急措施。具体要求和做法是：补光强度以1 000～3 000勒为宜。光源以日光灯、高压汞灯、LED灯为好。40瓦的日光灯3根合在一起，离苗45厘米高处照射，光照强度为3 000～3 500勒。100瓦的高压汞灯离苗80厘米处，光照度为800～1 000勒。冬季补光应在日落后进行，一般每天2～3小时，棚内光强度增大后应停止；阴雨天气可全天补光。

也可利用镀铝膜反光幕增加光照。将聚酯镀铝膜拼接成2米宽、3米长的反光幕，挂在塑料大棚后立柱上端，下边垂至地面。在光照较好的条件下，可使地面增光40%～43%，棚温提高3℃～4℃，10厘米地温提高1.8℃～2.9℃。

三、塑料大棚增温措施

塑料大棚增温方法很多，主要在早春季节遇到连续阴天、寒流天气、倒春寒等不良气候时采用，有以下几种方法供借鉴。

（一）多层覆盖

有人观测，在塑料大棚内套小拱棚，可使小拱棚内的气温提高2℃～4℃，10厘米地温提高1℃～2℃；在大棚中采用塑料薄膜做成二层幕，于夜间覆盖，可使棚内气温、地温平均提高1℃～2℃；在大棚四周覆盖一层1米高的草苫，亦可使棚温提高1℃～2℃。

（二）覆盖地膜

覆盖地膜一般可使10厘米地温平均提高2℃～3℃，地面最低气温提高1℃左右。同时，由于地膜不透气，可抑制水分蒸发，减少浇水次数，间接提高地温。

（三）起垄栽培

高垄比平畦更有利于升温，因此建议早春大棚，尽量采用垄作，不要采用平畦。比如，河北省廊坊地区，菜农无论在露地、大棚、温室中，都习惯采用平畦，这样并不利于增温。因为高垄表面积大，白天接受光照多，从空气中吸收的热量也多，因而升温快，土壤温度高，有利于根系发育。但垄不宜过高、过宽，一般以高15～20厘米、宽30厘米左右为宜。

（四）保持棚膜清洁增加进光量

塑料大棚内的热量主要来自太阳辐射，当阳光透过棚膜进入棚内时，由于温室效应，使光能转化为热能。而棚膜上的水滴、尘物等对棚内光照条件影响很大。据观测，棚膜上附着一层水滴，可使透光率下降20%～30%；新薄膜使用2天、10天、15天后，因沾染尘物可使棚内光照依次减弱14%、25%、28%。可见，保持棚膜清洁，有利于增加进光量，提高棚室温度。因此，薄膜要经常擦洗，尤其是对于聚氯乙烯薄膜，其薄膜内含有较多增塑剂，容易吸附尘土，如果不及时擦洗，经过一段时间以后，即使再擦洗，也很难擦净。

（五）燃放沼气

有条件的种植区，可以建设沼气池，将沼气用管道通到塑料大棚中，在棚内燃放沼气，可以增温，并能补充二氧化碳气体，从而促进蔬菜的生长发育。据在大棚黄瓜、番茄、青椒、花椰菜等蔬菜上试验，一般可增产20%左右。

（六）堆火增温

用柴草或农作物秸秆堆火，也能提高棚温。但要随时观察棚温变化，做到适时适量，防止烟气过多熏伤秧苗。在寒流期间，也有的农户在大棚内点燃蜡烛，临时增温。

（七）科学浇水

冬季棚菜浇水，要做到“五浇五不浇”，即浇晴不浇阴（晴天

浇水，阴天不浇水）、浇前不浇后（午前浇水，午后不浇水）、浇小不浇大（浇小水，不大水漫灌）、浇温不浇凉（水温低，浇水时要先在棚内预热，待水温与地温接近时再浇）、浇暗不浇明（采用膜下暗灌的方式浇水，不浇明水）。

（八）利用贮水池储热

有科技园区试验用贮水池储存热量，保持大棚温度稳定。在大棚中央每隔几间挖一贮水池，池底铺上塑料薄膜，然后灌满清水，再在池子的上部盖上一层透明薄膜，以防池内水分蒸发，增大棚内的空气湿度。由于水的比热较大，中午高温时吸收的热量可以在晚上将其释放出来。

（九）使用镀铝膜反光幕

利用聚酯镀铝膜拼接成 2 米宽、3 米长的反光幕，挂在塑料大棚后立柱上端，下边垂至地面。这样，可使地面增光 40%～43%，棚温提高 3℃～4℃，10 厘米地温提高 1.8℃～2.9℃；黄瓜增产 20%～25%，番茄增产 41.8%～58.1%，且对品质有所改善。另外，地面铺设银灰膜或铝箔，也能增加植株间光照强度，使果菜类蔬菜着色良好，并能防止下部叶片早衰。

（十）应用秸秆反应堆技术

在土壤中埋玉米秸，利用玉米秸分解产生的热量提高地温，可使 20 厘米地温提高 4℃～6℃，大棚气温提高 2℃～3℃。具体方法参见本书第四章相应部分内容。

四、提高日光温室保温性能的方法

北方有一些建设较早的日光温室，由于建造标准低、设计不合理，导致冬季采光保温性差，室内温度低，温室内植物易遭受冷害，出现生长缓慢、结果减少的现象。如何利用现有日光温室的基础条件，有效提高采光保温性能，满足冬季蔬菜生产要求是生产中的常见问题。以下方法值得借鉴。

（一）设施改进

1. 选择高效塑料薄膜　选用防雾、防尘、防滴、保温、抗老化、透光率高的棚膜，以醋酸乙烯三层复合无滴减雾日光温室专用棚膜、聚乙烯无滴减雾长寿棚膜、聚氯乙烯无滴膜为主，在同等条件下，醋酸乙烯膜较普通棚膜能提高室温 2℃～4℃。选择温室薄膜时，要避免贪图便宜而选用低质量薄膜。比如，千万不能选用废旧塑料制成的再生薄膜，这些薄膜在低温季节滴水严重，棚内湿度高，极易造成病害蔓延；而且，由于添加了大量增塑剂，容易释放有害气体，对蔬菜甚至种植者本人造成危害。

2. 加盖草苫或保温被　草苫是目前最常见的、效果较好的不透明覆盖材料。为了增强草苫的保温性能，所用草苫可以加厚、加宽。按重量计算应达到 4～5 千克 / 米^2（厚度应不少于 5 厘米）。保温被具有质轻、柔软、保温、防水、耐化学腐蚀、抗老化的特性，保温性持久，防水性极好，容易保存，具有较好的耐久性，不伤棚膜，但保温效果不及草苫。

3. 多层保温　选用保温性能好的聚氯乙烯棚膜或聚乙烯厚地膜，在温室内搭建小拱棚，或设置 2 层膜。在前屋面偏南部加挂保温幕作为内保温膜。同时，在温室门内加挂厚的棉门帘，温室进门处安装围帘。

4. 吊挂反光幕或后墙面涂白　冬季在日光温室北部后墙上张挂反光幕或后墙涂白，可改善温室内北部蔬菜植株的光照条件，提高叶片的光合能力，增高温室内温度。吊挂反光幕可以使温室北部增光 10% 左右，但这样做会阻挡阳光照射到后墙，减少后墙储热量，对保持夜间温度不利。

5. 设置防寒沟　防寒沟是阻止和减缓日光温室内土壤与外界

土壤发生横向热交换的主要设施。一般来说，防寒沟设在温室的前沿，即在日光温室外侧挖一条深60厘米、宽30～40厘米的地沟，沟四周铺上旧薄膜，内填柴草、马粪、锯末、碎秸秆等导热率低的材料，顶部盖15厘米厚的土层，然后踩实。不过，遇到下雪天时，水易浸到沟内易损失热量，因为水的导热能力很强。而改用厚10厘米、宽50厘米的旧泡沫板或废旧岩棉板填于沟中的隔热效果更好些。另外，每天盖苫前，先在前坡面横拉一道稻草苫再盖纵苫，使前坡面形成双苫，并压严，防止温室内土壤热量的向外传递，提高室内温度。

6. 温室内修建蓄水池 用蓄水池预热灌溉水，使水温达到8℃以上后再进行灌溉，可以避免日光温室内土壤因为灌水而导致温度下降。

7. 保温被上加盖棚膜 日光温室的前屋面是采光的主要途径，但是在夜间，前屋面的贯流散热量又占了温室整个散热量的70%～80%，加强前屋面的夜间保温对提高温室内的夜间温度至关重要。目前，北方地区的日光温室基本是在前屋面上使用农用塑料棚膜覆盖屋面，在塑料棚膜外使用保温被（毯、草苫），上午日出后收起，采光蓄能，傍晚降温时覆盖的方法，用于冬季温室的夜间保温。但是塑料棚膜的厚度有限，保温能力有限。保温被虽然具有一定的厚度和密度，保温性有了很大提高，但是还不能达到日光温室冬季保温的理想要求，特别是雨、雪后，保温被潮湿，几乎失去了保温性能。在保温被上再覆盖一层完整的聚乙烯长寿棚膜，从温室的后坡面一直拖到温室的前排水沟。后坡墙上用砖（石）每间隔2米左右加重压实固定。前面排水沟旁只在两端加压固定即可。早晨日出后，用自动卷被装置将保温被卷起。日落后将保温被放下来，形成双层塑料棚膜夹保温被的多层保温形式，阻隔了夜间寒气和雨露对保温被的直接侵袭，减少了夜间贯流放热量，提高了保温效果。据实践，温室内的室温可提高4℃～6℃。在保温被外加盖一层塑料棚膜，不但提高了保温效果，还保护了保温被免受雨、雪

淋湿，避免了弄湿后保温被变重，卷起和铺盖困难，不及时晾晒干易发生霉烂、减少使用寿命的问题。

8. 后屋面外加盖保温层　日光温室的后屋面是蓄热、保温混合一体的围护结构。各地日光温室对后屋面的建设选材和处理方法也不相同。比如，有的日光温室采用6～8厘米厚的水泥预制板覆盖，或使用4～6厘米厚的聚乙烯泡沫板两面加纤维网挂水泥浆保温板覆盖。这些覆盖材料单体面积大、重量轻、成本低、密封性好，但厚度较薄、强度差、易破裂、隔热保温性差，成为日光温室冬季保温、夏季隔热的薄弱处。

为了提高日光温室冬天和夏天的使用效能，可选用5～6厘米厚的聚乙烯泡沫板加盖在后屋面上，并用3厘米宽的泡沫胶带粘接和缝，把个体保温板连接在一起，用0.1毫米厚的塑料薄膜覆盖，阻挡雨雪，提高泡沫板的使用寿命和保温效果。这样处理后，提高了后屋面冬季保温性能和室内温度，夏季又能增加隔热性，降低室内温度。

（二）管理技术改进

1. 肥水管理

（1）科学施肥　增施有机肥尤其是热性有机肥，平衡施用化肥，可以活化土壤，改善土壤理化性状，提高土壤升温蓄热能力，从而提高日光温室内地温。

（2）滴灌暗灌　滴灌和膜下暗灌可避免水蒸气逸出，不增加温室内空气湿度，减少土壤水分气化损失，减少棚内起雾的机会，因而不影响光照，迅速提高棚温。暗灌沟制作方法是，在高畦表面开挖宽30厘米、深20厘米的沟，形成双高垄，在沟上拉铁丝，然后覆盖地面，用铁丝撑膜，形成暗沟。

（3）合理浇水　12月下旬至翌年1月下旬的深冬季节，尽量少浇水。12月上中旬应选择好天浇透水，在覆盖地膜的情况下土壤水分散失较缓慢。深冬季节如果天气晴好，植物表现缺水时，可选择寒流刚过、天气晴朗的好天，采用膜下滴灌或膜下暗灌进行灌溉，避免降低地温。浇水后注意在温度上升后立即通风降湿，严禁夜间、阴雪天和寒潮来临前浇水。同时，在温室周围20米范围的耕地内不要浇冻水。

2. 环境调控

（1）早揭晚盖 适时揭盖草苫或保温被。揭草苫或保温被后室温下降1℃～2℃，在短时间内逐渐上升，盖草苫或保温被后室温上升5℃左右，说明揭盖草苫或保温被时间准确。若揭盖草苫或保温被后温度升降过大，表明揭盖草苫或保温被时间过早或过晚。通过早揭晚盖草苫或保温被尽量延长光照时间。

（2）清洁棚面 经常清洁棚面，保持膜面清洁，可以提高棚膜透光性能，使温室内迅速升温。及时清扫温室覆盖的草苫或保温被上的积雪和杂物，草苫或保温被被雨雪浸湿后要尽快晒干，以增加光照时间。

（3）临时加温 遇到寒流等恶劣天气时，当温室温度降至8℃以下、10厘米地温降至10℃以下时，要采取临时性人工加温措施，以保证蔬菜不受冻害。可以采取电炉、电热器、浴霸、天然气炉、沼气炉、燃烧柴草或燃煤等方法提高室内温度。有条件的话，可以设置2～3个热风机或热风炉增温，每晚加温3小时，可提高室温3℃左右，提高10厘米地温0.5℃～1℃。也可在温室内墙上增加空心墙，留下火道，在寒害发生时以秸秆、柴草和树叶等为燃料加热墙体，可使日光温室升温8℃～9℃，此法具有成本低、效果佳的优点。使用中要严格保证人和作物的安全，防止火灾和煤气中毒事件的发生。

3. 栽培措施

（1）深沟高垄栽培 深沟高垄栽培可以加厚作物根际土层，提高土壤透气性，有效防止浇水后田间积水，而且土壤表层容易干燥，冠层内相对湿度低，垄体温度上升快，垄体蓄热能力增强，可使10厘米地温提高2℃～3℃。如果不是漏水非常严重的地块，应

尽量实行深沟高垄栽培。一般采用 25 厘米以上高垄进行栽培。

（2）使用内置秸秆反应堆　在温室内内置秸秆生物反应堆可以增加温室内二氧化碳浓度，增加土壤透气性和持水能力，改善土壤物理性质，提高 10 厘米地温 2℃左右。方法是在定植前准备秸秆 2 500～5 000 千克 / 667 米^2，按照栽培畦的大小挖宽 60～70 厘米、深 25～30 厘米的沟，内填秸秆，并放置专用微生物菌剂 8 千克 / 667 米^2，秸秆上面覆土厚度 20 厘米，灌水使秸秆能够浇透，10 天后定植蔬菜作物，秸秆在微生物作用下可逐渐分解，释放热量与二氧化碳。

（3）及时整枝打杈　合理整枝打杈可以改善通风透光效果，从而提高温室内温度。

（4）科学防治病虫害　应用烟剂、粉尘剂、超低量喷雾防虫灭病，降低温室内湿度，增加温室光照，提高温室温度，使温室蔬菜生长健壮，抗性增强。

（5）蓄热　腐熟的畜禽粪（如鸡粪、牛粪等）均是透气性良好的热性有机肥料，其吸热性、生热性都较好，利于作物根系的生长发育。夏季高温时，开 20 厘米深的小沟，把畜禽粪埋于沟内，以使畜禽粪腐熟，可以在寒冷的冬季起到防寒保暖的作用。而在冬季种植前，按鸡粪、牛粪 1∶3 的比例，60 吨 / 公顷来施肥，然后整地播种，同样可以起到蓄热保温的作用。

五、日光温室光照分布规律与调控方法

（一）日光温室内光照分布特点

1. 垂直方向　温室内光照高处较强，向下逐渐递减，近地面最弱。从温室顶部至地面的垂直递减率每米下降 10% 左右。从温室薄膜到受光部位的距离叫做光程，光程越长，光照强度越低，这一特性也从侧面说明，温室并不是越高越好。

2. 水平方向 室内不同位置的水平光照强度比较均匀，只是由于温室及作物本身的遮阴导致光照分布不均。温室东西两端遇有山墙的遮阴，光照强度较低，温室后墙的位置，由于后屋面和后墙的原因，光照强度较低，温室南部光照强度较高。从光照强度的角度看，温室南部最好，但这个位置温度较低，温室前屋面下方中间位置，光照强度较好，温度也较高。因此，生长于这一位置的蔬菜产量高、长势强，会形成一条高产带。

（二）日光温室光照调控方法

设施内光照调控，是指根据季节及作物对光需要，进行增光、补充和遮光。

1. 增光 日光温室冬季生产，由于日照时间短、光照度低，对有些作物的生长发育不利，可采用如下措施提高光照强度。

（1）保持透明覆盖物良好的透光性 覆盖无滴膜，据试验，覆盖无滴膜的日光温室光照强度比普通膜能提高20%左右，地温和气温提高2℃～3℃，室内湿度降低10%～12%，同时减少了病害的发生。建议使用透光性能较好的聚氯乙烯薄膜，而不要使用聚乙烯薄膜。注意每年更换1次薄膜，一般新薄膜的透光率可达90%以上，使用1年后的旧薄膜透光率一般下降到50%～60%。使用旧膜，看似降低了成本，实则得不偿失。

保持塑料薄膜表面清洁，每天揭开草苫后清理薄膜表面，防止有草屑、灰尘影响透光。如不能做到每天清理，也要定期清除覆盖物表面上的灰尘，保持膜面光亮。目前，菜农用刀条布自动清洁，省工、省力，效果也很好，值得大力推广。临近工厂、道路等烟尘多的地区，薄膜擦洗工作尤为重要。

及时消除薄膜内表面的水膜。常用方法，一是拍打薄膜，使水珠下落；二是定期向膜面喷洒除滴剂或消雾剂，比如，可用100倍的豆汁、面粉液等进行消雾，每15天喷洒1次；专用消雾剂应按照说明书使用。

保持膜面平紧。棚膜变松、起皱时，反射光量增大，透光率降低，应及时拉平、拉紧。

（2）利用反射光　在后墙处或栽培畦后侧张挂反光幕，可提高后部光照度，使北部光照增加 50% 左右。反光幕就是利用镀铝聚酯膜张挂。张挂方法是，在上部拉 1 道细铁丝，把反光幕搭在细铁丝上，用曲别针固定，也可以裁成 2 米长，1 块紧挨 1 块张挂。张挂反光幕后，太阳光照射到反光幕上，反射到反光幕前的地面和空中，提高光照强度，提高气温和地温。如果注意保管，反光幕可使用 5 年。反光幕对日光温室后部作物增产效果明显。另外，在地面上铺盖银灰反光膜或铝箔，能增加植株间光照强度，使果菜类蔬菜着色良好，并能防止下部叶片早衰。还可将温室的内墙面及立柱表面涂成白色，也能起到增光作用。

（3）减少建材遮阴　宜采用强度大、横断面积小的骨架材料，尽量建成无柱或少柱温室，以减少骨架遮阴面积。

（4）农业措施　在温室内种植不同品种的蔬菜时，采用阶梯式栽培，要按照北高南低的原则合理配植。

加强栽培管理也有利于改善光照条件，如黄瓜架采用前排向南倾斜、中排直立、后排向北仰的做法，可使光线利用率提高 10%。

对高架作物实行南北行栽植，宽窄行种植，加大行距，缩小株距或采用主副行栽培，并适当稀植，以减少株间遮阴。

及时整枝抹杈，摘除老叶，用透明绳架吊拉植株茎蔓等。

在保证温度需要的前提下，上午尽量早卷草苫，下午晚放草苫。白天设施内的保温幕和小拱棚等保温覆盖，也要及时撤掉。

2. 补光　连阴天以及冬季温室采光时间不足时，应进行人工补光。人工补光一般用电灯，要能模拟自然光源，具有太阳光的连续光谱。主要有白炽灯（或弧光灯）、日光灯（或气体发光灯）、高压汞灯及钠光灯等。几种电灯的参考照度为：40 瓦日光灯 3 根合在一起，可使离灯 45 厘米远处的光照达到 3 000～3 500 勒；100 瓦高压汞灯可使离灯 80 厘米远处的光照保持在 800～1 000 勒范围内。为使补充的光能够模拟太阳光谱，应将发出连续光谱的白炽灯和发出间断光谱的日光灯搭配使用。按每 3.3 米^2 120 瓦左右的用量确定灯泡的数量。灯泡应离开植株及棚膜各约 50 厘米远，避免烤伤植株、烤化薄膜，以保证使用安全。每天上午揭苫前和下午盖苫后可各补光 2 小时左右。

3. 遮光 夏季的光照强度往往超过 10 万勒，已超过植物适宜的光照强度。如绿叶菜适宜的光照强度多为 2 万～3 万勒，番茄适宜的光照强度为 7 万勒。遮阴的方法主要有覆盖遮阳网、覆盖草苫以及向棚膜表面喷涂泥水、白灰水等，以遮阳网的综合效果为最好。生产的遮阳网遮光率在 35%～75% 范围内，遮光降温效果显著。盛夏覆盖可使地表温度下降 4℃～6℃，最大可降低 12℃；10 厘米地温降低 5℃～8℃；近地 30 厘米处的气温可降低 1℃左右。

（1）遮阳网的覆盖形式 遮阳网覆盖可分为浮面覆盖、大棚外表面覆盖等多种。

（2）遮阳网型号 目前，国内生产的遮阳网从颜色上分主要是黑色、银灰色及两色相间等颜色。从宽度上分有 90 厘米、150 厘米、160 厘米、200 厘米、220 厘米、400 厘米等几种规格。其产品型号主要依据其遮光率的大小来划分。

（3）注意事项 因地、因作物选用适当遮光率的遮阳网。根据覆盖时期自然光照强度、作物光饱和点和覆盖栽培管理方法，选用适宜的遮阳网。

夏季蔬菜栽培多选用黑色遮阳网，晴天中午前后光照强、温度高时要及时覆盖，清晨、傍晚、连阴天、温度不高、光照不强时，要及时揭网。对于果菜类蔬菜，如果整天连续覆盖，遮光过重，反而会抑制生长，降低产量。伏芫荽、伏生菜因耐弱光，可以全生育期覆盖。

久阴骤晴后，应覆盖遮阳网，使作物逐渐见光，防止作物出现萎蔫现象。但不可遮盖后一盖到底，不依天气情况揭盖，就可能出现作物徒长、失绿、染病、减产和品质下降等弊病。

采用遮阳网后，作物生长加快，要针对作物生长特点，加强肥水管理。

遮阳网的剪口要用烙铁粘牢，以防脱落。连接和往棚架上固定时，须用尼龙绳或线结扎，防止用铁丝结扎造成损伤，影响遮阳网的使用寿命。遮阳网造价比较高，不用的季节应清洗之后晾干，放到仓库内保管。长期暴露在阳光和高温下，容易使遮阳网老化而缩短使用寿命。

六、低温寡照天气的对策

目前，日光温室内的环境条件主要受自然光的制约，冬季和早春如果出现低温寡照天气，会改变日光温室获取能源的自然条件，使日光温室无法为蔬菜生长提供所必需的环境，导致蔬菜生长停滞、产量降低、叶片变淡、植株枯萎甚至死亡等现象。可以说，低温寡照是日光温室蔬菜生长的最严重的气象灾害，可能给蔬菜生产造成重大损失。为把灾害降低到最低程度，必须采取适当的应对措施。

（一）低温寡照灾害的特征

低温寡照气象灾害是指在10月份至翌年3月份，受强冷空气影响，导致气温大幅度下降，同时天空中云层笼罩，雾霾严重，太阳光线很弱，并且持续多天而形成的灾害。低温寡照灾害与霜冻灾害不同，霜冻灾害是指短时间的低温冻害，作物受冻而死亡。而低温寡照是指，温度下降到低于作物当时所处生长发育阶段的下限温度，作物的生理活动受到限制，缺少作物进行光合作用的太阳光照，当作物呼吸作用加强而大于光合作用时，作物的生命活动将衰竭。低温寡照对日光温室蔬菜的危害，取决于低温寡照的强度和持续时间。

（二）低温寡照天气对蔬菜的影响

日光温室的最大功能就是利用太阳的直射光线所产生的热量提

高温室温度，从而满足蔬菜生长所需要的环境条件，同时直射光提供了蔬菜光合作用所必需的能源。太阳能量的不断补给才能使温室内的能量不断地储存和更新。日光温室要受外界气象因素的制约，当人造小气候的能力抵挡不住大自然环境气象因素的变化时，温室内的气象条件就会发生改变，温室内的作物就会受到伤害。

（三）低温寡照的指标

由于不同的蔬菜品种对光、温等条件的要求不同，低温寡照灾害出现的时间不同，所以致灾强度、受灾程度也不同。例如，黄瓜适宜温度为25℃～32℃，35℃以上光合作用和呼吸作用处于平衡，10℃～12℃及以下停止生长，0℃以下即死亡。

为了描述低温寡照灾害给蔬菜造成的损失程度，人们习惯上将低温寡照灾害分为轻、中、重几个等级。划分的依据，一种是根据出现的最低气温，另一种是根据蔬菜损失值的大小。由于低温寡照灾害的多因素性和蔬菜品种的多样性以及生长期的不同一性，以上两种方法带有一定的偏差，为了较正确地描述低温寡照灾害程度，山东省潍坊市气象局山义昌等提出低温寡照灾害指数与等级的概念。灾害指数具体反映了灾害的大小，可以作为划分灾害等级的依据，由于灾害指数是通过实际资料计算得来的，所以比较可靠。

（四）低温寡照灾害的防御措施

1. 完善设施

（1）设置补光灯　低温寡照的致灾机制，一是室温低，二是无光照。温室内设置补光灯可有效缓解这些致灾因素对蔬菜的威胁。补光灯选用白炽灯泡，功率一般为1 000瓦，间隔10米放置1盏，视光照和室温情况决定开关时间，增加光照，提高室温。根据山东省寿光市三元朱村的经验，每日开4小时，室温可提高2℃～3℃。

（2）合理覆盖保温材料　温室夜间最低气温降至15℃时，应及时增加保温覆盖物。一般冬季最低气温在–25℃以下地区，采用8层

防雨牛皮纸被＋草苫（宽1.6米、长12米，重100千克以上）＋彩条布，或草苫＋彩条布进行保温覆盖。草苫上加盖的塑料薄膜或彩条布主要是为了防止草苫被雨雪打湿，降低保温效果，同时便于清除积雪。草苫上的塑料薄膜以采用8～10丝黑白双色膜为宜，黑面朝上，在阳光下积雪融化快，易从膜上滑下，便于清除积雪，但寒冷地区宜采用彩条布，可防止塑料薄膜冻硬破损。

（3）**张挂反光膜** 冬季在距日光温室后墙5厘米处张挂1米左右宽的镀铝镜面反光膜，可使膜前3米内的光照度增加9%～40%，气温增加1℃～3℃，10厘米地温提高0.7℃～1.9℃，显著改善栽培畦中北部作物的光、温条件。

（4）**选用优质薄膜** 提高日光温室室顶薄膜的透光度是抵御低温寡照的根本措施。选择聚氯乙烯无滴防老化或醋酸乙烯高保温无滴防老化棚膜，最好具备防雾功能，以保障冬季喜温蔬菜安全生产。棚膜要经常擦洗，保持清洁。

（5）**选用厚草苫** 棚膜上覆盖的草苫要有一定厚度，增加温室保温性能。

2. 环境调控

（1）**提早扣膜** 提早扣膜，一般在9月中旬进行冬前蓄热，提高日光温室土壤和墙体温度。

（2）**调控土壤湿度** 低温寡照是灾害性天气，关注天气预报，采取科学有效的防御措施，是防灾减灾的关键。降低温室内土壤湿度，尽量少浇水，充分利用有限的光照提高地温，保持植物根系正常的生理活动，以便在度过低温寡照期后能迅速恢复旺盛的生长。

（3）**加强草苫揭盖管理** 在温度允许情况下尽量早揭和晚盖草苫（包括牛皮纸被、草苫上加盖的塑料薄膜或彩条布）。揭草苫时间应以揭开草苫后温室内温度不下降为宜，盖草苫时间根据季节和室内温度而定，应在温室内温度降至17℃～19℃时进行。保温不良的日光温室应更早盖草苫。晴天草苫要早揭晚盖，尽量延长蔬菜见光时间；阴雪天根据外界温度状况可在中午短时间揭开草苫，使蔬菜接受散射光照射，不能连续数日不揭开草苫。连续阴雪天气后骤然转晴，要注意采取间隔、交替揭苫，不能立即全部揭开草苫，以防作物叶片在强光下失水萎蔫，若发现叶片萎蔫应随即回盖草苫，待植株恢复后再逐步揭苫。

（4）防御大风暴雪降温及次生灾害　为防范大风，扣膜时选专用压膜线扣紧压牢棚膜；傍晚盖苫后，按东西向压 2 根加布套的细钢索，防止夜间草苫（连同外覆膜）被吹起；大风天气将通风口、门口密闭，避免大风入室吹破棚膜降温。

加强大雪防范，事先准备立柱，如遇大雪及时补充立柱，以防压塌温室；中小雪可在雪后清扫，大雪随下随清，防止积雪过厚压塌温室；及时清除温室周围积雪，并清沟排水，预防融雪危害。冬季生产喜温果菜，当温室内最低温度低于 8℃时，应根据作物高矮加盖小棚或二道幕等多层覆盖保温。如温室内最低温度低于 6℃时，需增加临时加温措施，防止发生冷害或冻害。

3. 农业措施

（1）合理安排茬口　冬季最低气温 –25℃以下地区，日光温室以冬春茬（2 月初定植，7 月下旬采收结束）和秋冬茬（8 月上中旬定植，12 月上旬采收结束）两茬果菜栽培为主，12 月下旬至翌年 1 月下旬可种植耐寒叶菜，也可进行一茬越夏长季节栽培（2 月初定植，11 月下旬采收结束）。采用高畦或高垄地膜覆盖栽培，并采用膜下沟灌或滴灌。

（2）培育耐寒壮苗　采用穴盘或营养钵护根育苗，营养基质应疏松、营养充足，基质容重宜在 0.8 克 / 厘米^3 左右。果菜播种后应放置在 25℃～28℃温度下，促其快速出芽，苗期控温不控水。冬春育苗需在定植前 7～10 天进行，夜间 6℃～8℃、白天 20℃～22℃低温炼苗，夏秋育苗防止徒长，适当施用壮苗剂。

（3）科学管理肥水　外界最低气温 –15℃以下时，尽量不浇水。外界最低气温 –10℃以上时，选择晴天膜下浇透水。如蔬菜表现缺水，应选寒流刚过、天气晴朗时，采用膜下滴灌或膜下浇小水，以免降低地温。深冬季节日光温室内地温、气温均较低，蔬菜根系吸收能力弱且生长发育缓慢，应尽量减少土壤追肥，适当进行叶面追肥，以缓解因低温寡照导致蔬菜生长发育不良。一般可叶面喷施0.3%磷酸二氢钾+0.3%硝酸钙+1%葡萄糖液。冬末初春天气转暖后，适当增加浇水和施肥次数。

（4）**强化控湿防病**　深冬或持续低温雨雪天气，温室内空气湿度大，易诱发病害，应在中午短时间通风排湿，特别注意室内15℃～25℃时空气相对湿度控制在90%以下。如发病，可选用烟剂、粉尘剂防治，利于施药均匀和避免温室内空气湿度过高。

（5）**适当控制结果**　持续低温雨雪天气，植株生长发育弱，要及早采收果实和适当疏花疏果，以免加重植株负担，使植株生育更弱，降低抗逆能力。在灾害发生之前，能采收的果实尽量采收，尤其处在结果初期的作物，不要因为期望高价而影响后期的产量。天晴后逐步转入正常管理。

七、阴雨雪天日光温室的管理经验

阴、雨、雪天，温室光照不足，温度偏低，空气相对湿度较高，导致蔬菜光合作用下降，瓜类蔬菜会出现化瓜等现象。同时，气温和地温较低，会抑制根系生长和对养分、水分的吸收。此外，还会引发徒长，使叶片变黄，抗逆能力下降。温度过低，果实会受冻。如果连阴天后骤然放晴，可能使幼苗、植株萎蔫甚至死亡。

雨雪天，当温室内温度未低于蔬菜要求的最低温度时，可不盖草苫，以免草苫被雨雪淋后降低保温效果和缩短使用寿命，同时草苫重量增加也可能压坏温室骨架。但是要及时扫雪，否则积雪容易大量吸收温室薄膜传出的热量。当温室温度低于蔬菜所能耐受的极限时，就要覆盖草苫。

实践中，可在草苫上下各覆盖一层整块的塑料薄膜。将使用过的旧塑料薄膜加以修补，连接成整块，在正常天气覆盖到草苫下，

雨雪天覆盖到草苫上面再覆盖一层，将草苫包起来，像棉被一样，若薄膜不够，也可只在草苫上面覆盖一层。这样不仅可以避免草苫被水浸湿，保证草苫干燥，在下雪时方便清理，而且可以明显提高温室温度。如果采用整块薄膜，一般是将其下部固定在地面，上边系上绳，由两个人同时扯着覆盖和撤下。一般增加 1 层塑料薄膜可以增温 1℃～2℃，覆盖 2 层可以增温 2℃～3℃。

对于白天覆盖草苫的温室，也要及时把草苫上的积雪清除干净，否则会大量吸收温室热量，不能等到雪停后再清除，而应随降雪随清除。清除积雪的工具要提前准备好，下雪时再制作就来不及了。

有时，降雪会伴随有大风，如果风将草苫或薄膜揭开，温室内蔬菜必将受冻。因此，降雪前应在温室前沿地面拉一道东西向的铁丝，把拉草苫的绳子绑到铁丝上，将草苫压紧。

在晴天后、雪融化前清扫积雪，现在，有些农民引入了风力灭火机除雪，效果很好。如果不能及时清除积雪，天晴后或降雪时气温较高，草苫上的雪会迅速融化，浸湿草苫，草苫吸水后会变得很重，要将其卷起来将十分困难，再有，如果雪停后不是连续晴天，不能及时将草苫晒干，草苫很容易腐朽，会大大缩短使用寿命。

连续阴雪寒冷天气 5～7 天后骤然转晴，切勿把草苫等不透光保温物全部揭开，要采取揭“花苫”即间隔揭苫，使用卷帘机的可以将草苫卷起一半。也可采用“回苫”的管理方法，即从温室一端逐个揭开草苫，整个温室的草苫揭开后，操作者再回到起始位置，逐个放下草苫。如果温室使用了卷帘机，可先将草苫卷至温室中部，半小时后再缓慢将草苫卷至温室顶部；并且，要对植株喷洒温暖清水或 0.3% 白糖水，防止萎蔫。这是因为，植株在低温寡照的天气生理代谢很弱，植株处于饥寒交迫的状态，突然晴天时，光照强、温度高，植株往往因不能适应、根系也没有能力吸收足够的水分和养分，就会出现萎蔫现象，逐渐拉开草苫，可给其一个逐渐适应的过程。

八、日光温室番茄温度调控基本流程

（一）秋冬茬番茄的温度调控流程

秋冬茬番茄定植时，正值夏季或初秋，气温尚高，可继续使用冬春茬栽培时覆盖过的旧膜，因旧膜已被污染，透光率明显降低，可起到遮挡强光的作用，所以更适宜番茄前期生长，9 月底要更换新膜。如果栽培前期不覆盖薄膜，而是等到进入 9 月底后再覆盖，则应直接使用新的聚氯乙烯薄膜。

覆盖薄膜后，前期温度高，白天要将温室前部薄膜揭起来，顶部的通风口要全部揭开，进行昼夜大通风，预防高温。

当外界夜间气温降到 10℃～11℃时，就要将前部薄膜放下，10 月中旬覆盖草苫，最晚 11 月初要覆盖草苫。

入冬前，温室内白天保持 25℃～30℃，夜间前半夜保持在 15℃以上，后半夜 12℃～15℃，以便温室储存热量。入冬以后，天气渐渐寒冷，白天 25℃～30℃，前半夜 15℃～20℃，后半夜 10℃。

严冬时期一定随时注意温度的变化，中午最高 28℃～30℃，午后 25℃～23℃，20℃～23℃时关闭顶部通风口，16℃～18℃时盖草苫，凌晨最低温度 10℃左右。在此期间如果遇到阴、雪天气或寒流入侵，最低以 8℃为基准，因番茄可耐受短时间的 6℃低温。

另外，浇水后，白天温度应比正常管理提高 2℃～3℃，因为在绝对湿度较高的情况下，提高温度可降低相对湿度，对防病有利；而且，植物光合作用要求温度、湿度相协调，高湿条件下提高温度不至于造成高温危害，反而更利于光合作用的进行。

（二）越冬茬番茄温度调控流程

温室冬春茬番茄温度管理也可参照此流程。

越冬茬番茄定植到缓苗期间，温室一般不通风，温度要高些，

白天可达32℃左右，以促进幼苗的根系生长，缩短缓苗时间。如果温度过高，可打开顶部通风口降温，不能打开温室底部通风口。几天后，及时正常揭盖草苫，幼苗也不再萎蔫，说明幼苗已经长出新根，根系下扎，植株成活，开始了新的生长，缓苗结束。

缓苗后及时降低温度，晴天的白天可控制在20℃～25℃，夜间15℃左右，缓苗后到坐果前这段时间，温度一定不能高了，要依据外界气候变化，及时调控室内温度，预防徒长。如果室内温度过高、水分又大，很易导致秧苗根系发育不良，又浅又弱，进而使植株茎叶徒长、枝条细弱，这样的植株抗寒能力差，越冬困难。

植株下部第一穗果实坐住，即长到山楂大小时，就进入了快速生长阶段，白天最高温度可控制在26℃，前半夜15℃以上，后半夜10℃～13℃，控制地上部生长，促进根系深扎，保持室内最低温度不低于8℃，偶尔短时间6℃～8℃植株也可以耐受。有的种植者采用的是高温管理方式，温室中午前后温度达30℃才开始通风，他们的经验是温度低了坐不住果，采用这种管理方式时，一定要注意，高温必须与较高的空气湿度相配合，而高湿环境容易引发病害，要注意及时喷药防病。

严冬季节，一般在刚揭开草苫时室内温度临时下降1℃～2℃为适宜（日出后1小时左右），如果揭苫后室内温度马上升高，则说明揭苫时间太晚了，下次应提早揭苫。温室内气温控制在白天20℃～30℃，当晴日中午前后温室内气温升至30℃以上时，即开顶部通风口小通风，换气排湿，适当降温，补充温室内空气中的二氧化碳。傍晚日落前要及时覆盖草苫等保温物，盖草苫时，室内温度为16℃～18℃，盖苫后室内临时升温1℃～2℃为宜，而后温度逐渐下降，夜间温室内气温保持在12℃～18℃。凌晨短时间最低气温不应低于8℃，以免发生冷害。温室保温性较差时，可在温室内用塑料薄膜或地膜进行二层覆盖。

连阴天期间，进行临时加温，实际上，随着温室建造技术的改进和气候变暖，目前至少在北纬41℃及其以南地区，要建造在严冬季节不用炉火加温而能生产喜温蔬菜的温室是完全没有问题的，温室最低温度都在8℃以上。但有时会遇到极冷年份，或连续阴天，或寒流等不利气候条件，短时间地采取某些临时加温措施也是有必要的。所用设备是红外线灯，每盏200～250瓦，各地都能买到。也有人干脆使用100瓦的白炽灯，简单实用，效果也很好。

雪天最好在温室草苫外覆盖浮膜防雪，下雪过程中及时清除积雪，防止降低温室内气温。

进入2月中旬之后，随着日照时间逐渐延长和光照强度逐渐增强，天气逐渐回暖，晴日中午前后，温室最高气温可达35℃以上。同时，随着浇水量和植株蒸腾量逐渐加大，温室内空气湿度加大。为搞好排湿和适当降温，要逐渐延长中午前后通风时间和逐渐加大通风口，既开顶部通风口，也开前部通风口，使温室内白天气温保持在25℃～28℃，空气相对湿度不高于60%。但在此期间仍需加强夜间保温，使温室内夜间气温保持在15℃～18℃，最低夜温不低于12℃。如果温度过高，容易形成未充分充实的空洞果或松软果，这种果实不仅产量低，而且采收运输中易受损伤。

进入4月份，应将顶部和前部的通风口全部打开，昼夜通风。在晴日白天，可将温室前部薄膜撩起，并大开顶部通风口，使温室内的空气温度、湿度、二氧化碳浓度基本与外界相同。但在华北地区有“清明断雪不断雪，谷雨断霜不断霜”的农谚，也就是说在很多时候，每年的4月中下旬会有一次突然降温的天气过程，也就是通常所说的“晚霜”。因此，要注意查看天气预报，做好覆盖保温防寒准备。

进入5月份，在正常天气时的外界气温已适于番茄生长发育的需求，可将草苫等不透明保温物撤去，摊开晾晒，待其充分干燥后垛起来，垛上覆盖废旧塑料薄膜，以防夏季被雨水浸湿。

如果栽培的品种是无限生长类型的中熟、晚中熟品种，而且到6月份还未见长势衰弱，对此，可将结果期延续到7～8月份。在管理上要保留温室薄膜避雨，揭开温室顶部和前部通风口，使薄膜呈“天棚”状，进行昼夜大通风。

九、日光温室甜瓜的环境调控

（一）温度调控

甜瓜喜温且耐高温，在气温35℃时生育情况良好，在40℃左右的高温下仍能正常进行光合作用，短时间45℃～50℃高温也不会造成严重危害。因此，在温度管理上应以争取高温为主。

甜瓜和西瓜近似，需要较高温度。其发芽出苗适温为30℃左右，最高35℃，最低为16℃～18℃；平均来说，植株生育的适温：白天28℃～32℃，夜间15℃～18℃，昼夜温差13℃～15℃。这样的适温指标，对于温室甜瓜在严冬季节很难达到。就多数温室来说，冬春温度普遍偏低（表2-1）。因此，在温度管理上，应特别注意加强保温，尽量少通风、晚通风。采取覆盖地膜，加盖草苫、浮膜等多层覆盖保温，力争达到以下各生育阶段的适宜温度指标。

表2-1　甜瓜不同生育期温度管理指标

生育期	白天（℃）	夜间（℃）
出苗期	28～32	16～20
幼苗期	23～28	14～18
缓苗期	26～32	16～20
伸蔓期	22～32	15～20
开花期	25～30	15～18
膨瓜期	28～35	16～20
成熟期	28～32	15～18

（二）光照调控

甜瓜喜强光和长日照，如果严格按照要求设计、建造温室，那么即使在严冬季节，温室内的光照强度也能基本满足甜瓜生长发育的需求。但甜瓜正常生育要求每天10～12小时的光照，在每天12小时光照条件下，形成的雌花最多，每天12～15小时的光照侧蔓发生早、植株生长快。而在每天不足8小时的短日照条件下，则对植株生育不利。日照时间短是我国北方地区利用温室生产甜瓜的主要障碍，常常导致甜瓜产量低，品质差。另外，冬季常遇阴雪天气，造成温室内光照弱，也会妨碍甜瓜的正常生长发育。

为在短日照季节赢得尽量长的光照时间，在保证温室温度满足需要的情况下，应尽量早揭晚盖草苫。上午，只要揭开草苫后温室气温不降低，就应及时揭苫，以尽可能延长上午的光照时间。下午，可于日落时盖草苫。为使盖草苫时温室内气温不低于20℃，可采取中午前后不通风降温，或仅开天窗通风排湿且时间尽量短。

甜瓜是喜光性作物，其中的厚皮甜瓜的光补偿点为4000勒，光饱和点为55000勒。以此，冬季栽培应想方设法提高光强。可以在温室后墙内侧张挂镀铝反光幕，改善温室后部植株的光照环境。但有人对此存在不同看法，认为反光膜虽然提高了温室后部的光照强度，却阻挡了应该照到后墙上的光，使后墙蓄积的热量减少，不利于温室保持夜间温度。

为了提高植株下部的光照强度，促进下部叶片光合作用，可以在行间铺反光膜，将本应照射到地面的阳光反射到下部叶片上；同时，铺设反光膜还能减少地面水分蒸发，降低空气湿度，减少病害发生。但是，铺设反光膜同样存在一个问题，就是减少了土壤因阳光照射获得的热量，不利于提高温室温度，因此，是否铺设反光膜要具体情况具体分析，如果温室保温性能良好，就可以铺设；但如果保温性能本身就比较差，还是不铺为好。

根据具体情况，每隔3～5天擦洗1次薄膜，把遗落在薄膜表面的草屑、灰尘清除，以保持薄膜的透光率，如果不经常擦洗，薄膜被污染后即使再擦洗也无济于事了，这一点在聚氯乙烯薄膜上表现得更为明显。栽培甜瓜温室的薄膜要每年更换新膜，使用旧膜虽然成本降低，但甜瓜产量会受到严重影响，得不偿失。

（三）湿度调控

甜瓜在开花之前能适应较高的空气湿度，一般空气相对湿度白天70%左右、夜间80%左右，无不良影响。但自开花期以后，尤其在果实膨大期和成熟期，甜瓜植株对空气相对湿度要求严格，以50%～60%为宜。空气干燥，结的瓜甜度高、香味浓、品质好；空气潮湿，结的瓜水分多、糖度低、味淡、品质差，还易于发病。因此，降低空气湿度是提高果实品质的主要措施之一。

首先，栽培甜瓜的温室应该选择高质量的聚氯乙烯、醋酸乙烯无滴膜或流滴膜，不应该选择质量差的聚碳酸酯（PC）膜。如果薄膜质量差，严重时会导致温室内雾气弥漫，称为迷雾现象，容易引发各种病害。

其次，由于栽培甜瓜的温室都是半地下式的，温室前沿势必有一面裸露的土壁。低温季节，温室薄膜内层的水滴会沿薄膜的自然坡度流到温室南端，并渗入到这道土壁，导致这道土壁总是湿漉漉的，有时会长有大量绿色苔藓，其中有很多病菌，尤其严重的是大大提高了空气湿度，容易导致病害蔓延，冬季温室内病害流行与此关系密切。对此，可在土壁上覆盖一层地膜，防止土壤水分蒸发，效果很好，这是一条值得借鉴的经验。选用黑色地膜比较合适，这是因为降低湿度的同时还可以防除杂草。

再有，温室前沿还应该再悬吊一条承接温室前屋面滴水的透明宽幅地膜。这条地膜底部自然地垂到栽培畦南端的土壤表面，中间固定于温室前屋面拱架接地处，薄膜上部便于包埋小土块和小砖块，用细绳绑在温室拱架上，或用塑料夹子夹住，吊在拱架上。这层薄膜要与温室前屋面的薄膜有20厘米以上的间隔。这样，温室薄膜内侧形成的水珠，会沿着前屋面的弧度自然地向南、向下流淌，流到前屋面前半部分较陡的位置，在自身重力的作用下就会滴落下来，如果滴到下方蔬菜的叶片上，就容易引发病害。而悬吊接水薄膜以后，水珠会被这层薄膜所承接，顺着薄膜慢慢流入地下。同时，温室前沿是整个温室气温最低的位置，有了这层薄膜，还能起到良好的保温作用。

第三章
育苗技术

一、育苗营养土配制

蔬菜幼苗密度大，吸收养分多，加上幼苗根系细弱，吸收能力不强，若土壤中营养不足，将严重影响幼苗的生长发育。为此，常常人工配制育苗用土。蔬菜对育苗营养土的要求是：营养成分完全，具有氮、磷、钾、钙等主要元素及必要的微量元素；理化性质良好，兼具蓄肥、保水、透气三种性能；微酸性或中性，pH 值以 6.5～7 为宜；无病菌虫卵，以防病虫危害。这样，可以保证营养土质疏松，营养充足，幼苗根系发育良好，苗齐苗壮，移植时伤根少，定植后缓苗快。

（一）营养土组分

1. 大田土　从小麦田、玉米田取土，要求该地块土壤肥沃、无病虫害。大田土用量占营养土总量的 60%～70%。用车运到育苗设施附近，过筛后备用。

2. 有机肥　营养土中有机肥所占份额为 30%～40%，根据各地不同情况因材而用，可以是猪粪、垃圾、河泥、厩肥、草木灰等，以堆肥、厩肥为好，其中，马粪因透气性好，并具有保水增温的作用而成为首选。需要注意的是，马粪必须在育苗前 5 个月沤制，充分腐熟后才能使用，在沤制过程中必须多次进行翻动，忌用生粪。如果有条件，每立方米营养土中再掺入 10 千克草炭，提高营养土养分含量，改善营养土理化性质，育苗效果会更好。

3. 化肥　为提高营养土肥力，可按每立方米营养土加氮磷钾（15 : 15 : 15）复合肥（以下简称三元复合肥）2 千克，或每立方米营养土中加入尿素 0.25～0.5 千克、磷酸二铵 0.5～0.7 千克、硫酸钾 0.25 千克的量混入化肥。

4. 杀菌剂　为防止土传病害，要对营养土进行消毒。用 40% 甲醛消毒，可消灭猝倒病和菌核病病菌，方法是将 200～300 毫升 40% 甲醛加水 20～30 升（可消毒营养土 1 000 千克）配制成药液，在倒堆的同时用喷雾器均匀地喷洒在营养土上。土堆上覆盖潮湿的草苫或塑料薄膜，闷 2～3 天后可充分杀死床土所带病菌，然后揭开覆盖物。经 15～20 天，待甲醛气味散尽后，即可使用。为使药气尽快散尽，可将土堆弄松。在药气没有散完前，会发生药害，不能装钵，更不可播种。也可每立方米用 0.1% 高锰酸钾溶液 7～10 千克喷洒，之后盖严薄膜，闷 3～4 天。

（二）混　合

确定了各种添加物的用量后，将各成分充分混合，然后倒堆 2 遍，以确保混匀。

（三）装填营养钵

不论是新购买的营养钵还是曾经用过的营养钵，使用前都要进行一次清选，剔除钵沿开裂或残破者。否则，浇水后水分会从残破的钵沿流出，不易控制浇水量。向钵内装营养土，注意不要装满，营养土要距离钵沿 2～3 厘米，以便将来浇水时能贮存一定水分。装钵后，将营养钵整齐地摆放在苗床内，相互挨紧，钵与钵之间不要留空隙，以防营养钵下面的土壤失水，导致钵内土壤失水。在苗床中间每隔一段距离留出一小块空地，摆放 2 块砖，这样播种时可以落脚，方便操作。浇水后即可播种了。

二、种子播前处理技术

（一）种子消毒

1. 热水烫种　利用热水杀死种子所带病菌，将种子置于塑料盆、烧杯或其他容器内，加85℃热水，立即用另一个容器来回倒换，动作要迅速，当水温降至55℃时，改用小木棍搅动，以后步骤同温汤浸种。浸种后的种子若不进行催芽，在洗净后，使水分稍蒸发至互不黏结时即可播种，或加入一些细沙、草木灰以助分散。

2. 温汤浸种　将种子置于烧杯中，如入55℃温水，水量要充足，以防迅速降温，不停地搅拌，观察温度，如果温度降低，随时加温水，保持55℃水温10分钟。到时间后，加凉水，使水温降至25℃～30℃，消毒结束。

3. 药剂消毒　基本过程是把要处理的种子浸到一定浓度的药液中，经过5～10分钟的处理，然后取出洗净晾干。选用的药剂一定要能溶于水，不能用不溶于水或难溶于水的粉剂农药浸种。因为不溶于水或难溶于水的粉剂农药多浮于水面或下沉，造成种子沾药不均匀，沾药过多易使种子中毒，沾不到药液的种子消毒效果差。因此，最好是选用水剂、乳油或可湿性粉剂等剂型。药液的用量至少要保证将种子全部浸没在药液中。药剂浓度不是根据种子重量计算的，而是按照药剂的有效成分含量计算。故浸种的药剂浓度应控制在最大允许用量以内，最小用量以上。在此范围内药剂浓度愈高浸种时间愈短，反之，则应相应延长。因此，要根据不同的品种，掌握所需的最佳浓度和浸种时间，不能用高浓度药剂长时间浸种，也不能用低浓度短时间浸种，否则会造成药害或浸种消毒灭菌的效果不佳。浸种时先将种子用水浸泡，让种子吸水，这样更有利于杀死病菌，然后用清水冲洗干净。常用药剂有

1% 高锰酸钾溶液、10% 磷酸三钠溶液、1% 硫酸铜溶液、40% 甲醛 100 倍液等。

4. 干热处理　干热处理是将种子放在 75℃以上的高温下处理，这种方法可钝化病毒，是一种防治病毒病的有效方法。适用于较耐热的瓜类和茄果类蔬菜种子。在 70℃的高温下处理 2 天，可使黄瓜绿斑花叶病毒完全丧失活力而死亡。干热处理还可以提高种子的活力。但在进行干热处理时要特别注意的是，接受处理的种子必须是干燥的（一般含水量低于 4%），并且处理时间要严格控制，否则会使种子丧失发芽的能力。

5. 药粉拌种　对于需要干籽直播的蔬菜种子，可将药剂与种子混合均匀，让药剂黏附在种子的表面，然后播种。药剂的用量一般为种子重量的 0.2%～0.3%，注意药剂与种子必须都是干燥的。由于药剂用量少不易拌匀，故可加入适量的中型石膏粉、滑石粉或干细土，先将药剂分散，再将种子与之混合，使药剂均匀地附着在种皮上。常用的药剂有：70% 敌磺钠可湿性粉剂、50% 多菌灵可湿性粉剂、40% 拌种双可湿性粉剂、25% 甲霜灵可湿性粉剂等。

（二）浸　种

浸种是保证种子在有利于吸水的温度条件下，在短时间内吸足从种子萌动到出苗所需的全部水量的重要措施。通过浸种使干燥的种子吸水膨胀，种子内部营养物质分解转化。浸种水温和浸泡时间是重要条件，用水温度同室温（20℃～25℃），比较简单方便，容易操作，十分安全，但无杀菌作用，适于种子消毒后使用。主要蔬菜种子浸种催芽的温度见表 3-1。

浸种要用非金属容器，防止有毒物质危害种子；浸种时间超过 8 小时时，应每隔 5～8 小时换水 1 次。豆类蔬菜不宜浸种时间过长，见种皮皱缩变鼓胀时应及时捞出，防止种子内养分渗出太多而影响发芽势与出苗力。

表 3-1　蔬菜种子浸种温度时间及催芽适宜温度

蔬菜种类	浸种水温（℃）	浸种时间（小时）	催芽适温（℃）
黄　瓜	20～30	4～5	20～25
南　瓜	20～30	6	20～25
冬　瓜	25～35	24～48	25～30
丝　瓜	25～35	24～48	25～30
瓠　瓜	25～35	24～48	25～30
苦　瓜	25～35	72	25～30
番　茄	20～30	8～9	20～25
辣　椒	30	8～24	22～27
茄　子	30～35	24～48	25～30
油　菜	15～20	4～5	浸后播种
莴　笋	15～20	3～4	浸后播种
莴　苣	15～20	3～4	浸后播种
菠　菜	15～20	10～24	浸后播种
香　菜	15～20	24	浸后播种
甜　菜	15～20	24	浸后播种
芹　菜	15～20	8～48	20～22
韭　菜	15～20	10～24	浸后播种
大　葱	15～20	10～24	浸后播种
洋　葱	15～20	10～24	浸后播种
茴　香	15～20	24～48	浸后播种
茼　蒿	15～20	10～24	浸后播种
蕹　菜	15～20	3～4	浸后播种
荠　菜	15～20	10	浸后播种

1. 催芽　催芽就是将吸水膨胀的种子置于适宜温度条件下（喜温性蔬菜及耐热蔬菜25℃～30℃，耐寒及半耐寒性蔬菜20℃～25℃），促使种子较迅速而整齐一致地萌发的措施。催芽是以浸种为基础，但浸种后也可以不催芽而直接播种。

一般多用瓦盆等非金属容器催芽，将浸好的种子用洁净、透气的纱布、棉布包起，架空放在干净的瓦盆里，盆上盖一层较厚的布以保温保湿。也可按 1∶1 的比例，将种子与淘洗干净的河沙混合装于盆中，以改善种子的保温、保湿及通气条件。装在布口袋内的种子也可以不放在瓦盆内而用其他的方法放置。总之，必须给种子发芽创造良好的温、湿、气条件。

催芽初期可使温度偏高以加速养分的转化和利用，出芽后逐渐降温防止胚根徒长而进行“蹲芽”。为使种子发芽整齐，催芽 4～5 小时后至破嘴前要经常翻动种子，并用清水淘洗，可以散发呼吸热，排除二氧化碳，供给新鲜空气。无论是种子催芽前或催芽期间淘洗后均应将种子稍稍晾干，除去种子表面水膜，以利通气。同理，浸种或催芽的容器应绝对无油污及其他影响种子发芽的有害物质。有加温温室、催芽室及电热温床设施设备条件时，应加以充分利用。在炎热夏季，有些耐寒性蔬菜如芹菜等催芽时，仍需放到温度较低的地方。一般情况下，小粒种子有 75%左右种子出芽时即可终止催芽，开始播种。大粒种子，如瓜类种子，催芽时间可长一点。如因某种原因不能及时播种，应将催完芽的种子放在冷凉处抑制芽的生长。主要蔬菜种类的催芽时间可参见表 3-2。

表 3-2 主要蔬菜种子催芽所需时间（20℃～25℃）

蔬菜种类	催芽时间（小时）
豆类、甜瓜、黄瓜	40～60
茄果类、莴苣、南瓜	60～80
伞形科、百合科、西瓜	70～80

三、黄瓜免移栽靠接法嫁接育苗技术

此法用于日光温室秋冬茬、越冬茬、冬春茬黄瓜育苗，尤其是越冬茬黄瓜应用最多。将黄瓜、砧木南瓜播种于同一个营养钵中，当接穗和砧木长到适宜大小，采用靠接法进行嫁接，成活后切断砧木茎，此法可以免除移栽的麻烦，而且成活率高，适宜缺乏经验的初学者采用。

（一）育苗时期

越冬茬又称为“冬茬”或“秋冬春一大茬”，每年栽培一茬，于9月下旬播种，10月初嫁接，10月底定植，一直采收到第二年6月中下旬，拉秧后可养地，也可播种一茬玉米、花椰菜等，然后进入下一轮栽培。冬春茬最早在进入12月后即可开始播种育苗。秋冬茬一般在7月15日以后开始播种育苗。

（二）营养土准备

1. 营养土配制 用大田土、充分腐熟的有机肥、少量化肥及杀菌剂配制营养土。从小麦、玉米田取土，要求土壤肥沃、无病虫害，大田土所占份额为60%～70%。如果从菜地取土，则以大葱、大蒜地为好，这类土壤中侵染黄瓜的镰刀菌、丝核菌都比较少。营养土中有机肥所占份额为30%～40%，以堆肥、厩肥为好。配制营养土前，大田土和有机肥要先过筛。每立方米营养土加三元复合肥2千克、50%多菌灵可湿性粉剂80～100克。将各成分充分混合，倒堆2遍。

2. 装钵 向钵内装营养土，注意不要装满，营养土要距离钵沿2～3厘米。装钵后，将营养钵整齐地摆放在苗床内，相互挨紧，钵与钵之间不要留空隙。

（三）接穗（黄瓜）播种育苗

1. 浸种 催芽黄瓜的用种量为每667米^{2}栽培田200克。播种前进行种子消毒是十分必要的，有些地区出现的新病害，往往是通过种子传播进来的。种子消毒最简单易行的方法是温汤浸种，将两份开水和一份凉水混合，兑成约 55℃的热水，将种子放入其中，不断搅拌。在搅拌过程中观测水温，水温下降后要不断加热水，这样附着在种子表面的病菌基本会被烫死。10 分钟后，倒入凉水，将温度降至 25℃～30℃，再浸泡 3 小时，使种子吸足水分。浸种时间短于 3 小时，种子吸水不足；如果长于 3 小时，则种子中内含物会外流，降低种子发芽势。浸种完毕，将种子捞出，用毛巾、纱布等持水能力较强的布包好，置于 30℃左右的条件下催芽，露白后即可播种。有些农民则习惯于种子的胚根长出 1 厘米左右时再播种，他们形象地称这种播种方式为“插芽”，实践证明，这种催大芽的方式出苗快，沤籽轻，效果好。

2. 苗床准备　日光温室越冬茬黄瓜是在 9 月下旬育苗，当时的温度较高，因而苗床上不需要采取特别的增温保温措施。直接用温室内的栽培畦做苗床。育苗场地的面积通常为栽培面积的 1/6，每隔一个栽培畦做一个苗床，先将苗床地面整平，然后摆放装好营养土的营养钵。中间空余的栽培畦将来嫁接时则可以作为操作场地，嫁接后营养钵间距加大，原来的播种床摆放不下，这些空出的栽培畦就派上了用场，这样安排可以缩短运苗距离。

3. 浇水　为保证育苗期间充足的水分供应，减少幼苗生长期间的浇水量，在播种前要浇足底水。播种前 1 天，从营养钵上面一个钵一个钵地浇水，浇水量要尽量均匀一致，这样可保证出苗整齐，幼苗生长也容易做到整齐一致。为提高效率，也可用喷壶喷水，但要尽量做到浇水均匀，水量掌握在有水从营养钵底孔流出为宜。水渗下后，先不要播种，第二天上午再喷 1 次小水，确保营养土充分吸水，然后才能播种。

4. 播种方法　右手拿 1 根筷子，在营养钵表面一侧斜插一个孔，左手拿 1 颗种子，胚根朝下，把胚根插入孔中，种子平放，然后用筷子轻轻拨一下营养土，让插孔弥合。农民称这一播种方法为“插芽”。之所以把黄瓜种子播在营养钵一侧而不是播在中间位置，目的是将中央位置预留出来，几天后播南瓜砧木种子，将来同一个营养钵中的南瓜砧木和黄瓜接穗进行靠接。与传统的靠接方法相比，这种把砧木和接穗播种在同一营养钵中的嫁接育苗方法，简化了嫁接育苗步骤，嫁接后不用再移栽，提高了成活率，节约了育苗空间，很值得有经验的菜农借鉴。

5. 覆土 随播种随覆土。用手抓一把潮湿的营养土，放到种子上，形成2～3厘米厚的圆土堆。覆土厚度要尽量一致。如果出苗速度不一致，幼苗高矮不整齐，往往是由于覆土厚度不均匀造成的。

6. 接穗苗管理 黄瓜种子的发芽适温为30℃，营养土温度应保持在15℃以上，否则很容易发生烂籽现象。在幼苗出土前可使育苗温室内的温度中午保持在35℃左右，这样使土壤保持较高的温度，以加快出苗速度。9月底外界气温尚高，达到黄瓜出苗所要求的温度是没有问题的，一般最多3天内即可出齐。此时需要注意的是，温室空气湿度不能太低，否则容易出现幼苗“戴帽出土”现象。

幼苗出土后，下胚轴对温度十分敏感，处于高温高湿弱光条件下，会迅速伸长，形成徒长苗。所以，幼苗基本出齐，就要适当通风，降低温度和湿度，一般白天温度应控制在25℃～30℃，不宜过高；夜温一定要控制在15℃以下，最好在12℃～13℃。

（四）砧木（南瓜）播种育苗

1. 种子处理 黄瓜播种4～5天后，再播种南瓜，计算好南瓜种子用量，通常每千克南瓜种子是4000粒。在实践中，南瓜，尤其是云南黑籽南瓜种子的发芽率较低，通常只有40%，而且发芽整齐度差。为此，播种前可将种子晾晒1～2天，或在60℃条件下干热（如置于烘箱中）处理6小时以促进发芽，此法简单实用。目前，多采用白籽南瓜、黄籽南瓜作砧木。按处理黄瓜种子的方法进行温汤浸种和催芽，当南瓜种子长出1厘米长的胚根时播种。

2. 播种方法 先向营养钵中喷水，水要浇透，保证南瓜种子出苗期间有充足的水分供应。南瓜的播种方法和黄瓜的播种方法一样，只是播种位置在营养钵正中央。用筷子在营养钵接近中央位置插孔，将南瓜种子胚根插入孔中，种子平放，然后用筷子将泥土弥合。之后，在南瓜种子上覆盖潮湿的营养土，形成一个小土堆，覆土量要尽量一致。

3. 嫁接前管理　嫁接前不需要浇水、施肥，只需控制好环境条件即可。

（五）嫁　接

1. 嫁接适期　当黄瓜第一片真叶半展开、宽度为 2～3 厘米；南瓜在播种后 7～10 天，其子叶完全展开、能看见真叶时，即可进行靠接。

2. 嫁接准备　为防止嫁接苗萎蔫，促进嫁接苗成活，应在嫁接操作地块的温室前屋面上覆盖黑色遮阳网遮光，嫁接者通常坐在矮凳上操作，前面放一个高约 60 厘米的凳子作为操作台。

3. 嫁接方法　将营养钵摆放到操作台上，先用刀片切去南瓜的生长点，再在南瓜幼苗子叶节下 1 厘米处用刀片以 35°～40°角向下斜切一刀，刀片与两片子叶连线平行，深度为茎粗的 2/5～3/5。然后，在黄瓜幼苗子叶节下 1.2～1.5 厘米处以 35°～40°角向上斜切一刀，深度为茎粗的 2/5～3/5，然后把砧木和接穗的刀口互相嵌合。用嫁接夹从黄瓜一侧固定，此时南瓜与黄瓜的子叶呈“十”字形。下刀及嫁接速度要快，刀口要干净，接口处不能进水。

需要注意的是，黄瓜幼苗的下胚轴对光照和温度比南瓜敏感，在高温和充足的光照环境下，下胚轴往往比南瓜的要长些，嫁接的位置要以上部适宜为准，即通常所说的“上齐下不齐”。过长的黄瓜胚轴可以让其弯曲一些，不要为了追求嫁接苗的直立状态而降低黄瓜幼苗的切口位置，因为接口距离黄瓜的真叶的距离过长会降低嫁接苗质量。

4. 摆放嫁接苗　先平整苗床，用铁锹切削畦埂内侧，然后用平耙耙平畦面。把嫁接苗按15厘米间距摆放到苗床上。营养钵之间留出较大的空隙，是为嫁接苗的生长留出足够的空间，将来嫁接苗长大以后，就不用再拉大营养钵间距了。

然后，立即顺苗床浇水。这一水，可以让营养钵从底孔吸足水分，满足以后一段时期嫁接苗生长对水分的需求；同时，地面的水分蒸发后，能大大提高空气湿度，有利于嫁接苗成活。浇水时不要让水溅到嫁接口部位，否则很容易导致嫁接失败。

5. 靠接的接口深度问题 采用靠接法进行嫁接，砧木切口的深度应该达到胚轴直径的3/5甚至更深些。如果切口很浅、接口面积小，虽然缓苗快，萎蔫时间短，容易成活，但断根后，接口部位较细，输导组织不发达，像瓶颈一样限制了土壤中水分肥料向茎、叶、果实的运输，也限制了光合产物向根系的运输，从而会严重抑制植株的生长，将来结瓜也会不同程度地减少。而砧木、接穗的切口都比较深时，嫁接后伤口需要较长时间愈合，幼苗成活缓慢，有些甚至会有死亡的危险，但一旦成活，由于接口接触面积大，输导组织发达，定植后植株生长健壮，抗性强，结果多，产量高。切口深度问题是一个很容易被忽视的关键技术，是嫁接手法问题，相同幼苗，不同人嫁接，最终产量差异很大，原因往往就在于此。

（六）嫁接后管理

1. 环境调控 嫁接后注意遮光和保湿，这是嫁接苗成活与否的关键。为此，前屋面继续覆盖黑色遮阳网遮光，尽量减少通风，保持空气湿度在85%～95%。嫁接后2～3天，即可除去遮阳网。

2. 断根 靠接10天后伤口即可完全愈合，此时，黄瓜已经有2片真叶展开、3片真叶显露，可以断根。操作者手持半片剃须刀片，蹲在苗床间的畦埂上操作，通常不用移动营养钵，把刀片伸向苗床操作即可。在嫁接苗的接口下方1厘米处用刀片将接穗的下胚轴切断，然后在贴近营养土的位置再切一刀，把切下来的黄瓜下胚轴移走。如果不移走这一段胚轴，而只是切断，则切口还有愈合的的支柱产业，其设施类型主要有日光温室、简易日光温室、和中小棚。由于设施栽培的薄皮甜瓜连年种植，土壤连作，枯萎病、根腐病等土传病害频发，严重的地块死苗率达%，甚至绝收。为此，农业局吕庆江对多个砧木品种进行比筛选出日本三系白色南瓜杂交种，探索利用甜瓜侧蔓换头南瓜砧木苗嫁接的新方法，节省了购种资金，解决了因甜南瓜胚轴粗细不匹配而给嫁接带来的难度问题，嫁接成活以上。该项技术已被很多瓜农认可，具有良好的推广前景。

）砧木育苗

种选择　宜选择日本三系白色南瓜杂交品种作为薄皮甜瓜

期确定　如果采用甜瓜苗和南瓜苗嫁接，甜瓜种子一般要子提前播种 14 天左右，而用甜瓜侧蔓和南瓜苗直接换头则不需考虑甜瓜错期播种和缓苗过程的延长问题，一般在嫁接后 20 天左右，甚至更早一点即可定植。用此法嫁接，的播种期可掌握在适宜定植期的前 25～28 天，南瓜苗的生理苗龄为子叶展平后 1～2 天，此时即可开始换头嫁接接穗。

种方式　南瓜播种在营养钵里，可直接在营养钵内和侧蔓嫁接，由于甜瓜侧蔓粗度和南瓜下胚轴粗度接近，南瓜又有利于伤口的愈合和提高成活率。播种技术同常规。

接前准备　嫁接前 1～2 天，向种植砧木南瓜的营养钵浇并喷 1 次防病虫的药剂。

）甜瓜侧蔓选用

蔓来源　早春简易日光温室甜瓜栽培，可采用深冬日光栽培生长的侧蔓；春提早塑料大棚甜瓜栽培，可采用深冬、早春简易日光温室甜瓜栽培生长的侧蔓；春提早中小棚

可能，会丧失嫁接的意义。这就是靠接苗的“断根”。有些时候，在断根后，嫁接苗会出现轻度的萎蔫现象，但用不了多长时间即会恢复。如果人力充足，在断根前 1 天，最好用手把接穗下胚轴捏一下，破坏其维管束部分，这样黄瓜就有了一个适应过程，在断根后基本不用缓苗。

四、番茄嫁接方法

（一）劈 接 法

劈接的接口面积大，嫁接部位不易脱离或折断，而且接穗能被砧木接口完全夹住，不会发生不定根。但因接穗无根，嫁接后需要进行细致管理。

1. 嫁接　适期砧木应有 4~5 个展开真叶。接穗比砧木略小，应有 4 片展开真叶。因为砧木苗一般生长较慢、茎细，所以要提前 5～7 天播种。一般的砧木发芽都不整齐，苗期必须多做调整工作。

2. 嫁接操作　嫁接时，要从砧木的第三和第四片真叶中间把茎横向切断。然后从砧木茎横断面的中央，纵向向下割成 1.5 厘米左右的接口。再把刚从苗床中挖出的接穗苗，在第二片真叶和第三片真叶中间稍靠近第二片真叶处下刀，将基部两面削成 1.5 厘米长的楔形接口。最后把接穗的楔形切口对准形成层插进砧木的纵接口中，用嫁接夹固定。过 7～10 天把夹子除掉。

3. 嫁接后管理　嫁接后，一定要精细管理。接口愈合的适宜温度为白天 25℃、夜间 20℃，在早春嫁接，最好将移栽有嫁接苗的营养钵放置于电热温床上。

在接口愈合前，接穗的水分供应主要靠砧木与接穗间的细胞渗透，但渗透的水量很有限。因此，如果空气湿度低，就容易引起接穗凋萎。嫁接后的 5～7 天内，空气相对湿度要保持在 95%以上。

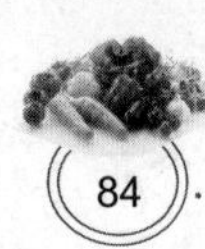

增湿的方法是，摆放嫁接苗前，在苗床上浇水，嫁接后覆盖小拱棚，密闭保湿，嫁接后4～5天内不通风，第五天以后选择温暖且潮湿的傍晚或早晨通风，每天通风1～2次，7～8天后逐渐揭开小拱棚薄膜，增加通风量，延长通风时间。

嫁接后要遮光，可在小拱棚外覆盖草苫或稻草或报纸等，嫁接后的前3天要全部遮光，以后半遮光，两侧见光，随嫁接苗生长，逐渐撤掉覆盖物，成活后转入正常管理。

（二）靠 接 法

1. 砧木和接穗苗培育 无论是砧木还是接穗，都可以在苗盘中密集播种，培育小苗，出现2片真叶时将幼苗分到铺有营养土的苗床上，砧木苗、接穗苗都已展开4～5片真叶时为嫁接适期。苗龄偏大，但只要二者的生长状态基本相同也可以嫁接，靠接可持续进行很长时间。

2. 嫁接操作 嫁接时，要仔细地把砧木苗、接穗苗全根挖出。因为带根，嫁接时不用担心萎蔫，但嫁接场所的空气湿度要比较高，以利接口愈合。先把接穗苗放在不持刀的一只手的手掌上，苗稍朝向指尖，斜着捏住，在子叶与第一片真叶（或第一片真叶与第二片真叶）之间，用刀片按35°～45°角向上把茎削成斜切口，深度为茎粗的1/2～2/3，注意下刀部位在第一片真叶的侧面。番茄发根能力强，接穗苗茎的割断部位容易生根，长大入地，使嫁接失去作用，所以，砧木苗和接穗苗的茎都应长些，以便在较高的部位嫁接。

把砧木上梢去掉，留下3片真叶，在嫁接成活以前要保留这3片真叶，这样便于与接穗苗相区别，否则容易弄错，造成嫁接失败。

把砧木上部朝里，根朝向指尖，放在手掌上，用刀在第一片真叶（或第二片真叶的下部）的侧面，按35°～45°角斜着向下切到茎粗的1/2或更深处，呈舌楔形。该接口高度必须与接穗接口高度一致，以便于移栽。

将接穗切口插入砧木切口内，使两
接夹固定。

3. 嫁接后管理

（1）移栽 嫁接完成立即移栽，移
分离开。为预防倒伏，必要时应立杆或
时，砧木要栽在钵的中央，接穗靠钵体
使土壤下沉，根与土密切接触。浇水后
（2）环境调控 高温季节育苗，苗
风、高湿，严防强光和高温造成幼苗萎
定要遮光保湿。低温季节育苗，在移栽
起来，也需要遮光，4～5天内都要如
30℃，夜间20℃左右。以后，依据苗的
射光的照晒，予以锻炼。

（3）断根 嫁接后10天左右，接穗
在嫁接部位下边的接穗一侧把茎试着割
后只要秧苗萎蔫不严重，第二天以后便
割断。如果萎蔫的苗过多，可实行1日

（4）去除萌芽 接口愈合后要摘除
了砧木生长点，会促进砧木下部的侧芽
过高温高湿遮光的环境条件，侧芽更易

（5）去夹 靠接苗的砧木和接穗的
离或折断，所以在定植前可不除掉夹子。
茎部，最好能换地方改夹1～2次。也
除掉夹子。去夹时机要适宜，去夹时间
去夹过晚，则影响嫁接苗幼茎的生长增粗

五、设施甜瓜侧蔓贴接法

河北省乐亭县是全国最大的设施甜

培是该
塑料大
障碍严
50%～
较试验，
（贴接）
瓜胚轴
率在90
（一
1.
的砧木。
2.
比南瓜
（贴接）
甜瓜侧
南瓜种
适宜嫁
甜瓜侧
3.
进行换
不伤根
4.
1次水
（
1.
温室甜
日光温

甜瓜栽培，可采用早春简易日光温室、塑料大棚甜瓜栽培生长的侧蔓，以此类推。

2. 选择标准　甜瓜侧蔓接穗要从5叶1心至4叶1心以上的侧蔓上选取。一般是从宽4厘米左右的叶片开始往上保留，去掉下半部的大叶及茎，目的是为了保证侧蔓茎的粗度与南瓜下胚轴粗度相匹配，以利于嫁接苗成活。

3. 侧蔓　消毒甜瓜侧蔓选择无病虫感染和侵害的健壮瓜蔓。在侧蔓采用前应结合植株病虫害防治喷1次药，防病可用68%精甲霜·锰锌水分散粒剂600倍液，或25%嘧菌酯乳油1500倍液；防虫可喷洒10%吡虫啉可湿性粉剂4000倍液，或1.8%阿维菌素可湿性粉剂3000倍液。

4. 接穗采集　嫁接前，把准备用作接穗的甜瓜侧蔓从上茬甜瓜棚里分批采集到育苗棚里，放入塑料袋内保湿备用。尽量随采随用，注意遮阴，以免萎蔫影响嫁接成活率。

（三）嫁接操作

1. 削砧木　嫁接时先将带钵的南瓜苗放在操作台上，用左手的拇指和食指捏住南瓜的1片子叶，右手用剃须刀片削掉生长点和另1片子叶，再从生长点处和下胚轴呈30°由上向下斜削1刀，刀口长0.9～1厘米，深度至少达到砧木南瓜胚轴直径的一半。

2. 削接穗　在甜瓜侧蔓上选择宽4厘米左右的叶片下方0.5厘米茎蔓处，与茎蔓呈30°用刀片由上向下斜削1刀，削断整个茎蔓，刀口长0.8～0.9厘米。

3. 贴合　然后迅速把甜瓜侧蔓切口贴在南瓜切口上，使二者刀口紧密吻合，随即用嫁接夹固定。嫁接时要特别注意南瓜苗与甜瓜侧蔓的刀口斜削面要求平直，这点非常重要。

（四）嫁接后苗床管理

嫁接后立即将嫁接苗放入用竹片搭建在育苗棚内的小拱棚里，

排放整齐，覆好薄膜、遮阳网或其他遮阳物，以保湿防晒。

1. 温度 嫁接后前3天，棚内温度保持白天26℃～28℃，夜间20℃～18℃；嫁接后4～10天，保持白天28℃～32℃，夜间20℃～15℃，10厘米地温保持在15℃以上；嫁接10天后，当生长点长出新叶片，表明穗砧已完全愈合，温度保持白天22℃～30℃，夜间18℃～13℃，形成一定的温差，以促进花芽分化。此期的管理重点，应尽可能给嫁接苗提供适宜生长的温度环境，防止低温高湿，以免导致苗期病菌的侵染。定植前要适当控温炼苗：白天温度保持20℃～25℃，夜间15℃～10℃，最低可降到8℃～10℃，使幼苗逐渐适应定植棚室环境。炼苗时要注意每天逐渐下降，定植前炼到接近栽培温室或塑料大棚的最低温度。

2. 湿度 嫁接后的1～3天，棚内空气相对湿度保持在95%以上；嫁接后4～10天，是愈伤组织形成阶段，棚内空气相对湿度要保持在90%以上，以利于伤口的愈合和提高嫁接成活率。如湿度不够，可用喷雾器朝幼苗上喷水补湿，但水量不宜过大，以落到叶面上不流水即可，视湿度变化情况1天内可喷水2～3次，以保证接穗叶片不萎蔫为宜。10天后转入正常管理。

3. 光照 嫁接后1～3天，嫁接苗早晚要见散射光，有太阳时仍应及时遮阴；嫁接后4～10天早、晚正常见光，有太阳时可见散射光，随着嫁接后天数的增加逐渐增加光照时间和光照强度。10天后当生长点长出新的叶片，说明穗砧已完全愈合，可开始撤掉覆盖物及遮阳物，在保证叶片不萎蔫的前提下可完全见光。

4. 砧木萌芽的处理 甜瓜嫁接后，南瓜生长点附近可能还要萌生出腋芽，要及时用刀片去除，以免消耗养分。

5. 肥水 嫁接后一般不需大量施用肥水。可根据土壤墒情和秧苗长势，适时、适量浇水、施肥。最好在育苗室内准备1个盛水容器，提前将水预热，在幼苗出现萎蔫现象前，可在午前浇灌备好的与棚温一致的水。每次浇水时都要注意天气预报，要选在近2～3天内没有阴雪天气变化时进行，以防苗期病害的发生。当幼苗出现脱肥现象时，可适时、适量喷施叶面肥。

6. 病虫害防治　此期内的主要传染性病害是苗期猝倒病、立枯病、炭疽病等，生理性病害主要是沤根。在温、湿度管理上，土壤湿度要见湿见干，若土壤湿度过大、温度偏低时，要及时设法降低土壤湿度，以防苗期病害的发生，阴天可在土表撒施草木灰吸湿，或同时拌入适量土壤杀菌剂。如发生蝼蛄和金龟子类害虫，可采用诱饵诱杀法，用炒熟麦麸或青菜叶喷拌 50% 辛硫磷乳油 1 000 倍液防治；蚜虫、白粉虱、象鼻虫等可选用 10% 吡虫啉可湿性粉剂 4 000 倍液防治。此外，应在定植前 1～2 天喷施 1 次防治霜霉病、炭疽病、细菌性病害的药剂，以降低定植后病虫害防治的难度。

（五）与其他嫁接方法的区别

1. 与靠接法的区别　用甜瓜种子育苗和南瓜苗嫁接多数采用靠接法，方法是，先将南瓜苗距生长点 0.5 厘米处，与胚轴呈 35° 由上向下斜削 1 刀，刀口长 0.9～1 厘米，深至南瓜胚轴直径的一半；然后再将甜瓜苗距生长点 2 厘米处，与胚轴呈 30° 由下向上斜削 1 刀，刀口长 0.8～0.9 厘米，深至甜瓜苗胚轴直径的 1/2～2/3；然后将甜瓜的舌形胚轴插入南瓜胚轴的舌形刀口内，用嫁接夹固定，栽入营养钵后浇水，进行遮阴管理。

2. 与用种子苗作接穗的贴接法的区别　该法用甜瓜种子苗作接穗进行嫁接，南瓜苗的处理同甜瓜侧蔓换头嫁接；甜瓜苗的处理是在距生长点 0.5 厘米处，与胚轴呈 30° 由上向下斜削 1 刀，刀口长 0.8～0.9 厘米，削断整个甜瓜胚轴，然后迅速把甜瓜苗切口贴在南瓜苗切口上，使二者刀口紧密吻合，随即用嫁接夹固定即可。

（六）对侧蔓贴接育苗技术的评价

1. 优点　利用薄皮甜瓜侧蔓嫁接有下列优点：每 667 米^2 土地可节省甜瓜种子款 200 元左右。节省了育苗棚的占地及育苗环节各项管理投入费用。解决了用薄皮甜瓜种子育苗嫁接时下胚轴过细，给嫁接带来的困难。解决了甜瓜和南瓜播种错期时间过长，甜瓜苗下胚轴木栓化对嫁接质量的影响。有效地使废弃的甜瓜侧蔓得到了再生利用。在采集侧蔓时，可有效淘汰杂株侧蔓，提高品种纯度。侧蔓发得早，坐瓜早，甜瓜可提早上市3～5天。嫁接效率高，一般每人每天可嫁接1 500株，而采用靠接法每人每天嫁接1 000株左右。用甜瓜侧蔓嫁接既不会改变种性，又不会影响产量和品质。

2. 缺点 利用薄皮甜瓜侧蔓嫁接存在的缺点：须有上茬甜瓜植株提供侧蔓。侧蔓品种须与要种植品种相同。嫁接苗比用甜瓜种子苗舌形靠接法嫁接的完全见光时间推迟2～3天。定植后前期植株易旺长，需注意植株调控。

六、蔬菜工厂化育苗的设施和设备

工厂化育苗，又称快速育苗、工厂化穴盘育苗、集约化育苗等，是运用一定的设备条件，采用无土育苗技术，以穴盘为容器，进行人工环境控制，按规定流程在较短的时间内培育出适龄壮苗的一种育苗技术，此法具有较高的经济效益和社会效益，前景广阔。

（一）工厂化育苗设施

1. 催芽室 催芽室是专供种子催芽和出苗的场所，容积6～8米^3，具有良好的保温保湿性能。目前，催芽室多建于温室的一角，其主要设备有育苗盘架、育苗盘和加热装置。育苗盘架用来放置育苗盘，可用2～2.5厘米角铁制成，其设计大小要与催芽室的容积相配套。育苗盘用来播种催芽，规格应与育苗架配套。一般长为40厘米，宽为30厘米，高为5～6厘米。每个催芽室1次可放育苗盘120个。通常情况下室温保持28℃～30℃，空气相对湿度保持85%～90%。

2. 育苗温室 根据自身条件，可以使用现代化大型温室，也可以使用我国特有的日光温室。育苗用日光温室要求保温性能良好，有加温设备，具有良好的采光性能，同时具有遮光设备。一般矢高4.5 米，跨度 10 米，长 100 米，镀锌管拱架，后墙加装反光幕、排风扇，前床加降温水帘，内设滚动式育苗床架和浇水施肥装置。利用这种温室育苗，既保温、降低能耗，夏季又可通风降温，一年四季均可进行秧苗生产。

（二）配套设备

1. 外遮阳系统（齿轮齿条传动） 外遮阳系统夏季能将多余阳光挡在室外，形成阴凉，保护幼苗免受强光灼伤，为幼苗创造适宜的生长条件。遮阳幕布可保障室内温度、湿度，光照符合幼苗生长需要。系统基本组成如下。

（1）外遮阳构架 温室顶部安装 1 组外遮阳骨架，边侧立柱选用 70 毫米×50 毫米镀锌方管，中间立柱选用 50 毫米×50 毫米镀锌方管，联栋间用桁架组合成网架结构。

（2）控制箱及电机 温室控制箱可灵活控制遮阳幕的展开、合拢与停止。控制箱上装有电动控制开关，操作灵活方便。电机自带工作限位和安全保护开关，实现安全可靠的动作。

（3）齿条副 选用拉幕专用 A 型齿条副，质量可靠、运行平稳。

（4）传动部分 传动部分由减速电机及配套部件组成，通过减速电机及与之相连的传动轴输出动力。减速电机选用 WTN40/80 型减速电机。传动轴采用国标 φ32 毫米×1.5 毫米热镀锌无缝钢管，中部通过链型联轴器与电机相连，其余部分与齿条副 / 齿条座（均布）相连，通过齿条副将驱动轴的圆周运动转换为均匀的直线运动。推拉杆采用 φ32 毫米×2 毫米的热镀锌钢管，每根齿条连接 1 列，方向与屋脊的方向一致。纵向与温室长度基本相等。与推拉杆连接的驱动幕杆为专用铝型材，沿跨度方向横向布置，带动幕布开闭，使幕布在运行中平展美观。

（5）幕线与幕布 此遮阳幕系统为托 / 压幕线系统，即遮阳幕安装时位于托幕线和压幕线之间，托幕线承担全部遮阳幕的重量，压幕线防止幕被风吹起或幕布收拢时重叠过高，一般托/压幕线上下间距50毫米。遮阳幕布采用黑白平铺网，遮光率70%，幅宽4.3米。幕线选用黑色聚酯幕线，变形小。幕线间距，上层压幕线1米，下层托幕线0.5米。

另外，在最西侧一区温室的西面设置一道遮阳网，在外遮阳的横梁上，采用钢丝绳、托幕线与地面连接，将遮阳网固定在钢丝绳、托幕线上，使之成为牢固整体，可防止炎热夏季阳光射进温室内，遮阳网采用黑白平铺网，遮光率70%。

2. 内保温系统（齿轮齿条传动） 内保温系统可从多方面改善温室的生态环境。冬季夜间，内保温系统可以有效阻止红外线外逸，减少地面辐射热流失，减少加热能源消耗，大大降低温室的运行成本。系统基本组成中的控制箱及电机、齿条副、传动部分、幕线与幕布选用与外遮阳系统中的相同。

3. 二道膜系统 二道膜肩高2.4米，顶高2.7米，开间方向于立柱之间和跨度中部用镀锌铁丝固定，铁丝穿在PVC管内，跨度方向用扁幕线分别固定于立柱之间的铁丝和跨度中部的铁丝上，形成“人”字形，便于积露水的排流。薄膜采用国产无滴膜，厚度12丝（100丝=1毫米），使用寿命3年左右。

4. 湿帘风机降温系统

（1）设计原理 湿帘风机降温系统是利用水的蒸发降温原理实现降温目的。系统选用国产湿帘及国产水泵系统。能让水蒸发的湿帘是由波纹状的纤维纸黏结而成，由于在原料中添加了特殊化学成分，耐腐蚀，使用寿命长。空气穿透湿帘介质时，与湿润介质表面进行的水气交换将空气的显热转化为汽化潜热，实现对空气的加湿与降温。湿帘安装在温室的北端，风机安装在温室南端。当需要降温时，通过控制系统的指令启动风机，将室内的空气强行抽出，形成负压；同时，水泵将水打在对面的湿帘墙上。室外空气被负压吸入室内时，以一定的速度从湿帘的缝隙穿过，导致水分蒸发、降温，冷空气流经温室，吸收室内热量后，经风机排出，从而达到循环降

温的目的。湿帘外测采用一道喷淋系统，当温室需要降温时，将室外喷淋打开，因为水的蒸发带走部分热量，透过湿帘的空气气温有所降低，增加了湿帘降温的效果。

（2）**基本配置**　湿帘高 1.5 米，厚 0.1 米，单区总长 54 米（含铝合金框架）。若维护情况良好，使用寿命可达 5 年以上。水泵 2 台，单机功率 1.5 千瓦。水池 2 个，长 3 米，宽 2 米，深 1.2 米。供水系统 2 套，包括过滤器、阀门、管道等。风机采用轴流风机，共计 14 台，单机功率 1.1 千瓦。

5. 移动苗床　苗床长 20.2 米、宽 1.75 米、高 0.75 米，苗床支架及支脚采用焊接连接，苗床与枕墩采用螺栓联接。苗床网片采用热镀锌，构件全部采用热镀锌处理。苗床边框采用铝合金边框。苗床枕墩采用膨胀螺栓与内部道路联接，承载力大于 40 千克 / 米 ^{2}。苗床所用铁件不能有任何明显的锐角毛刺存在，钢管全部符合 GB/T 13793-92 直缝电焊钢管标准，钢材全部采用 Q235 牌号。

苗床结构参数如下。①支架上档。采用 30 毫米×30 毫米×2 毫米角钢。②支架下档。采用30毫米×30毫米×2毫米角钢。③支架立柱。采用 30 毫米×30 毫米×2 毫米角钢。④支架斜撑。采用 25 毫米×25 毫米×2 毫米角钢。⑤网片支撑横梁。采用 40 毫米×20 毫米×2 毫米方管。⑥边框。采用 65 毫米×40 毫米×1.5 毫米专用铝合金型材。⑦网片支撑管。采用 φ19 毫米×1.5 镀锌管。⑧侧面斜撑。采用 30 毫米×30 毫米×2 毫米角钢。⑨防翻限位板。采用 158 毫米×40 毫米×4 毫米板件。⑩转动轴管。采用 φ40 毫米×2 毫米镀锌管。⑪网片。采用 50 毫米×80 毫米×2 毫米×2 毫米菱形镀锌钢板网片。⑫转动轴管限位。采用 30 毫米×30 毫米×2 毫米角钢。

温室内苗床排列整齐，高低一致，通常方向排列直线误差不超过 10 毫米。苗床工作台四周不得有毛刺。整个苗床宽度误差不超过 10 毫米。转动手柄应转动灵活，工作台移动平稳。

6. 燃煤、燃油加温系统　由于冬天气温较低，为了使冬天在温室内能正常育苗，在工作间的西面两区配置燃煤、燃油加温系统，既可采用燃煤供热也可采用燃油供热。

7. 喷灌系统 温室内的育苗灌溉采用固定喷灌系统，具有灌溉和施肥双重功能。每个系统配置一个 20 米^3 的喷灌水池，一套首部系统，一个 1 米^3 的肥料池及管网系统；水泵流量为 45 米^3/ 小时，扬程为 40～45 米。

七、黄瓜砧木断根扦插嫁接工厂化育苗技术

设施黄瓜栽培中由于多年重茬，枯萎病、疫病等病害发生严重，通过嫁接，可以减少由于连作带来的土传病害，且砧木根系发达，耐寒、耐热、抗病性强，嫁接后提高了黄瓜抗逆性，增产效果显著，因此嫁接育苗是目前一项被普遍采用的技术。较常用的黄瓜嫁接方法为靠接法和插接法，但在工厂化育苗生产中有诸多弊端，比如砧木和接穗育苗占用面积较大、幼苗高度控制困难等。为此，江苏省南京市蔬菜科学研究所胡静等人在总结西瓜断根嫁接技术基础上，试验了黄瓜砧木断根嫁接育苗技术。采用断根嫁接技术进行黄瓜穴盘育苗，可节省苗床面积，提高嫁接效率，利于工厂化生产，嫁接成活率达 95%，嫁接效率较传统方法提高 30%。生产的黄瓜嫁接苗粗壮，生长一致，长势旺盛，定植后根系发达。此法可供种植者参考、试验、借鉴。

（一）基质准备

砧木和接穗播种均采用相同的基质。

1. 商品基质 目前，国内有很多厂商生产育苗基质。比如，南京市蔬菜科学研究所研制生产的育苗基质，成分由中药渣、草炭、蛭石、珍珠岩混合而成，pH 值 6.5～7，EC 值（电导度）1.5～2 毫西 / 厘米，有机质含量 40%，每立方米加 50% 多菌灵可湿性粉剂 400 克消毒。

2. 混配基质 育苗者也可以自己混配基质，比如，用草炭、

珍珠岩、蛭石等混合复配基质，按照体积比 3∶1∶1 配制，每立方米加 50% 多菌灵可湿性粉剂 200 克进行消毒，再加入三元复合肥（氮、磷、钾比例为 20∶10∶20）1 千克，杀菌剂、肥料与基质混合时要搅拌均匀。扦插基质不加肥料。

（二）品种选择

砧木宜选用抗性强、耐低温的黑籽南瓜和白籽南瓜等。接穗为保护地栽培的黄瓜品种。

（三）播种育苗

1. 播种期 根据生产定植期确定育苗播种期，黄瓜嫁接苗适宜苗龄为 30～35 天。砧木、接穗适宜播期要掌握砧木播种期要比接穗提前 7～10 天。

2. 种子处理及播种

（1）砧木 先晒种去杂，播种前用 55℃～60℃的温水浸种，浸种时不断搅拌，直至水温降到 30℃后停止搅拌，浸泡 8～10 小时，种子淘洗干净后放在 28℃～30℃的恒温箱中催芽，48 小时后种子约 60% 发芽时进行播种。砧木种子选用 45 厘米×45 厘米的育苗方盘进行播种，在盘中先铺 3～5 厘米厚的基质，浇透水后播种，播种时种子方向一致，大约每盘播种 300 粒，再用经消毒的蛭石覆盖 2 厘米左右厚，盖上地膜保湿，放在 28℃～30℃的催芽室中催芽，空气相对湿度保持在 90%。2～3 天后，待种子 60% 左右拱土时，揭开地膜移出催芽室。

（2）接穗 黄瓜种子在砧木子叶开始平展时浸种，用 55℃～60℃温水浸种消毒，浸泡 6 小时后，放在 28℃～30℃恒温箱催芽，24 小时后种子约 50% 发芽。用同样的方盘先铺 3～5 厘米厚的基质，浇透水后播种，每盘播种 1 000 粒左右，再用基质覆盖 1.5 厘米厚，盖上地膜放在 28℃～30℃催芽室中，注意浇水不宜过多，否则影响种子发芽。待种子 50% 左右拱土时，揭开地膜移出催芽室，及时见光。

3. 嫁接前苗期管理 砧木、接穗出苗后到齐苗前，基质保持湿润，不宜过干，齐苗后要充分见光。嫁接前2天适当降温控水，增强种苗抗逆性，提高嫁接成活率。砧木、接穗齐苗后和嫁接前1天各喷1次杀菌剂预防病害，用70%甲基硫菌灵可湿性粉剂1 000倍液，或75%百菌清可湿性粉剂800倍液，或72.2%霜霉威可湿性粉剂600倍液喷施。

（四）嫁接及扦插

1. 嫁接适期 砧木1叶1心，第一片真叶展开有“1元”硬币大小时，即播种后13～15天为宜。黄瓜接穗为子叶平展、心叶微露时，即播种后7天左右为宜。

2. 嫁接前准备 嫁接前砧木和接穗浇透水，使植株吸足水分；嫁接工具用70%医用酒精消毒。

3. 断根 嫁接先将砧木断根，然后采用顶插接法嫁接。嫁接时用刀片将砧木从茎基部断根，去掉砧木生长点，用专用嫁接竹签从砧木上部垂直子叶方向斜向下插入，角度在30°～45°之间，深度为0.5厘米，稍穿透砧木表皮，露出竹签尖。然后在接穗苗子叶下部1厘米处斜削1刀，切成楔形，切面长0.5厘米，拔出竹签，将切好的接穗迅速准确地斜插入砧木切口内，使接穗与砧木紧密吻合，子叶交叉呈“十”字形。嫁接后立即将断根嫁接苗及时扦插，以防感病和萎蔫。

4. 扦插 扦插前，扦插穴盘、基质应做好消毒工作。将扦插基质装入50孔育苗穴盘，放在苗床上，浇透底水后扦插嫁接苗，扦插深度2～3厘米，扦插苗要求高矮整齐，扦插手法及用力要适度，以免折损茎部。扦插苗可用50%多菌灵可湿性粉剂600倍液喷雾防止染病，并立即在苗床上搭小拱棚保温、保湿，做好标签，记录嫁接扦插日期。

（五）嫁接后管理

1. 环境调控　嫁接苗的管理主要是调控温度、湿度、光照等环境因素。

（1）温度　嫁接后前3天温度要求较高，白天26℃～28℃，晚上20℃～22℃，温度高于32℃时要通风降温，以后几天根据伤口愈合情况把温度适当降低2℃～3℃。8～10天后进入苗期正常管理。

（2）湿度　黄瓜嫁接扦插后应及时扣膜保湿，以免接穗萎蔫，并用遮阳网覆盖降温保湿。嫁接后前2天空气相对湿度要求95%以上，湿度低时要喷雾增湿，注意叶面不可积水。随着通风时间加长，空气相对湿度逐渐降低到85%左右。8～10天后根据愈合情况接近正常苗湿度管理。嫁接后前2天要密闭不通风，只有温度高于32℃时方可通风。嫁接后3天开始通风，先是早晚少量通风，以后逐渐加大通风量和延长通风时间，萎蔫苗盖膜前要喷水。8～10天后进入苗期正常管理。

（3）光照　嫁接后前2天要用遮阳网遮光，以后几天早晚见自然光，逐渐延长见光时间和加强光照强度，可允许轻度萎蔫。8～10天可完全去除遮阳网。

2. 去萌蘖　嫁接苗伤口愈合后，接穗开始生长，而砧木的侧芽生长也很迅速，所以要及时干净地去除砧木萌叶，以免影响接穗的生长发育。去萌蘖应在晴天的上午进行，以免病菌通过伤口侵染。

3. 肥水管理　成活后要适时控水，有利于促进根系发育。基质干后结合浇水进行施肥，可用氮、磷、钾比例为15∶0∶15和20∶20∶20速效肥2 000倍液，两者交替使用；可用0.2%磷酸二氢钾溶液进行叶面追肥。

4. 病虫害防治　嫁接后病虫害防治很重要，要定期合理喷药。苗期虫害主要有蚜虫、蓟马、潜叶蝇、菜青虫等，可选用25%吡虫啉可湿性粉剂3 000倍液等药剂防治。病害主要有猝倒病、疫病、

炭疽病、白粉病、叶斑病、霜霉病等，在嫁接后5～6天喷1次60%代森锰锌可湿性粉剂800倍液和72%硫酸链霉素可溶性粉剂4 000倍液，预防病害发生。后期可选择72.2%霜霉威可湿性粉剂800倍液，或70%甲基硫菌灵可湿性粉剂800倍液，或70%代森锰锌可湿性粉剂800倍液，或75%百菌清可湿性粉剂800倍液等药剂防治。药剂交替轮换使用，每隔7～10天喷雾1次，防治效果好。

（六）壮苗标准及炼苗

黄瓜嫁接苗适宜苗龄为30～35天，具有2～3片真叶，此时根系已盘根，苗从穴盘拔起时不会散坨。发货前5～7天要降温2℃～3℃，并且控制肥水，以便于装箱运输和缓苗，提高成活率。

八、山东省寿光市茄子工厂化嫁接育苗技术

以下为山东省寿光市茄子集约化育苗的经验，可供各地农业企业、育苗单位和菜农参考。

（一）穴盘的选择

茄子砧木播种选择50孔穴标准育苗穴盘，接穗播种选择105孔穴标准育苗穴盘，或平底育苗盘，标准尺寸为600毫米×300毫米×60毫米（长×宽×高）。

（二）基　质

1. 基本要求　基质容重0.3～0.5克/厘米^3，总孔隙度65%左右，通气孔隙度15%～20%，持水力100%～120%，pH值5.5～6.2，无病原菌、虫卵和有害物质。

2. 基质原料　配制基质宜选择草炭、蛭石和珍珠岩。蛭石粒径1～3毫米，珍珠岩粒径3～5毫米。

3. 基质配比　高温季节育苗时，草炭∶珍珠岩∶蛭石为6∶3∶1（体积比），而低温季节育苗时，其比例宜为5∶4∶1（体积比）。每立方米基质加入氮、五氧化二磷、氧化钾为20∶20∶20的全溶性复合肥1千克。混配基质时加水，使其含水量达到60%左右。基质的营养水平宜为：氮60～80毫克/千克，五氧化二磷20～40毫克/千克，氧化钾50～100毫克/千克，中、微量元素适量。EC值小于1.5毫西/厘米。按比例混配基质，搅拌均匀并用薄膜覆盖保湿待用。

（三）消毒灭菌

1. 设施消毒　整个保护设施使用前要用高锰酸钾＋甲醛消毒，按2 000米^{3}棚室，用1.65千克甲醛加入8.4升开水中，再加入1.65千克高锰酸钾，产生烟雾，分3～4个点产生烟雾反应。操作过程中要戴防毒面具，要特别注意人身安全。封闭48小时打开，气味散尽后即可使用。

2. 拌料场地消毒灭菌　拌料场地使用前宜使用高锰酸钾2 000倍液，或70%甲基硫菌灵可湿性粉剂1 000倍液喷洒灭菌。

3. 穴盘和用具消毒　穴盘和其他用具使用前用高锰酸钾2 000倍液浸泡10分钟，清水冲洗干净，晾干。

4. 基质消毒灭菌　在混配基质时或基质加水时加入杀菌剂，每立方米基质加入50%多菌灵可湿性粉剂200克。

（四）品种选择

1. 砧木品种　选用砧木嫁接亲和力强、与接穗共生性好且抗茄子根部病害（根结线虫病、枯萎病和黄萎病）、对接穗果实品质影响小、种子繁殖系数高、符合市场需求的砧木品种，主要用野生茄子，如托鲁巴姆、粘毛茄等。

2. 接穗品种　应选择符合市场需求、适合相应茬口保护地栽培要求、产量高、抗病强的品种，如布利塔、爱丽舍、利箭。

（五）播　种

1. 播种期　根据当地气候条件、不同栽培方式及育苗手段确定播种期。冬春季节砧木播种比接穗提早35～40天，夏秋季节提早30～35天。

2. 砧木种子催芽　托鲁巴姆种子用10～20毫克/千克赤霉素液浸泡24小时。捞出后在25℃～30℃条件下催芽。6～7天开始出芽，85%种子露白后播种。

3. 接穗种子处理　包衣种子晾晒3～5小时后可直接播种；未包衣的种子宜精选后，先烫种后拌种，即将种子放入55℃的温水中，保持温度并不断搅拌种子15分钟，再使其温度自然下降到25℃～30℃，浸泡4～8小时，沥干水分，用50%福美双可湿性粉剂或50%多菌灵可湿性粉剂播种，每100克种子用药2克。

4. 装盘压穴　将备好的基质装入穴盘中，用刮板从穴盘的一端向另一端刮平，使每个孔穴基质平满。用压穴器对准每个孔穴的中心位置均匀用力压下，使每个孔穴中央形成深0.5厘米的播种穴。

5. 播种砧木　砧木种子播于50孔穴盘，接穗播于105孔穴盘。逐穴播种，每穴播种1粒种子，种子位于孔穴中央。播种后覆盖，低温季节宜用蛭石覆盖，高温季节宜用珍珠岩覆盖。覆盖后再用刮板刮平。将覆盖好的穴盘置于苗床上，浇水，并浇透。

6. 接穗播种　接穗种子播种后，低温季节宜在催芽室内催芽。将穴盘交错码放在隔板上，控制温度在25℃～30℃之间，待5%的幼苗长出时将全部穴盘移到苗床上。高温季节宜在苗床上遮阴催芽。将穴盘整齐排放在苗床上，盖一层地膜保湿，控制环境温度在25℃～30℃之间，当5%的幼苗长出时，揭去地膜。催芽过程中，每天抽查穴盘2次，检视穴盘内湿度及种子的萌发情况，必要时调整穴盘位置。

（六）嫁接前苗期管理

1. 浇水　要根据基质湿度、天气情况和秧苗大小来确定浇水量。孔穴内基质相对含水量一般在60%～100%，不宜低于60%，更不宜等到秧苗萎蔫再浇水。阴天和傍晚不宜浇水。秧苗生长初期，基质不宜过湿，子叶展平前尽量少浇水；子叶展平后供水量宜少，晴天每天浇水，少量浇水和中量浇水交替进行；秧苗2叶1心后，中量浇水与大量浇水交替进行；需水量大时可以每天浇透。在遵循浇水的原则前提下，高温季节浇水量加大甚至每天浇2次水，低温季节浇水量减小。灌溉用水的温度宜在20℃左右，低温季节水温低时应当先加温后浇施。

2. 施肥　砧木或接穗子叶完全展开时开始施肥，以氮肥浓度为指标，施肥浓度为50～75毫克/千克，每周2～3次；从子叶完全展开到真叶生长阶段，该浓度为100～150毫克/千克，随水施用。一般可选择氮、磷、钾比例为20∶20∶20的复合肥与氮、磷、钾比例为14∶0∶14的复合肥交替施用。高温期浇水频率高，肥料浓度要低；低温期浇水频率低，肥料浓度可以适当提高。

3. 环境调控　育苗室内温度白天保持在24℃～30℃，夜间16℃～18℃。砧木或接穗2片子叶展平后逐渐降低温度，白天20℃～25℃，夜间16℃～18℃。保护设施内空气相对湿度宜保持在50%～75%。高温季节中午强光时，使用遮阳系统减弱光照；低温季节可经常擦拭采光面或张挂反光幕增加光照。连续阴天时可启用补光灯补光。

（七）嫁　接

1. 嫁接时期　当砧木株高12～15厘米，具有4～5片真叶；接穗品种苗高8～10厘米，具有3～5片真叶，茎粗均达到2～3毫米时，为劈接最佳嫁接适宜期。嫁接前1天砧木和接穗的穴盘都浇透水，叶面喷50%百菌清可湿性粉剂1000倍液。选择晴天，在散射光或遮光条件下嫁接。

2. 嫁接方法 用刀片去掉接穗幼苗根部，地上部保留顶部1～2片真叶；同时，在砧木2～3片真叶之间用刀片平向切断，去掉砧木真叶和子叶，在中间位置用刀片垂直向下切入深度为1厘米的切口。在接穗1～2片真叶下方切断，再将其茎端削成1厘米的楔形，迅速插入砧木切口中，并用嫁接夹沿切口方向夹紧即可。注意砧木与接穗的真叶方向呈“十”字形分布。整盘苗嫁接完毕立即排列到苗床，盖好薄膜保湿。

（八）嫁接苗管理

1. 湿度调控 嫁接苗床下部地面充分浇水，密闭3天，不宜通风，保持95%以上的空气相对湿度，薄膜下应附着水珠。3天后，上午进行揭膜通风，并及时进行再盖膜保湿，揭膜从苗床两侧开始由小到大，时间由短到长，逐渐延长通风换气时间，增加换气量。通风期间要通过向苗床地面浇水保持较高湿度，嫁接苗不再萎蔫可转入正常管理。空气相对湿度控制在60%～70%。

2. 温度调控 嫁接苗伤口愈合的适宜温度为24℃～26℃，前6～7天嫁接苗白天应保持25℃～26℃，夜间20℃～22℃，7天后伤口愈合，嫁接苗转入正常管理，白天温度25℃～30℃，夜间18℃～25℃。

3. 光照 在保湿膜上覆盖黑色遮阳网。嫁接苗前3～4天，晴天可全日遮光，阴雨天时可只盖薄膜保湿，以后逐渐增加早、晚见光时间，缩短午间遮光时间，直至完全不遮光。

4. 肥水管理 嫁接苗不再萎蔫后，转入正常肥水管理。视天气状况，1～2天浇1遍肥水，可选用氮、磷、钾比例为19∶19∶19的全溶性全营养肥料，以氮肥浓度为指标，施肥浓度为120～160毫克/千克。

5. 植株调控 茄子幼苗生长快，易徒长，可视幼苗大小喷施50%矮壮素水剂1000～1500倍液，每穴盘喷施药液7～8克。高温季节育苗时，第一次用药后48小时再喷1次。

6. 其他管理　及时剔除萌芽，去除不定芽，保证接穗的健康生长，去除时切忌摆动接穗。嫁接苗定植前5～7天开始炼苗。主要措施有：加大通风，降低温度，减少水分，加大穴盘间距，增加光照时间和强度。出苗前喷施1遍杀菌剂。

（九）成苗标准

依育苗季节不同，冬春季苗龄为60～70天，夏秋季苗龄50～60天。品种纯度≥98%，茎秆粗壮，节间短，株高12～15厘米，茎粗3～4毫米，达4～5片真叶。叶片浓绿，无病虫害，嫁接口愈合完好，根系将基质紧紧缠绕，形成“抱团”，从穴盘中拔起时不会出现散坨现象。

（十）病虫害防治

苗期常见病害为猝倒病、立枯病、茎基腐病等，常见虫害有粉虱、蓟马等。

1. 农业防治　育苗期间适时适量喷水，阴雨天尽量不喷水，以保持温室内较低的湿度，可预防苗期猝倒病、立枯病等病害的发生。

2. 物理防治　将育苗设施所有通风口及进出口均设置50目的防虫网防虫。在育苗设施内苗床上方50厘米处悬挂25厘米×40厘米的涂机油黄板诱杀粉虱、蚜虫等害虫，每667米^{2}悬挂30～40个。

3. 化学防治　病害防治，一般于幼苗出齐后喷施25%嘧菌酯悬浮剂1 500倍液，或75%百菌清可湿性粉剂800倍液，或96%噁霉灵可湿性粉剂3 000倍液。以后每隔5～7天喷施1次，3%中生菌素可湿性粉剂1 500倍液和50%多菌灵可湿性粉剂800倍混合液，或72%霜脲·锰锌可湿性粉剂600倍液和72%硫酸链霉素可溶性粉剂600倍混合液交替使用。虫害防治，若发现粉虱、蓟马危害，可用2.5%吡虫啉可湿性粉剂1 000倍液，或1.8%阿维菌素乳油 2 000 倍液喷施。

九、西北地区茄子工厂化嫁接育苗技术

甘肃省临泽县日光温室茄子种植面积较大，嫁接育苗是茄子栽培中的重要环节，也是茄子早熟、高产、优质的重要手段。这里从育苗设施、嫁接育苗特点、优良砧木和接穗品种选择、育苗时间和方法、砧木和接穗幼苗期管理等方面对茄子嫁接集约化育苗技术进行了总结，可供各地农业企业、育苗单位和种植者参考。

（一）育苗设施

集约化育苗中心设施主要有联栋温室和高标准日光温室，备有消毒设备，苗盘播种机，自动控温、湿度催芽室，自动化温、湿度和水、肥、药等调节系统，菜苗包装及运输车辆。

（二）品种选择

1. 砧木品种　砧木品种主要是托鲁巴姆，每 667 米^2 用种量为 10～15 克。该砧木的主要特点：抗 4 种病虫害，即黄萎病、枯萎病、青枯病和线虫病，能达到主抗或免疫程度；植株生长势极强，根系发达，粗根较多，根系吸收水分、养分能力强；茎黄绿色粗壮，节间较长，叶片较大，茎及叶上有少量的刺。

2. 接穗（茄子）品种　选用具有植物检疫证明，且耐热、耐寒、抗病、品质佳、商品性好的高产优良品种，如布利塔长茄、东方长茄、爱丽舍、天园紫茄、兰杂 2 号、二茛茄等。每 667 米^2 栽培田用种量为 12～15 克。

（三）砧木、接穗苗培育

砧木品种在定植前 85～90 天开始播种育苗，在砧木播种出苗 15 天后再播种接穗（茄子）种子。这样推算，茄子品种一般在定植

前 60～65 天开始播种。

（1）**种子处理**　砧木种子发芽困难，播种前用 0.01%～0.02% 赤霉素溶液浸泡 24 小时后，将泡好的种子捞出装入干净布袋内，置于 25℃～30℃处催芽。每隔 2 天用清水冲洗 1 次，翻动种子 1 次，当种子露白时即可播种。茄子种子用 10% 磷酸三钠溶液浸泡 20 分钟，然后用清水洗净风干，同时除去秕籽、小籽、杂质等，即可播种。

（2）**基质处理**　选用优质育苗介质，或按草炭 6 份、珍珠岩 3 份、蛭石 1 份的比例配制，基质 pH 值为 5.8～7。同时，每立方米基质中加入 50% 多菌灵可湿性粉剂 250 克加水拌匀，使基质含水量达到 50% 左右，用塑料薄膜覆盖，堆积密闭 24 小时以上，打开薄膜风干使用。

（3）**穴盘选择和消毒**　砧木品种选择 32 孔穴盘，茄子品种选择 50、72 孔穴盘。穴盘使用前用 1% 高锰酸钾溶液消毒，用清水冲洗干净晾干备用。

（4）**播种**　将基质均匀装入穴盘，用压穴器在装满基质的穴盘上压深 0.5～1 厘米的播种穴。将种子点播在压好的穴盘中间，每穴 1 粒种子。用蛭石覆盖，厚度为 0.5～1 厘米，然后将苗盘喷透水保持蛭石面与穴盘面相平。

（5）**催芽**　在催芽室内进行叠盘催芽，穴盘苗在 30℃叠盘催芽，砧木品种一般 15～20 天即可出土，茄子品种一般 6～7 天即可出土。以后降温，白天 25℃、夜间 15℃。按照勤浇、少浇的原则，将穴盘均匀浇透水，保持基质湿润。待出苗后即可搬出催芽室，摆放在育苗中心。

（6）**砧木、接穗幼苗期管理**　出苗期，白天温度保持在 25℃～30℃，夜间 15℃～18℃；幼苗期，白天温度保持在 20℃～25℃，夜间 12℃～15℃。出苗期，基质含水量达到 90%～100%；幼苗期，基质含水量达到 65%～70%。幼苗第二片真叶展开后把缺苗孔补齐，每孔 1 株。

（四）嫁接

1. 嫁接时间 砧木5叶1心、接穗4叶1心、直径达4～5毫米、半木质化时即可嫁接。嫁接前1天在砧木和接穗上喷1次50%多菌灵可湿性粉剂500倍液，在育苗中心的中间位置扣小拱棚，盖上棚膜、遮阳网，以备放置嫁接苗。

2. 嫁接方法 采用人工劈接法。将符合嫁接标准的砧木苗留在穴盘内，下部留3.3厘米，保留2～3片真叶，平口削去上部，然后在茎中间垂直切入1～1.2厘米深，随后将接穗（茄子）苗在半木质化处（茎紫黑色与绿色明显不同处）保留2叶1心去掉下端，一边一刀削成1～1.2厘米的楔形，立即插入砧木切口处，上下茎对齐，用嫁接夹固定好，随后栽入嫁接穴盘。边栽植边放入已搭好的愈合室内，并浇水，做到愈合室内外不透气、不透光。

3. 嫁接后愈合室管理

（1）光照调控 为防止愈合室内温度过高和湿度不稳定，嫁接后要遮阴，避免阳光直接照射引起接穗萎蔫。嫁接后3天内全天避光，3天后逐渐从弱光缓变为普通光照，开始时光照强度为4000～5000勒，避免发病。嫁接后的6～7天内，愈合室保持高温高湿并遮阴，能促进嫁接苗伤口的愈合，提高嫁接苗成活率。8～9天后，接口愈合，逐渐撤掉遮阳网，转入正常管理。

（2）温度调控 嫁接苗适宜愈合的温度，白天24℃～28℃、夜间20℃～22℃。白天处于高温段，夜间为低温段。冬季在温室内设小拱棚升温保湿摆放嫁接苗，夏季在育苗中心设愈合室遮阴降温保湿摆放嫁接苗。

（3）湿度调控 为防嫁接后接穗萎蔫，嫁接处和愈合室内空气相对湿度要保持在90%～100%，愈合室内摆满苗后从穴盘面浇水。嫁接后前3天不要在苗上喷水，以防接口错位和沾水感病。前3天完全密封遮阴，4天后夜间通边风，6～7天后早、晚通风。此后逐渐加大通风量，每天中午喷水1～2次，9～12天后转入正常管理。

4. 嫁接苗伤口愈合后管理　嫁接苗在愈合室内成活后，要转移到育苗中心内进行管理，1～3天遮光率达75%以上，空气相对湿度达80%以上，以后逐渐加大透光率和通风量，5～6天当嫁接苗成活后完全透光。苗盘干旱时要从苗盘底部浇小水，不要从上部喷水且水量不要高于嫁接口，以免影响伤口愈合。

嫁接苗成活后，结合喷水喷施0.3%磷酸二氢钾溶液1～2次或浇营养液。营养液配方：每1000升水中加入尿素450克、磷酸二氢钾500克、硫酸锌100克，pH值6.2左右，总盐分浓度不超过0.3%。

摘除下部砧木的萌芽，将成活整齐的嫁接苗放在一个穴盘内，摆放在一起。把生长弱的秧苗放在一个穴盘内，摆放在一起施偏心肥，使其尽快赶上壮苗。

成苗后基质含水量达到60%～75%，蹲苗期基质含水量降至50%～60%。

通过通风控制温度，调节湿度，培育壮苗。嫁接成活后逐渐加大通风量，逐步适应外界环境条件。

定植前7～10天加大通风量，对嫁接幼苗进行适应性锻炼，促使菜苗适应外部环境条件。

（五）苗期病虫害防治

1. 病害防治　主要病害有猝倒病、立枯病，发现中心病株及时用70%噁霉灵可湿性粉剂1500～2000倍液，或75%百菌清可湿性粉剂或水分散粒剂600～800倍液喷雾防治，每隔7～10天喷1次，共喷2～3次。

2. 虫害防治　主要虫害有蚜虫、白粉虱，采用黄板诱杀，每10米^{2}吊挂20厘米×30厘米黄板1张；同时，在发生初期用10%吡虫啉可湿性粉剂1500倍液进行喷雾防治。

（六）壮苗标准

嫁接后15～30天，植株直立，茎半木质化，株高20厘米以上，

6～9片叶，门茄现大蕾，株顶平而不突出，叶片舒展，茎粗壮，叶色偏深绿，有光泽，节间较短，根系发达，侧根数量多，根系与基质相互缠绕在一起、形成塞子状，根系完好无损、呈白色，无病虫危害症状。

十、西瓜工厂化嫁接育苗技术

这套技术适宜拥有现代化智能温室、小型培养箱、大型催芽室等先进仪器设备的育苗企业采用，育苗工作从每年的12月上旬开始至翌年4月中旬结束，供苗期为2月下旬至4月20日，茬口安排、采用品种等参数以江淮地区为准。其他地区，或设施条件不尽相同的育苗单位，可以对下述技术相关内容稍加调整、改进后再加以应用。

（一）品种选择

1. 接穗 选择早熟、耐弱光、耐湿、品质佳的小果型、中果型西瓜品种。

（1）小兰西瓜 小型黄瓤西瓜，极早熟，结瓜力强，丰产；瓜皮淡绿色覆青黑色狭条纹斑，果实圆球形至微长球形，单瓜质量1.5～2千克；瓤黄色晶亮，种子小而少，品质优良。

（2）早佳84-24西瓜 早熟，果实发育期30天左右；可溶性固形物含量11.1%～12.8%，瓤红色，质地松、脆、细、多汁，风味佳；果实圆球形或略扁圆球形，瓜皮浅绿色覆墨绿色条纹，单瓜重4～5千克；瓜皮较薄，易裂瓜，坐瓜稳定、整齐，生长势中等，产量较高；抗病性较强，耐肥性好。

2. 砧木 选择抗枯萎病，与接穗具有良好且稳定的亲和性，对西瓜品质无影响的砧木，如葫芦等。结合嫁接西瓜工厂化育苗密集型、规模化生产的具体特点，一般采用小子叶品种的葫芦作砧木。

（二）消　毒

1. 育苗场所消毒　新建温室作为育苗场所无须消毒。使用过的温室作为育苗场所按照3个步骤进行消毒，第一步，拔除温室内杂草后，用10%吡虫啉乳油2000倍液喷洒杀灭地面害虫；第二步，用50%多菌灵可湿性粉剂500倍液喷洒栽培床及地面，预防病害；第三步，喷洒40%甲醛2000倍液处理整个温室内部环境，然后密闭温室，24小时后打开相关通风设备换气通风，7～10天后即可使用。

2. 培养箱及催芽室消毒　用过的培养箱可先用干净毛巾蘸取70%医用酒精1000倍液将内部擦洗1遍，然后再用干净湿毛巾擦洗1次，打开培养箱门透气24小时后，便可使用。用50%多菌灵可湿性粉剂500倍液喷洒催芽室内部墙面和地面，24小时后便可使用。

3. 穴盘消毒　新穴盘无须消毒，直接使用；旧穴盘需先消毒后使用。消毒时将旧穴盘浸泡在40%甲醛2000倍液池中，用薄膜密封池口，24小时后打开并抽出消毒液，然后注入清水再浸泡24小时，捞出穴盘并分散晾干，堆放整齐，5～7天后即可使用。

（三）播种前准备

1. 物资准备　播种前将西瓜种子、葫芦种子、基质、穴盘、薄膜、遮阳网、小拱棚架、包装绳、喷雾器、农药、肥料等相关物资准备到位。

2. 育苗基质　可以用草炭、蛭石、珍珠岩自行混配基质，也可以购买专用基质。

（1）理化指标　理想的西瓜育苗基质的基本理化指标为，pH值6.0～6.9，EC值1.5～2.5毫西/厘米，容重0.48克/厘米^3，总孔隙度60%～80%，大孔隙度25%～30%，有机质含量30%～40%，全氮磷钾总含量2%～4%。

（2）**基质配比** 提供几种参考配比（体积比），用户可以自己混配。中药渣：草炭：蛭石＝2∶1∶1；菇渣：牛粪：蛭石：炉渣＝2∶1∶0.5∶0.5；沼渣：草炭：蛭石：炉渣＝2∶1∶0.5∶0.5或菇渣：牛粪：蛭石＝2∶1∶1。

（3）**基质处理** 每立方米基质加50%多菌灵可湿性粉剂0.5千克，充分拌匀，盖塑料薄膜，闷置72小时后取样检测电导度，EC值低于2.9毫西/厘米可使用。若EC值偏高，加蛭石调整至安全值以下，方可使用。

（4）**装盘** 嫁接西瓜工厂化育苗一般采用50孔的育苗穴盘。砧木播种前基质装盘，整齐摆放在铺设好薄膜的育苗床上，于砧木播种前1～2天浇透水备用。

（四）砧木育苗

1. 砧木播种时间 因嫁接西瓜苗定植时间不同，砧木需分批播种。一般砧木播种期为12月下旬至翌年2月下旬，或者根据不同西瓜品种的定植时间往前推45～60天。

2. 砧木播种量 根据每批次需培育的砧木株数、砧木种子千粒质量（一般小子叶葫芦种子千粒重75克左右）和砧木发芽率（一般按90%计算）来推算砧木每批的播种量。

3. 砧木浸种催芽 向干净塑料桶内注入大半桶50℃～55℃热水，然后倒入葫芦种子，以种子不露出水面为宜。用手搓洗种子的同时，间断式加入50℃热水，搓洗15分钟，然后在自然冷却状态下浸种12～16小时。浸泡完成后，淘洗种子，去除劣籽、秕籽。经淘洗的葫芦种子沥干水后，用湿毛巾包好，外裹一层新地膜，放入30℃恒温培养箱中催芽。多包种子同时催芽时，每隔6～8小时需上下调整位置，使催芽种子受热均匀。催芽48小时，有70%～80%葫芦种子发芽即可播种。

4. 砧木播种 砧木播种前先检查基质含水量，若不足，喷雾补水，使基质湿度达到90%左右。然后用自制的人工手持打孔器在

穴盘上打孔，播种孔穴深约 1.5 厘米。将发芽种子播于播种孔穴中，每穴 1 粒，种子平放，芽头朝下或侧向。播种后，及时覆盖 1.5 厘米厚的基质，上面再覆盖 1 层地膜。

5. 砧木播后管理　播种后 3～4 天，50%～60% 的种子露出子叶后，揭去地膜。用 70% 噁霉灵可湿性粉剂 3 000 倍液 +72.2% 霜霉威水剂 800 倍液喷洒 1 次，预防苗期病害。子叶期及时补苗，每穴 1 株，确保齐苗。齐苗后用 50% 多菌灵可湿性粉剂 1 000 倍液喷洒 1 遍，预防病害。

昼温 25℃～32℃，夜温 12℃～14℃。尽量多见光，光照强度 1 万～3 万勒。视天气状况及基质湿度决定浇水时间和浇水量，见干见湿，避免雨天前浇水。第一片真叶破心后 3 天左右，喷施 0.15% 磷酸二氢钾溶液 1 次。嫁接前 1 天砧木浇透水，基质湿度 90%～95%。

嫁接适期的砧木标准为：株高 8～10 厘米，下胚轴长 4.5～5 厘米，茎粗 0.3～0.4 厘米，开展度 6 厘米×9 厘米，苗龄 1 叶或 1 叶 1 心。

（五）接穗育苗

1. 接穗播种时间　待砧木子叶平展并见真叶时，接穗种子浸种催芽，比砧木播期迟 10～15 天。

2. 接穗播种量　根据每批次需嫁接的砧木株数，各品种西瓜种子的千粒重（一般小兰西瓜种子千粒重在 30 克左右，早佳 84-24 西瓜种子千粒重在 50 克左右）和西瓜种子发芽率（一般按 90% 计算）来推算接穗每批次的播种量。

3. 接穗浸种　向干净塑料桶内注入大半桶 45℃左右热水，然后放入盛有西瓜种子的塑料网袋，以种子不露出水面为宜。用手搓洗种子 15 分钟，期间更换浸泡水 2～3 次，去除劣籽、秕籽，水温始终保持在 45℃左右。然后在自然冷却状态下，浸种 6 小时。浸泡工作完成后，取出网袋，沥水 10 小时左右。

4. 接穗催芽 用湿毛巾包好盛有西瓜种子的塑料网袋，外裹一层新地膜，放入30℃恒温培养箱中催芽。催芽24小时，有70%～80%西瓜种子发芽即可播种。

5. 接穗播种 接穗播种基质中，每立方米加入0.5千克50%多菌灵可湿性粉剂。边喷水边搅拌，使复配基质混合均匀，基质湿度达65%～70%。选用52厘米×28厘米×4厘米规格平底移苗盘作播种接穗的容器。先在干净的移苗盘底部铺一层报纸，再装入2厘米厚的接穗播种基质，刮平待用。将出芽的西瓜种子倒入干净塑料脸盆中，加入少量干蛭石拌匀，均匀撒播在事先准备好的移苗盘基质上，再覆盖1.5～2厘米厚的基质。

6. 接穗培养 将播有西瓜种子的移苗盘逐个逐层整齐摆放在多层移动运苗车上，用地膜分别将每层移苗盘一并盖好，推入催芽室培养。催芽室是具有自动加温、降温、加湿、加光等功能的现代化育苗场所。西瓜接穗培养温度设定在29℃～30℃，空气相对湿度45%～50%。经过48小时催芽室培养，有50%～60%种子出芽后，揭去覆盖地膜，将出芽的移苗盘下架，整齐摆放在催芽室水泥地面上，打开灯光使幼苗绿化。下架2～3小时后，用喷雾器给幼苗和盘内基质喷洒20℃～25℃温水。为了便于脱壳与幼苗生长，接穗成苗前一般需喷水2～3次。下架育苗盘内的幼苗经32小时培育，接穗子叶微微平展时，可以移出催芽室进行嫁接。出芽迟的接穗，若当天未利用，可在嫁接工作结束后，先给移苗盘喷洒50%多菌灵可湿性粉剂800倍液，再移入催芽室进行2次培育，24小时后接穗可再利用1次。

（六）嫁　接

1. 砧木和接穗处理 嫁接前先将砧木的真叶及生长点从基部掐去；从移苗盘中剪出接穗后，在装有50%多菌灵可湿性粉剂1000倍液的盆中浸洗2遍。

2. 嫁接 采用顶接法，自制嫁接工具，用与西瓜幼苗胚轴粗

度相同的铁丝或钢丝，一端磨成斜面，楔形部位约 30°，另一端掺入布条做成手柄，称为插接针。用插接针从砧木子叶叶柄中脉基部向另一子叶叶柄基部呈 45°左右斜插，稍穿透砧木表皮，露出尖端。在西瓜接穗苗基部 0.5 厘米处先平行于子叶斜削一刀，再垂直于子叶将胚轴切成楔形，切面长 0.5～0.8 厘米。拔出插接针，将切好的接穗迅速准确地斜插入砧木切口内，尖端稍穿透砧木表皮，使接穗与砧木完全吻合，两者的子叶交叉成“十”字形。

3. 嫁接后处理　当一个育苗床嫁接完成或中途休息时，立即用喷雾器给嫁接苗喷洒 1 遍水，架设小拱棚，覆盖 1 层无滴薄膜和 1 层遮阳网，遮光保温保湿。

（七）嫁接苗的管理

1. 温度管理　嫁接后前 3 天要求保持昼温 25℃～27℃，夜温 15℃～16℃，如昼温达 35℃，应在背阳面揭开小拱棚短时少量通风；3 天后，在午时左右选择背阳面适当通风，通风时间 2～3 小时。第七天起，昼夜温度可以适当降低，保持昼温 23℃～24℃，夜温 13℃～14℃。一般在定植前 7 天夜间温度降至 10℃左右炼苗。

2. 湿度管理　嫁接后前 3 天小拱棚内空气相对湿度保持在 95% 以上，白天每过 3～4 小时用喷雾器喷雾 1 次，每次喷雾后，需将小拱棚封严保湿；3 天后，视苗情决定喷水量及次数，如叶面有水雾，可暂停喷雾，空气相对湿度保持 70%～80%。嫁接苗成活后，一般视天气状况及基质湿度决定浇水时间和浇水量，见干见湿，避免雨天前浇水。

3. 光照管理　嫁接后 1～3 天内，视天气及秧苗萎蔫状况，于当日上午、下午各见光 0.5～1 小时，3～5 天内见光时间逐渐增加，第七天仅在中午阳光强烈时用 1 层遮阳网遮光，其余时间可去除遮阳网，10 天后完全撤除遮阳网，并撤除小拱棚，恢复常规苗床管理。常规管理原则是尽量让秧苗白天多见光，如遇阴雨天气，需打开补光灯补光。

4. 叶面施肥 嫁接成活后，苗期喷施0.15%磷酸二氢钾液等叶面肥2～3次。

（八）壮苗标准

商品苗标准为株高10～15厘米，开展度与株高相近，接穗茎粗0.5～0.8厘米，真叶3～4片，叶大且厚，叶色绿，根系白色，次生根发达，无锈根，基质方块被根系紧密包裹且脱离育苗穴盘后不散，健壮无病。

第四章
蔬菜高效栽培技术

一、塑料大棚马铃薯栽培技术

北方地区，利用塑料大棚或大棚加小拱棚种植马铃薯可比露地种植提早20～30天上市，平均每667米^{2}生产商品鲜薯3 000千克。另外，在部分产区，大棚马铃薯既可间作套种，又能提前收获后复种，可大幅度提高单位面积产量及产值。以下为甘肃省塑料大棚马铃薯主产区栽培经验，可供各地种植者借鉴。

（一）选　地

前茬以豆类、小麦、玉米或葱、蒜、萝卜等为好，忌重茬，也不宜以茄科及大白菜、甘蓝等作前茬；地块要求土质疏松、肥沃、土层深厚、排灌方便。

（二）选用良种

选用早熟、优质、高产、抗逆性强的马铃薯品种，如大西洋、夏波蒂、费乌瑞它、陇薯3号、渭薯8号等。二季复种可选用东农303、费乌瑞它、早大白、中薯2号等极早熟品种，间、套作也可选择克新4号、中薯3号、超白等早熟品种，最好选用级别较高的脱毒种薯。

（三）整地施肥

前茬作物收获后及时深翻灭茬、晒垡，灌足冬水，并在土壤封冻前搭好大棚骨架。大棚马铃薯提倡一次性施足基肥，生长期不再进行追肥。高产地块要求播前每667米^{2}施腐熟农家肥4000～5000千克、尿素20～30千克、过磷酸钙40～50千克、硫酸钾20千克。

（四）种薯处理

用种量150千克/667米^{2}左右。

播前20～30天将种薯放在20℃环境下催芽。待芽长至1厘米左右时，将种薯摊开，使芽在散射光下变绿、变粗，同时通过翻拣，精选种薯，剔除所有染病和劣杂薯块和烂薯。

播前1～2天切块，刀具用70%酒精消毒。为了充分利用顶端优势，种薯宜采用螺旋式斜切法，使切块带顶芽（用“T”形或“十”字形切顶芽）。较小的薯块可从顶部贴近芽眼纵切，底部、脐部削去皮，以便打破休眠。要求1千克种薯切45～50块，每个切块重20～25克，有1～2个芽眼。

当切到病薯时，除将病薯销毁外，同时要用0.1%高锰酸钾溶液或70%酒精对切刀消毒。做到每人两把刀交替使用，用一把刀切块，另一把刀消毒，以防环薯病、青枯病、黑胫病的传播。

薯块切好后可用草木灰拌种，或用50%多菌灵可湿性粉剂1千克加滑石粉50千克混匀后拌入500千克薯块中，或将70%甲基硫菌灵可湿性粉剂1000倍液、58%甲霜·锰锌可湿性粉剂600倍液和滑石粉按1∶1∶98的比例混匀配制成药粉，待种薯切块切面略干后1千克药粉拌种100千克，置于15℃以上的气温下晾晒2天。

（五）播　种

1. 适宜播期　塑料大棚马铃薯提倡适期早播，以当地晚霜前

20～30天、气温稳定在5℃以上为播种适期，一般以10厘米地温稳定在5℃～7℃时为宜。西北地区地膜覆盖加大棚栽培，一般于2月中下旬整地起垄，3月上中旬当10厘米地温稳定超过7℃时选无大风、无寒流的晴天适时早播。地膜覆盖加大棚套小拱棚栽培，可再提前10天左右播种。

2. 起垄 种植采用大垄双行栽培，带幅110厘米，垄宽80厘米，垄高15～20厘米，沟宽30厘米，每垄播2行，大行距70厘米，小行距40厘米，穴距25～30厘米，穴深8～10厘米，“品”字形种植，种植密度4040～4848株/667米^2。

起垄前结合基肥施入5%辛硫磷颗粒剂2千克/667米^{2}防治地下害虫，用50%乙草胺乳油150毫升/667米^2，兑水45升/667米^{2}喷雾封闭除草。

用直径10厘米、长15厘米的打孔器按行距20厘米左右、株距28～30厘米呈三角形开穴播种，每穴放小整薯1个或种薯切块2块，播深10厘米左右，芽眼朝上，播后用细土埋好后压实。再用幅宽70厘米、厚0.008毫米的超薄地膜进行全地面覆盖。

（六）田间管理

1. 放苗 出苗后要及时破膜，将苗从地膜下抠出。晴天室外温度25℃以上时，棚内膜下温度很高，出苗后或芽顶上地膜时，如不及时破膜，幼苗将被烫伤。必要时不见苗也破膜。出苗后视缺苗情况查苗补苗，拔除病苗。

2. 中耕培土 齐苗后要及时中耕除草并培土。如果垄窄或垄顶距种薯不到14厘米，会造成薯块变绿，应在地膜上继续培土，培成双肩大垄，创造良好的结薯条件，并可防止薯块变绿和畸形。

3. 肥水管理 大棚马铃薯以沟灌为主，幼苗期、结薯后期需水量较少，始花期至落花后1周为需水关键期。整个生育期浇4次关键水。第一次在快出苗时，浇出苗水；第二次在发棵期；第三次在植株封顶时；第四次在薯块膨大期。如果播种后天热、干旱，不等

出苗需浇第一次水。现蕾结薯时需水较多，应保持土壤最大持水量的 70%～80%，每隔 5～7 天浇水 1 次。经常保持土壤湿润，土壤过干或过湿易产生畸形或裂薯。茎块含水量保持在 80%～85% 为宜，过干易造成减产。浇至垄高 1/3～1/2 为宜，不可大水漫灌，防止积水。早春应防止低温水涝，遇大雨要及时排水，收获前 5～7 天停止浇水。生长前期缺氮肥应补氮，中期为了促进养分向薯块转移，要及时喷施 0.5% 磷酸二氢钾溶液 1～2 次，后期重点追施钾肥。应始终保持土壤见干见湿，以防薯块开裂。气温高时中午不浇水，宜在早晚或夜间浇水。

4. 环境调控 出苗前不通风，棚温保持在 25℃～30℃。出苗后中午通小风，排废气。3 月中下旬，每天上午 9 时打开棚的两端通风，若降温效果不明显，可在棚的中间通风，白天棚温控制在 22℃～28℃，夜温 12℃～14℃，下午 3 时关闭通风口。大风天气注意背风、通风。终霜期气温稳定后撤棚膜，揭膜前 5～7 天昼夜通风炼苗。马铃薯喜光，因而应经常用竹棍振动棚膜，使膜上水滴落地，增加透光性。也可于扣棚前用豆汁喷洒棚膜或选用高效弥雾无滴膜。

5. 化学调控 肥水条件好特别是氮素太多的地块，常导致植株徒长。应控制浇水、喷施抑制剂。当植株有徒长现象时，一般在大现蕾至开花期喷施 100 毫克/千克多效唑或 1～6 毫克/千克矮壮素溶液，促进养分向块茎转移。另外，生长前期发育迟缓时可叶喷动力 2003 叶面肥 1000 倍液促苗，显蕾时适量叶面喷施膨大素也利于结薯。

（七）病虫害防治

1. 晚疫病 选用 58% 甲霜·锰锌可湿性粉剂 800 倍液，或 70% 代森锰锌可湿性粉剂 600 倍液，或 25% 甲霜灵可湿性粉剂 500～800 倍液，或 70% 乙铝·锰锌可湿性粉剂 500 倍液，或 72% 霜脲·锰锌可湿性粉剂 600 倍液，或 64% 噁霜·锰锌可湿性粉剂 500 倍液等喷雾防治，每隔 5～7 天喷 1 次，连喷 2～3 次。

2. 细菌性病害 马铃薯细菌性病害包括环腐病、软腐病、青枯

病等，田间发现病株应及时拔除。药剂防治：用 50% 多菌灵可湿性粉剂 500 倍液，或 15% 噻霉酮可湿性粉剂 500 倍液灌根，每隔 10 天灌 1 次，连灌 2～3 次；同时用 77% 氢氧化铜可湿性粉剂 500 倍液，再加上 72% 硫酸链霉素或 90% 新植霉素可溶性粉剂 4 000 倍液，叶面喷雾防治。

3. 蚜虫　马铃薯发生蚜虫可用 5% 抗蚜威可湿性粉剂 1 000～2 000 倍液，或 20% 氰戊菊酯乳油 3 300～5 000 倍液，或 10% 氯氰菊酯乳油 2 000～4 000 倍液，或 10% 吡虫啉可湿性粉剂 2 000～4 000 倍液交替喷雾防治。每隔 7～10 天喷 1 次，连喷 2～3 次。

（八）及时收获

植株叶片开始变黄或枯萎、薯块停止生长时应及时收获，否则易发生二次生长。收获前 7 天不要浇水，以利于贮藏。收获前先杀秧，有利于减少土壤水分，促进薯皮老化。收获时要尽量减少损伤，就地拣出带有绿皮、裂口、创伤、腐烂、虫眼等不合格薯块，将合格薯块装入网袋或箱内，贮运时要小心轻放，以免碰伤。

二、早春马铃薯秸秆三膜覆盖栽培技术

山东省滕州市是著名的“马铃薯之乡”，也是国家农业部批准的马铃薯农业标准化实施示范县（市），全国最大的马铃薯二季作产区。当地农民在长期的生产实践中积累了丰富的栽培经验，形成了完善的马铃薯早春秸秆三膜覆盖栽培生产技术体系。该体系具有省工省力、节本增效、抢时上市、节水保墒、防寒保温、保护土壤耕层结构和农田生态环境等优点，对全国马铃薯种植者有很好的借鉴作用。

（一）品种选择

选用荷兰 15 号、粤引 85-38、金冠等品种，使用休眠期已过的

合格脱毒种薯，每667米²用种量100～150千克。采取北方调种和高寒山区繁种等方法防止种薯种性退化。

（二）切块催芽

12月中旬，选择晴天中午进行晒种，当地自留种的马铃薯种必须用3～5毫克/千克赤霉素溶液处理，连续晒种3～5天后进行切块。12月下旬至翌年1月上旬，在15℃～18℃的室内采用秸秆覆盖层积法催芽。在干净地面上先垫1层用70%或90%噁霉灵可湿性粉剂+3%中生菌素可湿性粉剂（混合药剂用10克/米³，噁霉灵与中生菌素的比例为1∶1）消毒、长5厘米左右的粉碎小麦秸秆或玉米秸秆，秸秆厚10厘米左右，然后把经消毒的薯块密集平铺其上，铺薯15～20厘米厚。接着一层秸秆一层种薯，以堆放3～4层种薯为宜，最后在种薯上均匀覆盖湿度75%左右、厚20～30厘米的消毒秸秆。催芽时要保持室内干燥、通风。当薯芽长到1.5～2厘米时扒出晾芽，要求温度10℃～15℃，时间3～5天。

（三）秸秆覆盖播种

1. 播种方式

（1）小畦播种 对沙壤土、秸秆覆盖物不足的，可采用小畦栽培。覆盖秸秆厚度5厘米左右，每667米²需用秸秆600～750千克。播种规格：畦面宽70厘米，沟宽35厘米。每畦播种2行，行距30厘米，株距因品种而定。一般情况下株距20～24厘米，每667米²种植5000～6000株。

（2）大畦播种 对壤土、沙浆黑土、秸秆覆盖物数量充足的，可采用大畦栽培。覆盖秸秆厚6～8厘米，每667米²需秸秆1000千克左右。播种规格：畦面宽130厘米，沟宽40厘米，每畦播种4行，行距30厘米，株距因品种而定。一般情况下株距25～30厘米，每667米²种植5000～7000株。

2. 播种时间 早春“三膜”覆盖（地膜、小拱棚、大拱棚或温

室）栽培 2 月上旬播种；而普通的地膜覆盖或露地栽培 3 月上中旬播种；北方地区大田栽培 4 月上中旬（10 厘米地温稳定通过 15℃）才可播种。因此，三膜覆盖马铃薯能够提前上市 50～70 天。

3. 施肥播种　根据土壤肥力施用化肥，每 667 米^2 施用三元复合肥 5～7 千克＋尿素 1.5 千克，禁止使用硝态氮肥。每 667 米^2 施腐熟优质有机肥 5 000 千克以上，将肥料撒施均匀后，进行深耕、耙细、整平。也可以先播种后施肥，肥料施放在两行种薯中间或种薯四周，不能与种薯接触。每 667 米^2 可用 50% 辛硫磷乳油 500 毫升或 3% 辛硫磷颗粒剂 4～5 千克防治地下害虫。种薯呈“品”字形摆放，芽眼向下或侧向土面，同时晃动种薯陷入土壤中，芽尖距地面 0.5～1 厘米，最后用手抹平土壤即可。不用挖坑栽植，省时省力。

4. 秸秆覆盖　播种后，将粉碎至 5 厘米左右的小麦秸或玉米秸（夏季栽培时用刚收获的鲜玉米秸秆粉碎最适宜）喷水，使秸秆潮湿发软（也可防止扎破地膜），以手握不滴水为准。然后整齐均匀地盖上秸秆，铺满整个畦面不留空。播后畦面覆盖秸秆，能达到保墒节水、提高 10 厘米地温（2℃～3℃）的目的，同时秸秆腐熟后能够改善土壤耕层结构和农田生态环境。

（四）三膜覆盖

覆盖秸秆后覆盖地膜，并用土封严地膜口。杜绝喷施除草剂，发现杂草时应进行人工拔除。根据畦面宽度，覆盖小拱棚。栽培在大拱棚或温室中进行，也可以最后搭建大拱棚。

（五）田间管理

1. 温度管理　白天温度保持 20℃～26℃，夜间 12℃～14℃。生长前期可在中午打开大拱棚的通风口，随外界升温而逐步加大通风量；3 月中下旬，大拱棚开棚两端通风；4 月上旬，三膜由半揭膜到全揭膜；4 月中旬，三膜全部撤去。

2. 水分管理 播种至出苗前，土壤始终保持湿润，即土壤含水量达到田间最大持水量的65%左右。遇到干旱应通过畦沟及时浇水，水层为沟深的1/3～1/2，并保持数小时，禁止大水漫灌。出苗后，通过沟灌稍微加大田间湿度，使土壤持水量达到田间最大持水量的70%左右较为适宜。从现蕾至收获前15天（茎叶转黄时）保持田间湿润，使土壤含水量达到田间最大持水量的80%左右。结薯后期雨水较多，要注意排水防渍。收获前15天排干田水，防止田间湿度过大，增强产品耐贮性。

3. 适当追肥 马铃薯生长过程中需钾较多，氮次之，需磷较少。于发棵期（5片真叶期）和结薯期，喷施1～2次狮马牌全营养叶面肥叶翠（德国康朴公司生产，氮∶磷∶钾∶微量元素为20∶5∶10∶2，铁、锰、铜、锌等均为螯合态）1 000倍液和复合型微量元素肥料靓果素（比利时罗西尔股份有限公司生产，氮＋五氧化二磷＋氧化钾≥65%，TE≥0.5%，微量元素为螯合态）5 000倍液，能大幅度促进马铃薯的茎叶生长和块茎膨大，有效供应多种微量元素，提高植株的抗病能力和产量。

施用土豆凯普克（德国康朴公司生产，主要成分：海藻酸20克/千克，氮＋五氧化二磷＋氧化钾≥100克/千克，硼5克/千克），播种前配合灭菌和消毒用500倍液浸种5分钟或喷淋马铃薯种，出苗后12～14天用250倍液叶面喷施1次，有条件的地方间隔14天后再用300倍液叶面喷1次，薯块开始形成时停止使用。能大幅度促进根系生长，提高肥料利用率，增强植株抗根结线虫和不利环境的能力。

（六）重点病虫害防治

早春马铃薯秸秆三膜覆盖栽培生育期短，病害少。苗期主要防治地老虎，中后期主要防治晚疫病和蚜虫。

1. 苗期 地老虎防治，将苦参根茎切碎、晒干、磨粉，每667米^{2}用2.5千克撒施，防效较好。或用3%辛硫磷颗粒剂撒施，每667米^{2}用药量6～8千克。

2. 中后期　晚疫病防治可选用52.5%噁酮·霜脲氰水分散粒剂1 500倍液，或70%乙铝·锰锌可湿性粉剂2 000倍液喷雾防治。

生产中应用黄筒诱杀蚜虫，经济、有效。将浅黄色纸板卷成高50厘米、直径30厘米的圆筒，内径用木棍支撑，再用铁丝将其支撑点绑扎在高1.5米左右的木棍上。然后在黄板表面涂上不干胶或者机油。每隔5～10米插1个黄筒，每667米^{2}用7～27个黄筒。

（七）收　获

茎叶呈现黄色时可收获薯块。利用秸秆覆盖种植马铃薯，70%的薯块都生长在土表，收获时只要拨开松软的秸秆就可拣起大部分薯块，省时省力。在马铃薯块茎膨大期，可以拨开秸秆，选择大薯块轻轻摘下。这样，不仅能够抢时上市，而且能减少养分消耗，促进其他薯块继续生长，节本增效。

每667米^{2}早春马铃薯秸秆三膜覆盖栽培平均产量在2 500千克左右，且产量稳定。早春马铃薯收获后，覆盖的秸秆腐熟，土壤松软、湿润，后续作物无须施用肥水，就达到了节水保墒、保护土壤耕层结构和农田生态环境等目的。

三、塑料小拱棚韭菜栽培技术

利用小拱棚实行韭菜反季节生产，当年可收割2～3茬，自第二年开始，每年可以收割3～4茬，平均每667米^{2}产5 000多千克。与日光温室、塑料大棚韭菜相比，这种种植模式具有投资小、见效快且风险低的特点，是当前农民进行农业结构调整、实现增收致富的好项目。下述技术以河北省滦南县菜农经验为基础总结而来，供种植者参考。

（一）种植模式

采用一次播种、露地养根、连年管理、冬季生产、多年受益

的生产方式。韭菜畦为东西走向，以利韭菜受光，畦面增温。畦长30～50米，畦宽2.4米，畦埂宽30厘米。畦间留2.4米宽的空地，方便操作，也为将来调地换畦留足余地。

（二）播　种

选用抗病虫、抗寒、发棵早、分株力强、株形好且休眠期短的品种，如汉中冬韭、791雪韭、白根系列、韭星系列等。最佳播期在清明至谷雨间，每667米^{2}用种量4千克左右。

播种多采用人工开沟直播的方法。播种前，在做好的畦内施足基肥，一般每667米^{2}施硫酸钾型复合肥20～30千克、优质腐熟粪肥8～10米^3。用旋耕机深耕20厘米，使肥土充分混匀。畦内浇水造墒，第二天用镐沿东西向刨垄沟，垄沟宽25厘米，沟间距5厘米，沟深2～3厘米，共8条垄。为了方便农事操作，最中间的沟间距要宽些，一般为20厘米。人工撒种，用钉耙将畦面耥平耙匀即可。

（三）夏秋管理

1. 查苗补苗　如播种后出苗不齐，要进行补苗。当幼苗长到5～6片叶时，即可移栽，补苗时间宜早不宜迟。补苗后浇水1次。清除杂草播种完成后，每667米^{2}用48%仲丁灵乳油200克，兑水100升，喷洒地面进行封闭除草，药效期30～40天。以后长出的田间杂草也要及时清除，防止草荒吃苗。

2. 养根除薹　在小拱棚韭菜生产过程中，夏季是不进行收割的，以加强植株培养，蓄积养分。对于倒伏后的韭菜，为防止植株腐烂引起死苗，则必须进行收割。夏季是韭菜抽薹开花的季节，开花结实会消耗大量养分，从而影响冬季产量，因此要在韭薹细嫩时及时摘除。浇水追肥立秋后天气转凉，适宜韭菜生长，此时也是肥水管理的关键时期，根据土壤墒情及时浇水，并结合浇水追肥1次，每667米^{2}用三元复合肥50～60千克。寒露前停止浇水施肥，以

塑料大棚内要施足基肥，耕耙后做成宽120～140厘米的平畦。定植宜在阴天或午后进行，以利于缓苗。定植时大小苗分开，定植深度要以不埋住根茎为度，并要埋实，否则易死苗。行株距各为10厘米，定植后随即浇水。

（四）田间管理

1. 肥水管理　由于定植时正值高温季节，定植后应小水勤浇，保持土壤湿润，降低地温，促进缓苗。当植株心叶开始生长时，可结合浇水追施少量肥料，以促进根系和叶的生长。

缓苗后气温逐渐降低，植株开始生长，但生长量较小，需水量并不大，应控制浇水量，促进根系发育，防止徒长。一般在浇缓苗水后，要及时中耕、保墒，蹲苗7～10天，促进行根系生产。

当植株叶柄粗壮，叶片颜色浓绿，新根扩展后再浇水，保持地面见干见湿。定植后1个月植株生长加快，要勤浇水，勤中耕，一般4～5天浇1次水。

扣棚后，尤其是在外界天气变寒冷时，棚内水分散失量小，植株蒸腾水量也小，要减少浇水次数和浇水量，一般1个月左右浇1次。低温季节浇水宜在晴暖天气的中午前后进行，并适度通风。收获前7～10天再浇1次水，使叶柄充实、鲜嫩。

芹菜喜肥，生长期间要及时补充肥料。蹲苗结束后，要交替追施速效肥和粪稀。旺盛生长期，或当株高达到30厘米时，每667米^{2}随水冲施三元复合肥25千克或人粪尿1000千克，随浇冻水再追施磷酸二铵15千克。

2. 环境调控　塑料大棚秋延后栽培的前期，外界温度高，不利于芹菜的生长，应注意加强通风，防止温度过高引起植株细弱不健壮。芹菜生长期内，温度以白天15℃～20℃、夜间5℃～10℃为宜。后期随着外界温度下降，夜间棚内温度低于5℃时，应加盖草苫，以利加强保温。覆盖前期，气温较高时，草苫、苇毛苫等应掌握早揭晚盖；天气较冷后可晚揭早盖，并适当减少通风量。遇连阴

冷天，可在中午前后揭苫并及早盖苫，但不可连日不揭苫，否则植株会变黄，降低产量和品质。十分寒冷的天气，揭苫前应检查芹菜是否已受冻；若已受冻，应等芹菜解冻后再揭苫，以避免受冻的芹菜见光后迅速解冻而受损伤。寒流过后天气回暖，白天气温达 10℃以上时，应揭开薄膜，令植株多见阳光，以利植株生长。

盖膜后棚内蒸发量减少，浇水不可过多，但须保持土壤湿润，以促进芹菜生长。若棚内湿度过大时，可在午间温度较高时及时进行通风换气，进行排湿。

（五）病虫草防治

塑料大棚秋延后芹菜常见病害有芹菜斑枯病、芹菜软腐病、芹菜早疫病、芹菜菌核病、芹菜心腐病（俗称烂心）等。芹菜斑枯病可在发生期用 75% 百菌清可湿性粉剂 600 倍液，或 70% 甲基硫菌灵可湿性粉剂 800 倍液进行喷雾防治。对软腐病，可在发病初期喷洒 72% 硫酸链霉素可溶性粉剂 3 000 倍液，或 14% 络氨铜水剂 300 倍液，或 30% 琥胶肥酸铜悬浮剂 500 倍液防治。对早疫病可喷洒 77% 氢氧化铜可湿性粉剂 500 倍液，或 50% 多菌灵可湿性粉剂 500 倍液防治。对菌核病可用 50% 腐霉利可湿性粉剂 1 500 倍液，或 50% 乙烯菌核利可湿性粉剂 1 000 倍液，或 50% 菌核净可湿性粉剂 1 000 倍液喷雾防治。一般每 7～10 天施药 1 次，连续用药 2～3 次。

常见虫害有蚜虫、蝼蛄、根结线虫病等。蚜虫发生时，可用 25% 噻虫嗪水分散粒剂 5 000 倍液，或 10% 吡虫啉可湿性粉剂 4 000 倍液进行喷雾防治，每隔 6～7 天喷 1 次，连续 2～3 次。蝼蛄发生时，可用毒饵防治，饵料（秕谷、麦麸、豆饼、棉籽饼或玉米碎粒）5 千克炒香，加 90% 敌百虫晶体 0.15 千克拌匀、拌潮为度。每 667 米^2 施用 1.5～2 千克，傍晚撒施。根结线虫病可在发生初期用 1.8% 阿维菌素乳油 4 000 倍液，或 50% 辛硫磷乳油 1 000 倍液灌根进行防治。

（六）采　收

当芹菜植株高度长至60厘米以上时，可根据市场需求，选择晴暖天气收获上市。采收芹菜要求连根拔起，去除黄叶，洗净根系泥土。收获、装车、上市各环节都用编织布包裹操作，防止用草绳捆绑时损伤芹菜梗，影响其商品性。

五、设施薄皮甜瓜套袋栽培技术

河北省乐亭县是全国最大的薄皮甜瓜生产县，该县农牧局蔬菜站吕庆红、王建华等借鉴苹果套袋原理，开发、应用、推广了甜瓜套袋提质增效综合配套技术。甜瓜套袋后可使果面色彩艳丽、光滑，果实脆嫩可口，同时可预防药害和病、虫危害，产品的经济效益大大提高。一般每千克套袋成本需0.2元左右，提高售价约0.8元，每667米^{2}平均增效2 500元。由于本项技术投资少，容易掌握，经济效益显著，深受瓜农欢迎。

（一）整地施肥

冬前结合深翻30～40厘米，每667米^{2}撒施充分腐熟的有机肥2 000～4 000千克，地力好的施入三元复合肥60～100千克，地力差的施入三元复合肥100千克。将土壤与肥料耙压、混匀整平后，温室及简易温室按大行距80厘米、小行距60厘米整地，春季栽培用塑料大棚按垄距100厘米顺棚向起垄，垄高20厘米。应提前做好准备。

（二）品种选择

目前，种植的品种主要有鹤研7、富源15、糖王A88、沈研1号、晨露甜心、吉甜7007、红城15、红城20、京香2号、永甜11、永甜13、风雷、棚抗518、景甜1号等，均适合套袋栽培。

（三）播种育苗

1. 播种时期 育苗常采用嫁接育苗法，适宜重茬生产，能有效地防止枯萎病等重茬病害的发生，其嫁接的砧木为白籽南瓜。不同类型设施的播种期和定植期见表 4–1。

表 4–1 不同类型设施适宜的播种期及定植期

设施类型	日光温室		简易温室		春季塑料大棚			
	土 墙	砖 墙	草苫假后墙	土后墙	无内幕	一层幕	二层幕	三层幕
播种期	11 月下旬	12 月上旬	12 月下旬	12 月中旬	2 月中旬	2 月上旬	1 月中旬	1 月上旬
定植期	12 月上旬	1 月中旬	2 月上旬	1 月下旬	3 月下旬	3 月中旬	2 月下旬	2 月中旬

2. 催 芽

（1）甜瓜催芽 催芽前，晒种 2 天（注意不要放在水泥地板上晒），放入 55℃水中浸泡 20 分钟，不断搅拌，之后捞出种子再放入 30℃水中，浸泡 5 小时，取出用纱布包好，放在 30℃～32℃环境下进行催芽。一般凌晨 1～2 时进行种子处理，早晨 6～7 时开始催芽。当种芽长到 3～5 毫米时，及时取出，放在冷凉环境下，以免芽子过长造成折芽。到第二天早晨即可播种。

（2）南瓜催芽 催芽前，晒种 2 天（注意不要放在水泥地板上晒），放入 60℃水中浸种 20 分钟，不断搅拌，之后捞出种子再放入 30℃水中，浸泡 7 小时，搓掉黏液，取出用手攥干，用纱布包好，放到 32℃环境下催芽。30 小时后可出芽。

3. 营养土配制 取 3 年未种过瓜、菜和棉花的大田土 70%，腐熟农家肥 30%，过筛，每立方米再拌入 50% 多菌灵可湿性粉剂 200 克。

4. 播种 选择晴天上午播种。播种前 1 天，在畦内浇透水。然后在畦内划成 4 厘米×4 厘米的田字格，在两线的交叉点上播 1 粒种子。在播完种的畦面上撒营养土，厚度1厘米。接穗和砧木播完种后，用地膜将畦面盖好，用竹片搭建一个小拱棚，夜间覆盖塑料薄膜保温。

5. 错期及苗龄指标　首先播种甜瓜，正常错期13天左右再播南瓜。甜瓜生理苗龄到第一片真叶达拇指甲盖大小时再播种砧木种子，砧木秧苗2片子叶展平带1个小心叶时嫁接。

6. 嫁接　把甜瓜苗和南瓜苗分别从育苗畦中起出，放在操作台上，起苗时根部要尽量多带土。用嫁接刀去掉南瓜真叶（生长点），在南瓜苗距生长点0.5厘米处的胚轴上，用刀片由上向下斜削一刀。刀口和子叶平行与胚轴呈35°角，刀口长1厘米，深达胚轴直径的一半。取稍高于南瓜苗的甜瓜苗，在距生长点2厘米的胚轴上，用刀片由下向上斜削一刀，刀口和子叶垂直与胚轴呈30°角，刀口长0.8～0.9厘米，深达胚轴直径的2/3。

把甜瓜苗切口舌形向下插入南瓜苗切口中，使二者刀口互相衔接吻合。然后把吻合好的嫁接苗用嫁接夹夹好固定（从甜瓜方向夹），两根分开1厘米，栽入一个营养钵中，并及时浇足水。加盖小拱棚保温保湿，伤口愈合后正常管理。

（四）定　植

1. 定植前准备　提早扣棚升温。设施甜瓜一般都是反季节生产，这就要求提早扣棚升温，使已经冻结的土壤在定植前融化，同时10厘米地温需在12℃以上，方能定植。

定植前5～7天进行棚室消毒，每667米^{2}可采用敌敌畏0.5千克＋硫磺1千克＋锯末适量混合点燃熏棚。

秋季深翻土壤20厘米，整平耙细，施入磷酸二铵0.1千克/米^2。在冬前做好的垄台上开15厘米深的浅沟，每667米^{2}施三元复合肥15～20千克，浇足水，准备定植。

2. 定植密度和方法　采用吊蔓栽培。温室及简易温室可适当密植，每667米^{2}定植2500株左右；春大棚定植2000株。在做好的

垄背上开沟或打孔，采用水稳苗的方法定植，水渗下后封坨。封坨时要注意土坨与垄面持平，嫁接苗的切口不能离地面太近，更不能埋入土中，否则就失去了嫁接的意义。

（五）定植后套袋前管理

1. 温度管理 定植至缓苗，白天气温30℃～35℃，夜间不低于15℃；缓苗后至瓜定个前，白天气温25℃～30℃，夜间不低于12℃，有利于壮秧，早出子蔓，早坐瓜，膨瓜快。

2. 肥水管理 定植后7～10天浇1次缓苗水，水要浇足，以利于发苗和培育壮苗。第二次肥水（膨瓜肥水）一般在坐瓜后，当大多数瓜鸡蛋大时浇施，一般每667米^{2}施三元复合肥25～35千克。

3. 整枝与瓜胎处理 采取主蔓单干吊蔓整枝法。定植后植株5～7片叶时，用塑料绳将主蔓吊好，并随着植株的不断生长，随时在吊线上缠绕。一般第四片真叶以下长出的子蔓全部去掉，在5～9片真叶长出的子蔓上留瓜，1条子蔓留1个瓜，摘除瓜后叶及生长点。坐瓜节位高低可灵活掌握，根据棚室高度，一般主蔓长至25～30片真叶时去掉生长点，以促瓜控秧。10～20节位一般不留瓜，但生出的子蔓可留1片叶掐尖。第一批瓜用高效坐瓜灵喷瓜胎4～5个，待第一批瓜定个时，可留第二批瓜3～5个。第三批在孙蔓上留瓜2～4个。

4. 疏瓜 在施膨瓜肥水后，根据植株长势疏瓜，一般第一批瓜留3～4个，第二、第三批瓜各留2～4个，疏掉畸形瓜、裂瓜及弱小瓜。

（六）套袋及套袋后管理

1. 套袋前准备 在药剂处理完瓜胎后12～13天，即套袋前1～3天，在瓜胎上面喷施1次保护性杀菌剂，一般选择噁酮·锰锌或代森锰锌。准备好纸袋，纸袋规格16厘米×20厘米，纸袋分2层，外层为防水纸，里层为黑色遮光纸。

2. 套袋　保果药剂处理完瓜胎后15～18天，在棚内甜瓜果面没有水膜时套袋，套袋时间一般在上午9时以后，利用甜瓜专用袋将甜瓜从下向上套至甜瓜瓜柄处，将袋口封严。甜瓜第二、第三批瓜操作同上。

3. 温度管理　甜瓜套袋后，白天气温25℃～35℃，夜间尽量保持在12℃以上，以利于甜瓜的糖分积累。

4. 肥水管理　根据土壤墒情浇小水，适当追肥，一般每667米^{2}施三元复合肥15千克，在成熟前10天停止浇水，防止裂瓜。

5. 脱袋　在甜瓜成熟前5～7天脱袋见光，直至成熟采摘上市。目的是促进甜瓜糖分积累，增加甜瓜含糖量，提高瓜皮耐贮运程度。

（七）病虫害防治

1. 物理及生物防治　设防虫网防虫，黄板诱杀白粉虱、蚜虫。将2%嘧啶核苷类抗菌素水剂200倍液7～10天喷1次，可防多种病害；用27%高脂膜乳剂70～140倍液喷施，防白粉病。

2. 生态防治　为了减少甜瓜的用药次数，保证甜瓜的内在品质，在甜瓜霜霉病普遍发生时选择晴天上午关闭大棚门窗，使棚温迅速升到45℃，持续2小时，可控制病害蔓延。但闷棚前1天必须浇水，闷棚2小时后适当通风，使棚室温度逐渐下降到正常温度。通过实践，确定了甜瓜棚管理适宜的温湿度：白天气温25℃～28℃，夜间气温11℃～15℃，10厘米地温18℃～20℃；白天空气相对湿度70%～80%，夜间75%～85%。这样的温湿度管理，加上充足的光照、科学的通风透气等措施，可大大减少甜瓜病害的打药次数，从而节省成本，减少农药残留。

3. 药剂防治　虫害白粉虱可采用噻虫嗪，蚜虫可采用吡虫啉，斑潜蝇、茶黄螨可采用高效氯氟氰菊酯、阿维菌素等药剂防治。

霜霉病、疫病用68%精甲霜·锰锌水分散粒剂600倍液，或25%嘧菌酯悬浮剂1500倍液，或64%噁霜·锰锌可湿性粉剂500

倍液，或72.2%霜霉威盐酸盐水剂800倍液喷雾防治，7～10天防治1次。白粉病可用10%苯醚甲环唑水分散粒剂1 500倍液喷雾防治。枯萎病可采用嫁接技术根治。轻病株可使用25克/千克咯菌腈悬浮种衣剂加50%甲基硫菌灵可湿性粉剂500倍液灌根，连防2～3次。炭疽病用80%福锌·福美双可湿性粉剂800倍液喷雾，或25%嘧菌酯悬浮剂1 500倍液喷雾防治，7～10天喷1次。病毒病先要防治蚜虫、白粉虱，可用25%噻虫嗪水分散粒剂喷雾防治。防病毒病可用1.5%烷醇·硫酸铜乳剂1 000倍液，或0.5%菇类蛋白多糖水剂300倍液喷雾防治。细菌性病害用72%硫酸链霉素可溶性粉剂2 500倍液喷雾防治。

（八）注意问题

采用嫁接技术，减少薄皮甜瓜因重茬死秧造成减产的难题。采取多层覆盖技术，可使甜瓜提早定植，提前收获。在垄上开暗沟，覆上地膜进行浇水，可以提高地温，防止沤根。在甜瓜套袋前喷施1次保护性生物杀菌剂，防止病害发生的同时也要注意药剂的使用浓度，避免瓜面发生药害。套袋时要挑选符合商品要求的甜瓜。要保证脱袋到采收的必要天数。

六、日光温室小型西瓜栽培技术

小型礼品西瓜，个小，外观美，果肉味甜爽口，很受市场欢迎。利用日光温室栽培小型西瓜，可提早上市，每个温室面积约600米^2，产量约3 500千克。以下为该地区栽培技术总结，可供各地种植者借鉴。

（一）茬口安排

高档小型礼品西瓜价格最好的季节一般在春节前后，故播种时间一般应在9月上中旬。

（二）品种选择

西瓜属喜温耐热性作物，整个生长发育过程需要较高的温度，因此要选择保温性好的冬暖式多功能大棚。品种应选择中小型、皮薄、质脆、含糖度高、口味正、耐低温、易坐瓜、抗病力强及生长健壮的品种，如小兰、日丰、金美人。

（三）嫁接育苗

1. 营养土配制　采用营养钵育苗。营养土可用3份肥沃的熟土和1份腐熟的圈肥，或3份腐熟农家肥料和2份未种过西瓜的田园土混配。每立方米营养土再加入过磷酸钙1.5千克、草木灰10千克、2.5%敌百虫粉剂50克、50%多菌灵可湿性粉剂100克。把配好的营养土装入直径10厘米、高10厘米的营养钵中，放入苗床内。

2. 砧木育苗　嫁接西瓜应选择抗病性强、不影响西瓜品质的黑籽南瓜作砧木。先用比南瓜籽多3倍的开水烫种，搅拌3～5秒钟，然后立即加入等量的冷水，使水温下降至30℃以下。浸种30小时后将种子用湿布包好放在28℃～30℃的地方催芽，当种子露白时播种。播种前1天用70%甲基硫菌灵可湿性粉剂800倍液浇透营养土。每钵放入1粒种子，覆土厚1.5厘米。

3. 接穗育苗　当南瓜苗出齐时，再浸泡西瓜种。方法是：将西瓜种子放入55℃的温水中，搅拌15分钟，冷却后再浸种5～6小时，放在28℃～30℃的地方催芽，等种子露白后播于育苗盘内，芽尖朝下，种距1厘米，上盖1.5厘米厚的营养土。白天温度控制在26℃～30℃，夜间温度16℃～18℃，以保证出苗整齐。出苗后，白天温20℃～25℃，夜间温度15～18℃。苗床宁干勿湿。

4. 嫁接　采用插接法。砧木苗第一片真叶出现到刚展开期间，西瓜苗子叶初展到平展未出真叶前均可嫁接。

嫁接苗生长期间，白天棚内温度控制在25℃左右，最高温度不超过30℃，夜间在20℃左右。封棚期间应保持苗床内相对湿度在100%，3天后可通小风，7天后加大通风量降湿。嫁接苗如出现萎蔫，要及时遮阴。随时检查和去掉砧木上萌生的新芽，以防影响接穗生长。苗期注意预防病虫害发生，可用72%硫酸链霉素可溶性粉剂4 000倍液喷洒苗床，以防病治虫。当苗长到2叶1心时移栽定植。

（四）整地施肥

日光温室内整地施肥最晚在西瓜播种前15天左右完成。一般每667米^{2}施足腐熟的圈肥（牛粪等）15米^3、生物有机肥250～300千克，尿素、硫酸钾各50千克，70%敌磺钠可湿性粉剂2千克，均匀撒于地面并深翻整平，然后高温闷棚10天，以杀菌、杀虫、腐熟肥料和提高地温。

（五）定　植

随后起垄，垄距1.3米，垄高10～20厘米，垄面宽60～80厘米，在垄面中心留一浇水沟。整平垄面，覆膜贴紧地面。当苗长到2片真叶（4叶1心）时移栽定植，每垄2行。株距要根据品种、地质和留蔓多少确定，一般每株留2条蔓可按40～50厘米的株距定植，每667米^{2}栽植2 000～2 300株。

定植后浇1次定苗水，水量要大要足，浇水3～4天后盖地膜，东西向割5厘米的孔，将苗露于膜外，将地膜四周压紧。

（六）蹲苗期管理

此期幼根伸长快，地上部节间短，呈直立状。在土壤肥沃、基肥充足的情况下，不追肥，不浇水。如果土壤瘠薄肥力差，基肥又不足，可在2片真叶期前后追施1次提苗肥，每667米^{2}施尿素2.5千克，在距幼苗15厘米处开沟施入，施后封土。白天温度保持25℃～30℃，夜间温度16℃～20℃。

（七）抽蔓期管理

从团棵到留果节位的雌花开放为抽蔓期。

1. 环境调控　白天棚内温度30℃时开始通风，控制在25℃～28℃。尤其是6～8片真叶时，为留瓜节位的雌花分化期，温度管理更为重要。天亮前最低温度一般在10℃～13℃。空气相对湿度尽量降低，最好保持在50%～60%，遇旱浇水。同时，清扫棚膜泥土、柴草，以增加透光量。

2. 肥水管理　此期根系生长基本完成，地上部分生长加快，基部侧蔓开始伸长。伸蔓期应根据苗情，追施1次催蔓肥。长势旺的田块应少施，基肥少、长势弱的应多施。一般在5片真叶时，每667米^{2}施尿素、硫酸钾各10千克，在距根33厘米处开沟（或打孔），沟深15厘米，将肥料施入沟内用土覆严，并轻浇水1次。

3. 植株调整

（1）整枝　每株西瓜根据株距大小留2～3条蔓，即保留1个主蔓和1个子蔓，或保留1个主蔓和2个子蔓。将多余的子蔓、孙蔓一律摘除。留果节位以下的花及时打掉，防止养分消耗和灰霉病的发生。

（2）吊蔓　顺瓜垄的上方2米高处拉好铁丝，在铁丝上每20厘米拴1根吊绳，每1条瓜蔓占1根吊绳，一头固定在穴附近地面，另一头固定在铁丝上。当瓜蔓长至50厘米左右时即可将瓜蔓缠在吊绳上。

（3）留瓜　在主蔓上1株留1瓜，瓜蔓长势强的12片叶、长势一般的15片叶、长势差的18片叶开始预留瓜，根瓜（头瓜）不留。连着预留2个瓜，当瓜坐稳后，2瓜定1瓜，两瓜相同时留下位瓜。

（八）开花坐瓜期管理

此期是由营养生长向生殖生长过渡阶段。主蔓、侧蔓、叶面积生长快，雌花受精后，子房迅速膨大，栽培上要控制肥水，制约瓜蔓长势，这一阶段要控制浇水，植株不出现萎蔫一般不要浇水。一般开花时白天温度保持在20℃～25℃，不能过高；夜间温度要比平时略高，天亮前最低温度在15℃以上。西瓜属异花授粉作物，大棚内又无传粉昆虫，因此应进行人工辅助授粉。授粉后挂牌，标上当天的日期，这是实施采收的重要依据。

（九）膨大期管理

1. 环境调控 坐瓜后西瓜开始膨大，此期要抓好温度管理，上午气温达32℃时放风，保持在28℃～30℃，下午保持在25℃左右。冬季夜温是获得高产优质高效的重要因素，这段时期上半夜应保持20℃，下半夜保持16℃。

2. 肥水管理 此期植株体内大量营养物质集中向果实转运，果实体积迅速膨大，需肥水量很大，这个时期以施磷、钾肥为主。每667米^{2}施三元复合肥40千克或磷酸二铵、硫酸钾各20千克或施腐熟的人粪尿、沼液肥若干，并施叶面肥。膨果期要适当补充水分，浇水1～2次。

3. 吊瓜 授粉后20天左右，或西瓜长到0.5千克以上时开始用绳兜吊瓜，防止西瓜坠地。

（十）成熟期管理

此期果实增长很慢，但含糖量显著提高。在管理上要防止茎叶早衰，及早增施肥料，停止灌水，并注意排涝，喷药保护植株，以利结二茬瓜。

日光温室西瓜一般在授粉后30～40天成熟。采收前要试样，即开瓜测定，采摘生瓜会严重影响品质，特别是黄肉品种（小兰）。采收时应带瓜柄。

当第一个瓜采下，可留第二个瓜。当第二个瓜开始膨大时，应进行1次追肥，一般每667米^{2}追施硫酸钾型复合肥15千克、三元复合肥10千克，先用缸溶化后随水冲施。每当2个瓜成熟后将

老瓜蔓剪去（因瓜蔓老化和结瓜位较高），再从瓜蔓基部留 2 条蔓，以同样的方式留第三个瓜，当第三个瓜摘后留第四个瓜。第四个瓜收获后，可整体拔秧，种植下茬作物。

七、日光温室辣椒剪头换茬周年栽培技术

为延长辣椒生长发育期，充分利用日光温室的地力和夏季休闲期，发挥日光温室周年生产的优势，可采取剪枝再生枝技术措施，使日光温室越冬茬辣椒解决元旦、春节及早春这段时间的市场鲜青椒供应。辣椒植株经剪头换茬后继续生长，正常情况下，其生长期可达 250 天左右。

（一）品种选择

可选择抗病、高产的荷兰瑞克斯旺大长牛角椒 73–49 品种。该品种皮厚，耐运输，单果重 0.5 千克左右，植株根系发达，剪掉老枝后，新发出的侧枝生长快，能在较短的时间内进入花芽分化期，有利于提早上市，获得较高的经济效益。

（二）适时育苗

1. 药剂浸种　先将种子用清水预浸 5 小时，再分次捞出沥干，放入 1% 硫酸铜溶液、10% 磷酸三钠溶液、2% 氢氧化钠溶液中各浸泡 10 分钟，以消毒灭菌，然后捞出用清水洗净，进行催芽。

2. 变温催芽　将经浸泡处理的种子用湿布包好，置于温暖处催芽。每天按 28℃～30℃控制 16～18 小时，16℃～20℃条件下控制 6～8 小时，每隔 12 小时翻动并用 30℃温水搓洗 1 次，使之受热均匀，以利发芽齐、壮。一般经 5～7 天催芽，即可待播。

3. 苗床准备及播种　选择土质肥沃、排水良好、未种过茄科作物的地块建立苗床，每平方米苗床备足经晒干捣碎并过筛的菜园土或畜粪渣 50 千克作为营养土。播种前，苗床浇足底水，待水完全

渗下后，铺一层厚约5厘米的营养土，把催好芽的种子均匀撒在上面，再铺一层2～3厘米的营养土，浇适量水，并及时覆膜，以增温保湿促苗早、苗全、苗壮。

4. 育苗 5月中旬采用营养钵营养土育苗，苗龄60～70天，株高20～25厘米，9～10片真叶时定植。

（三）定 植

定植前室内土壤全面进行消毒处理。当年新建温室喷洒75%辛硫磷乳油2 000倍液或50%百菌清可湿性粉剂500倍液消毒。已种植过蔬菜的温室前茬作物收获后，每立方米用硫磺2克加80%敌敌畏0.1克和锯末8克，混合后点燃密闭1夜，再打开通风口通风。

辣椒周年栽培，必须施足基肥，每667米^{2}施充分发酵腐熟好的有机肥10米^3、三元复合肥50千克、硫酸钾40千克。深翻耙细搂平，按大行距70厘米、小行距50厘米、株距27～30厘米定植。定植时浇足缓苗水，缓苗后覆盖地膜。两边通风透气，以防湿度过大而引发病害。

（四）定植后管理

定植后一般不浇水，待门椒长到3～5厘米时结合浇水施肥，每667米^{2}施入三元复合肥（氮、磷、钾比例为10∶4∶24）20千克，以后根据情况追肥浇水，施磷酸二氢钾30千克。白天保持25℃～28℃，最高不超过30℃，夜间不低于15℃。门椒结果后，植株上有向内生长的较弱的侧枝，应尽早摘去，以利通风透光。所有结果枝结果后，一直等到春节前一起收获上市。

（五）采 收

根据市场行情，当果实长度达到最大限度、果肉变硬、果色变深时采收。门椒、对椒应及时采收，否则易坠秧，影响生长发育。

因为辣椒枝条较脆，采收时不能用手猛揪，以免枝条折断，最好是剪果。

（六）更换枝头

辣椒采收后，将所有枝条全部剪去，保留二杈枝条10厘米，即所谓整枝换头，延续辣椒二茬周年生产。此期间，要加大肥水量，保持棚内温度，白天26℃～30℃，夜间15℃以上，结合浇水每667米^{2}施入硫酸钾型复合肥40千克。半个月后发出新芽、侧枝，进入正常生长阶段，上市早，产量高，前期每667米^{2}产量15 000千克，后期产量10 000千克。

八、日光温室越冬茬辣椒栽培技术

越冬茬辣椒指的是7～8月份播种育苗，8～9份定植于日光温室，10月份开始上市，一直采收到第二年5月份的一种长季节栽培形式。越冬茬辣椒的栽培弥补了冬季辣椒市场淡季的供应，销售价格较高，经济效益较好。然而，越冬一大茬生产面临的管理问题也非常明显。由于该茬要经历秋、冬、春三个截然不同的季节，时间长达10个月之久，对技术要求较高。

（一）品种选择

辣椒生长期温度高易感染病毒病，结果盛期温度低易受冻害，这就要求所选辣椒的品种必须高产优质、果肉厚、能耐高温、又能耐低温和弱光、高抗病毒。所以，优良的品种是关键，如亮剑（37–74）、巴莱姆、迅驰等，这些品种生长势强、长势旺盛、产量高，能够满足广大种植户的要求。

（二）育　苗

因为要在春节前上市，一般应在7月中下旬播种，最迟到立秋结束。播种过早，前期温度较高，难于管理；播种过晚，则春节左右不能达到盛果期，影响产量及效益。辣椒育苗正处于每年温度最高的夏季，雨水多，气温高，一般农户受自身条件的限制较难培育适龄壮苗，而专业育苗场设施完备，专业技术水平高，防控能力强，通常能育出健壮整齐、长势旺盛、病虫害少的幼苗。因此，建议直接从育苗场订购。壮苗标准：苗龄30天左右，株高8～10厘米，茎粗0.2～0.3厘米，叶一般4～5片，叶色嫩绿。

（三）定　植

1. 定植前准备　定植前35天左右，按每667米^{2}施入6000～8000千克纯鸡粪，或者15～20米^{3}稻壳鸡粪的量，将粪肥均匀撒入温室中，然后深翻2遍，深度30厘米以上。使有机肥与土壤充分混匀，然后将所用土壤消毒剂如石灰氮等随水浇入棚中并覆盖地膜，关闭上、下通风口提高棚温，闷棚30天左右。定植前10天左右揭掉地膜，打开通风口放出有害气体，然后施入三元复合肥75千克以及适量的微量元素肥料。

定植前分大小行起垄，一般大行距80厘米、小行距60厘米、垄高25～30厘米。起垄之前在定植沟内每667米^{2}施入三元复合肥25～30千克、生物有机肥600千克、豆饼200千克，充分与土壤混匀，然后起垄。起垄后顺小垄浇1次水，根据水平线确定定植穴的位置。

2. 定植操作　选择晴天下午或多云天气定植，防止温度过高造成幼苗萎蔫，不利于缓苗。定植穴要大，定植水要足。定植株距50厘米，每667米^{2}保苗1800～2000株。在定植穴内施入“激抗968”预防死棵，然后随栽随浇定植水，水量以浇透为宜，不可大水漫灌，定植时不可将土坨埋的过深，与土坨上沿同平为准。严禁将茎基部埋住，以防高温高湿造成根部多种病害的发生。

（四）定植后管理

1. 缓苗期管理　定植后前几天中午温度较高时要放遮阳网降温，并保持棚内白天温度30℃～33℃，夜间16℃以上。待定植穴略干时，要及时封垄。封垄不宜太深，封垄时先用小铲将定植穴铲松，然后再用潮湿的土覆平根部。然后待土表略干时划锄1～2次，不宜太深，一般3～5厘米即可。在缓苗期间，要整理钢丝，准备绳子，以备吊蔓。在此期间，主要预防死棵，可以在定植前7天左右用生物菌剂加生根壮苗剂灌根，连续2～3次可有效预防死棵。

2. 蹲苗期管理　定植水7～10天后根系开始生长，应浇缓苗水，结合浇水每667米^{2}施磷酸二氢钾10千克。每次浇水后要进行中耕以利保墒保水，防止土壤板结，但应遵循近根浅、远根深的原则，以后可视植株状况进行深耕。此时温度依然很高，但要减少遮阳网覆盖时间，保证白天温度在30℃左右为好。等植株长到30厘米时，开始吊蔓，辣椒一般留4个主枝，侧枝根据长势留1～2个后摘心；根据植株长势，确定门椒是否保留。

3. 结果期管理　到10月份，气温降低，撤掉遮阳网，白天温度保持26℃～28℃。夜间保持16℃～20℃（上半夜2℃～18℃，下半夜18℃～16℃）为宜。坐果期水量要小，地表见干见湿为宜，可不带肥。膨果期水量稍大，当果实长到3厘米大小时及时浇水施肥，每次每667米^{2}可用优质腐殖质酸类生物有机肥40～50千克，以提高根系活力，促进果实膨大。整枝时侧枝可留1个果或不留，根据长势而定。随着时间推移，温度越来越低，要压住底通风口并覆盖草苫。

到11月下旬，棚内最低温度降至15℃以下，要尽量保持温度，这就要求温度降到20℃时放草苫，通风口管理要做到“三开三放”，即早晨拉草苫1小时开小通风口通风，半小时后关通风口，等温度升到30℃时开大通风口，保持棚内温度为26℃～28℃，下午温度降到23℃时关通风口，放草苫前半小时通风排湿。此时要覆盖地

膜，保持地温，降低湿度，有条件的可在棚内加盖二层膜，可提高温度3℃。要及时清除下部老叶，清除完后要及时喷药。在草苫上覆盖二层膜保温。

翌年1月份温度最低时，通风口要严格控制，白天温度控制在28℃～30℃。在深冬季节，浇水宜选择晴天上午小水带肥，肥料选择腐植酸、甲壳素之类的有机肥冲施肥，以养根、护根为主，严禁施用高浓度复合肥。到了2月份以后温度回升要拆掉棚内二层膜，防止棚内光照太低。辣椒超过钢丝的要打头。白天温度可以控制在26℃～28℃，随着温度的升高可加大肥水量，促进返棵，加速生长。在此期间主要是预防灰霉病和蓟马。3月中下旬以后天气回暖，要控制棚内白天温度不要太高，尽量调整草苫，开大通风口，不要过早开底通风口。到5月份以后天气温度很高时要开底通风口，加强透风，降低温度，浇水量要大，保持棚内湿度。

（五）采　收

辣椒的采收不仅仅是采收果实，而且是一项有效的增产措施。利用不同的采收期，可以调节植株的生长发育。生长势弱的植株可以提前采收青果，而对生长势旺盛甚至有些徒长趋势的植株，可延迟采收，控制茎叶生长。无论是采收青果还是红果，门椒都尽量早摘，产量高峰期1～2天采收1次。采收宜在晴天早上进行。

（六）主要病害防治

日光温室常年种植蔬菜，特别是冬季，给病虫害的越冬繁衍提供了适宜的环境条件，会使蔬菜病虫害日趋严重。因此，病虫害的防治是温室蔬菜栽培成功的关键技术之一。

1. 病毒病　病毒病的感病症状有：花叶、黄化、坏死、畸形等多种类型。防治方法是，选用抗病毒病的品种。彻底清除棚内杂草及周围越冬存活的老根，以减少病原。增施有机肥，培育壮苗，及时灭蚜增强植株本身的抗病毒能力是关键。在棚内使用防虫网，防

止害虫进入传播病毒。利用生物趋避作用，悬挂黄板诱蚜。发现有个别病株及时拔除（注意，碰过病株后一定要做好工具及手的清洗消毒）。必要时进行药剂防治，发病初期，选择喷洒 0.5% 菇类蛋白多糖水乳剂、20% 吗胍·乙酸铜可湿性粉剂、2% 宁南霉素水剂、0.1% 高锰酸钾溶液等。

2. 灰霉病　灰霉病主要危害幼果和叶片，病菌从张开的雌花的花瓣侵入，花瓣腐烂，果蒂顶端开始发病，果蒂感病向内扩展，致使感病果呈灰白色、软腐，长出大量灰绿色霉菌层。防治该病，要加强通风透光，尤其是阴天除要注意保温外，还要严格控制灌水，严防浇水过量。合理密植、高垄栽培、控制湿度是关键。因辣椒灰霉病是花期侵染，预防用药时机一定要掌握在辣椒开花时开始。最好采用辣椒一生病害防治大处方进行整体预防。药剂可选用 25% 嘧菌酯悬浮剂 1 500 倍液，或 40% 嘧霉胺悬浮剂 600 倍液，或 75% 百菌清可湿性粉剂 600 倍液喷施防治。

九、塑料大棚茄子再生越冬早熟栽培技术

茄子再生栽培是利用茄子植株具有萌发新枝再生的特性，在夏季将早春茬茄子上部的枝条剪去，让新生的侧枝秋季再次发棵并开花结果。本技术是对这种再生栽培技术的进一步拓展，于秋末冬初将秋延茄子剪枝再生，采用大棚多层保温覆盖越冬，进行茄子春早熟栽培。由于利用了植株原有的强大根系，再生茄苗抗性强，生长快，早春可较常规育苗移栽的茄子提早 25 天上市，且节本省工。下述技术中所列时间是以江苏省如皋市为基础，其他地区应用时需要进行调整。

（一）品种选择

应选长势旺盛、分枝能力强、抗逆性强、商品性好、适宜于再生栽培的优良品种，如世纪王、苏长茄、苏崎茄、北京七叶茄等。

最好再以托鲁巴姆为砧木进行嫁接育苗，这样可进一步增强品种的抗逆性。

（二）剪枝前秋茄的管理

茄子再生栽培是其前季生长的延续，因此剪枝前秋茄的田间管理是再生早熟茄子丰产的基础，应注意排涝、合理追施水肥，并及时防治病虫害，以确保剪枝时株体健壮整齐，不缺棵断垄。在10月中旬，即剪枝前15～20天，进行1次植株调整，剪除多余的无果枝及所有嫩尖、花蕾、下部老叶，并叶面喷施0.2%磷酸二氢钾溶液或其他叶面肥2～3次，以利于通风透光，减少养分消耗，促进秋延后幼果膨大，增强剪后再生能力。在10月中旬，日平均温度降至20℃时，要及时扣棚保温，进行秋延后栽培。扣棚后要保持适当通风，防止温度、湿度过高而诱发病害。当外界气温下降到15℃以下时，夜间闭棚保温防寒。

（三）剪　枝

1. 剪枝适期　以江苏省为例，再生茄越冬栽培剪枝适期以1月上旬为宜，其他地区可根据当地气候条件提前或延迟。剪枝过早，再生茄苗越冬时虽能提前开花，但正处在严冬时节，往往不易坐果，且畸形果多；剪枝过迟，地温偏低，植株再生能力减弱，易发生缺苗断垄现象，且越冬时苗小、抗性差，也不利于早熟。

2. 剪枝方法　剪枝时间宜选晴天上午10～12时进行，距地面10厘米剪除主干及以上的全部枝叶，仅留短短的主干，并将剪下的枝叶连同杂草等及时清理出棚。

3. 消毒防病　剪枝后要随即用药涂于主干截面，以防止伤口感染。可用75%百菌清可湿性粉剂20克加水50倍调成稀糊状涂抹。

（四）再生栽培管理

1. 肥水管理　剪枝后即进入再生栽培，为促进茄子侧枝萌发再

生，确保前期生长养分需要，要及时重施1次追肥。一般在覆盖地膜前于畦小行间开沟施肥，每667米^{2}施商品有机肥400千克、三元复合肥60千克、腐熟饼肥200千克，然后浇小水，中耕松土。覆地膜后至开春这一段时间，“对茄”坐果前一般不需追肥浇水，待“对茄”坐果后，随早春气温升高和植株生长加快，应逐步增加肥水施用量和施用频率，一般每6天滴灌1次，隔1水追1次肥。

2. 覆盖管理　1月中旬于追肥松土后，大棚内及时加盖中棚，并全棚地面覆盖地膜封闭，增温保墒。覆盖地膜前，地面应喷施除草剂防草害，每667米^{2}可用48%氟乐灵乳油120毫升，或33%二甲戊灵乳油70毫升，加水40升，畦面均匀喷施。并于小行间铺设滴灌软管，形成膜下滴灌，以降湿控病，增产增收。12月中下旬开始进入严冬，要在中棚下及时加盖小拱棚，形成四膜覆盖，以确保再生茄苗安全越冬。翌年2月下旬后，随气温升高应依次揭除小棚和中棚，以增加光照，便于管理。

3. 植株调整　剪枝覆膜10天后，根部就会发出新芽，形成新枝，应及时破膜定枝。坚持去弱留强的原则，每株按不同方向选留2个新枝，双干整枝有利于提高早期产量，增加效益。生长后期，为利于通风透光可剪除其中一干，并及时打去植株下部老叶、黄叶和病叶。

4. 保花保果　由于早春气温较低，易造成落花落果，生产上常用防落素保花保果。可用2.5%防落素溶液，在开花后的第二天下午4时后，用手持小喷雾器将稀释液喷洒于花和幼果上，不可喷到植株的顶叶和嫩叶上，每隔5～7天喷1次。当棚温高于25℃时，每毫升原药液加水1.25升；当棚温低于25℃而高于15℃时，每毫升原药液加水0.85升；当棚温低于15℃时，每毫升原药液加水0.33升。

十、日光温室荷兰布利塔茄子栽培技术

布利塔茄子是从荷兰引进的茄子优良杂交品种，经过多年栽培

表现良好，不但早熟性丰产性好、适应性强和品质好、供应期长，而且非常适合冬季日光温室栽培，特别是采用嫁接栽培，更能充分发挥品种特性。下述技术基于辽宁省喀左地区，其他地方在采用时可以将播种时间和茬口进行适当调整。

（一）播种育苗

1. 浸种催芽 日光温室栽培布利塔茄子采用嫁接苗，选用托鲁巴姆为砧木，荷兰布利塔茄子为接穗。托鲁巴姆种子不易发芽，需用催芽剂催芽，方法：将催芽剂放入装有 50 毫升水的容器内配制成溶液，再将 1 袋托鲁巴姆种子（10 克）放入溶液中，浸泡 36 小时。然后将浸泡的砧木种子装入既透气性好、又能保温的布袋内（最好是用新棉线布做成长 7～8 厘米、宽 5～6 厘米小布袋内），用湿毛巾将小布袋包好，放置于 30℃～35℃条件下催芽，每天翻动 1 次，每隔 2 天浇水投洗 1 次，当出芽率达 80%～90% 时即可播种。接穗布利塔茄子种用 55℃温水浸种，边倒水边搅拌，当水温降至 30℃时停止搅拌，再继续浸泡 12 小时即可播种。

2. 播种 辽宁省喀左地区日光温室栽培布利塔茄子以秋冬茬为主，砧木最佳播种时间为 6 月上旬，其他地区可适当调整播期。当砧木出齐苗 15 天左右，小苗“拉开十字”时播接穗种子。

播种前先做苗床，砧木与接穗均为 6 米^2，苗床做成宽 1 米、埂高 15 厘米的畦，搂平耙细。用没有种过蔬菜的大田土和充分腐熟的有机肥按 4 : 1 的比例配制营养土，混合均匀后过筛，平铺畦面 7～10 厘米厚，浇透底水，然后喷洒 50% 多菌灵可湿性粉剂 500 倍液，均匀撒播种子或种芽，再覆药土（按每平方米土加 50% 多菌灵可湿性粉剂 10 克配成药土）。砧木盖土 0.4～0.5 厘米厚，接穗盖土 1 厘米厚。

苗床及周边撒毒谷防地下害虫，然后在畦面上盖地膜，支拱棚防雨遮阴。当苗出土 80% 左右，及时揭去地膜。见有带壳出土或畦面有裂缝，立即撒细潮土，以不压苗为准。苗出齐后，立即喷72.2%霜霉威水剂400倍液防猝倒病，7天后再喷1次。此期间不干旱不喷水，干旱时喷水一定要喷透，畦面有裂缝时再撒细潮土。

3. 移苗　当砧木长至1片真叶铜钱大小时，即播种后25～30天，将砧木移入营养钵内；接穗1叶1心时，按8厘米×8厘米或10厘米×10厘米移入畦内，移苗后要浇透水，天热可适当遮阴。

4. 嫁接　茄子嫁接采用劈接法，当砧木长至8～9片叶、茎粗0.5厘米时，接穗长至6～7片叶、茎粗0.4厘米时进行嫁接。嫁接时，先把砧木在半木质化部位用刀片平切去掉头部（砧木桩高8～10厘米），然后在砧木中间由上向下垂直切入1厘米刀口。再把接穗也在木质化处平切去下部，将上部切口处削成楔状，楔形大小与砧木切口相符（1厘米长左右）。随即将接穗插入砧木的切口中，对齐后用嫁接夹子固定，并及时放入事先做好的苗床上，边摆边用水壶浇砧木营养钵。一畦摆完后，浇足底水，注意水不能漫过嫁接口。最后扣拱棚，密闭棚膜，膜上盖遮阳物。

5. 嫁接后管理　接后前3～4天全遮阴。到4～6天半遮阴，早、晚可不遮阴，中午遮阴；阴天不遮阴，晴天遮阴。10天后，伤口基本愈合，要逐渐撤掉遮阳物，转入正常管理。

嫁接后前6～7天内不通风，空气相对湿度保持在95%以上。6～7天后每天通风1～2次，每次2小时左右。以后逐渐增加通风次数、延长通风时间，但仍要保持较高的空气湿度。每天中午喷水1～2次，直至完全成活转入正常管理。在定植前10天适当控制浇水。

棚室温度白天保持25℃～30℃、夜间20℃～22℃，过高或过低均不利于接口愈合。去掉遮阳物后，白天温度保持20℃～25℃。

嫁接苗在生长过程中，要将叶腋间萌发的分枝和砧木萌芽及时去掉。此期由于密闭、湿度大，容易发生叶霉病，一定要在嫁接后6天和13天各喷1次75%百菌清可湿性粉剂600～800倍液预防病害。

（二）整地定植

当接穗长到5～6片时即可定植。由于托鲁巴姆的根系特别发达，需消耗肥水量大，所以定植前一定要深翻整地并施足基肥。每667米^{2}施优质农家肥10000千克、磷酸二铵50千克、硫酸钾20千克，农家肥和2/3化肥充分混合均匀撒施地表后深翻。做高畦，畦底宽100厘米、上宽80厘米、高15～20厘米，高畦上栽双行，大行距70～80厘米、小行距50厘米、株距50厘米，每667米^{2}保苗2500株左右。有滴灌的铺好滴灌管后覆膜；没有的采用膜下暗灌，在高畦中央开深沟，这样高畦即成双高垄，沟上顺垄拉2条细绳支撑地膜，从此沟浇水。栽苗时嫁接口要高出地膜3厘米以上，栽后一定要封好定植穴。

（三）田间管理

1. 环境调控 定植后要密闭保温，促进缓苗。缓苗后，白天温度超过30℃通风，最适温度为白天23℃～28℃、夜间15℃～20℃，空气相对湿度控制在50%～60%，土壤相对湿度控制在70%～80%。生产中忌大水漫灌，宜小水勤浇。嫁接茄子枝叶生长繁茂，若光照不足易出现植株徒长、花器发育不好影响受精、果实着色不良、产生畸形果等现象，特别是冬季茄子对光照要求严格。因此，在保证棚室温度不低于生长的最低温度的前提下，一定要早揭、晚盖草苫，并保持棚膜清洁干净，以增加透光率，尤其是阴雪天也要揭开草苫见散射光，以减少茄子光合产物的消耗。

2. 肥水管理 定植后浇足水，一般门茄坐果前不浇水。当门茄进入瞪眼期开始浇水，结合浇水每667米^{2}追施磷酸二铵10～15千克、硫酸钾10～15千克、尿素15千克（溶解后随水浇入暗沟或从滴灌管内施入）。进入结果盛期每5～7天浇1次水，隔水追肥1次，每667米^{2}追施磷酸二铵和硫酸钾各10～15千克，同时应叶面喷肥。特别是在冬季一定要浇小水，防止温度低、湿度大发生寒害，浇水应根据土壤状况和作物生长情况灵活掌握。

3. 植株调整　茄子嫁接后生长势强，门茄以下的侧枝和砧木侧枝应及时摘除，以防消耗营养影响生长。当植株长到40厘米高时开始用绳吊枝，每株只留2个主干，主干上每结1个茄子，茄子下面都会长出1个侧枝，侧枝留1个茄子，在茄子上留1～2片叶摘心封顶。此项工作一定要在开花前完成，其余侧枝全部去除，以此类推。同时，还要及时清理底部老叶、病叶和弱小不结果的无效枝。

4. 保花保果　当门茄开始开花时，可选用茄子丰收素（每支兑水0.5升）或农大丰产剂2号（每支兑水0.75～1升）加入红色广告色。再加0.1%腐霉利或乙烯菌核利喷花保果防灰霉病。另外，在果实膨大后应轻轻摘掉干缩的花冠，有利于果实着色和防病。喷花时要用手挡一下，防止喷在茎、叶等其他部位。

十一、日光温室茄子多年生栽培技术

山西省太原市清徐县日光温室嫁接茄子多年生抗病丰产栽培，2年生嫁接茄子较当年生嫁接茄子结果期早40～45天，增产32.3%～41.6%，而且果皮黑亮，无畸形果，单果重650克左右。1年收2茬，春茬667米^{2}产量7500千克，秋茬产量5000千克。1年生茄子黄萎病发病率为0.2%～0.5%；2年生和3年生黄萎病发病率均为3%～8%，抗根结线虫病，其发病率为零。山西省太原市农业科学研究所杜秀兰对该项技术进行了总结，可供各地参考。

（一）当年生嫁接茄子栽培技术要点

1. 品种选择

（1）砧木品种　以耐低温，嫁接后不改变品质，同时抗茄子黄萎病、根腐病、青枯病、根结线虫病等土传病害为选择标准。当地主要选择生长势强、茎粗壮、嫁接成活率高的新托1号、托鲁巴姆品种，这2个品种因种子小，发芽困难，播种前需用快速催芽剂处

理。砧木比接穗提早25天左右播种。

（2）接穗品种 选择生长势强健、不易早衰、前期产量高的中早熟品种，要求在低温寡照条件下产量高、着色性好、果皮黑亮、果实圆球形、无畸形果、商品性好。当地所用品种为并杂圆茄2号、黑霸王、黑旋风、墨宝、黑冠、黑茄王等。

2. 嫁接育苗

（1）播种期 嫁接茄子一般掌握砧木苗出齐后播接穗。用新托1号、托鲁巴姆作砧木时，如催芽后播种则需要比接穗提前25天播种，如浸种后直播则需要提前35天。浸种时间2～3天为宜，浸种时用100～200毫克/千克赤霉素处理24小时，可促进发芽。托鲁巴姆出芽或出苗期间应注意保温保湿。越冬茬栽培，砧木适宜播期为7月中下旬，接穗播种期为8月中旬。

（2）播种育苗 将砧木种子用快速催芽剂处理后装袋催芽，当60%～70%种子露白即可播入苗床内。播种后覆土盖地膜，并搭棚进行保温或遮阴。接穗种子用55℃温水浸种，不断搅拌至室温后再浸泡2～3小时播种。

育苗期正值高温多雨季节，育苗畦要选择地势较高、排水良好的地块。苗畦宽1～1.5米，畦内施充分腐熟的鸡粪、粪土，深翻后耙平，床上扣拱棚，覆盖银灰色遮阳网，以防强光高温灼伤幼芽。雨前覆盖薄膜，以防大雨浸泡苗床。

砧木苗1叶1心时移植到直径8～10厘米的营养钵中，接穗苗1叶1心时按50厘米见方分苗于苗床。

嫁接前5～7天对接穗苗和砧木苗采取促壮措施，以提高嫁接成活率。对接穗苗主要是控水，使中午前后略呈萎蔫状态。砧木苗浇水量也要适当减小，但要求苗的萎蔫程度比接穗轻。嫁接前4～5天浇1次足水，嫁接时不再浇水，只要床土不过干即可。经过这样管理的秧苗比较耐旱，嫁接时萎蔫轻、成活率高、不徒长。

（3）嫁接方法 茄子嫁接一般采用劈接和斜切2种方法，以劈接法为主，10月下旬至11月上旬在扣好棚膜的日光温室内进行。

嫁接操作过程：砧木苗长到5～7片真叶、茎粗0.5厘米时嫁接，在上部茎最粗处用刀片横切，去掉上部，真叶去1留1，于茎中间纵劈1～1.5厘米深的切口。然后取接穗苗，保留2～3片真叶，用刀片去掉下端，并削成楔形，其大小与砧木切口相当。随即将接穗插入砧木的切口中，对齐后用夹子固定。要求嫁接用的刀片、手和操作环境干净，不可沾土和水。

（4）嫁接苗管理　嫁接后将苗马上移入小拱棚内，充分浇水，盖严小拱棚，6～7天内不通风，空气相对湿度保持在95%以上，白天温度保持25℃～26℃、夜间20℃～22℃。嫁接后前4天要全部遮阴，之后半遮光（两侧见光）直至逐渐去掉覆盖物；适当通风，仍保持较高的空气湿度，直至完全成活转入正常管理。成活后要及时去掉萌发的侧芽，待接口完全愈合后去掉夹子。在伤口愈合期，湿度不足时不能直接喷水，可以采取地面浇水的方法增加湿度；如遇下雨棚内湿度较大，应及时通风排湿，否则容易发生伤口腐烂。

3. 整地定植

（1）重施深施有机肥　嫁接栽培的茄子生育期长，可生长2～3年，定植前要求基肥一次性施足，每667米^{2}可施充分腐熟农家肥5 000千克以上，50%结合深翻施入，另50%与过磷酸钙100千克、硫酸钾50千克、尿素40千克混合拌匀，在起高垄前施于垄下。

（2）适当稀植　一般用地膜覆盖保温保湿，采用大小行栽培法，大行距80厘米，小行距40厘米，株距50厘米，每667米^{2}栽2 500株。定植时，要使嫁接口高出地表5～10厘米，以防止病害侵染。栽植后迅速浇1次水，要求浇足浇透，及时中耕松土。10月中旬覆盖棚膜。

4. 田间管理

（1）环境调控　定植后将温室密闭保温，促进发根。缓苗后，白天温度保持25℃～30℃，夜间12℃～15℃。开花结果期白天温度保持27℃～28℃，夜间15℃～18℃，这一时期要注意通风换气。一定要保持棚膜清洁增加透光度，每3～4天对棚膜用拖布拖一遍，有条件的还要挂反光幕。

（2）**肥水管理** 浇水最好采用滴灌，定植后7～10天浇1次缓苗水，一般在门茄坐果前不再浇水。门茄开始膨大时进行追肥，每667米^{2}扎眼追施尿素10千克、磷酸二铵6千克、硫酸钾8千克的混合肥，结合追肥进行浇第一次水。门茄收获后浇第二次水，追二次肥。以后每隔10天浇水1次，每20天左右施1次肥（数量同上）。结果盛期要侧重于氮肥的施用，一般每667米^{2}施尿素50千克，浇水主要看植株的生长状况来定。因冬季和初春温度低、光照弱，浇水和施肥受到一定限制。因此，从茄子开花结果期开始进行叶面追肥，可每隔15天喷1次0.2%尿素和0.3%磷酸二氢钾混合肥液或叶面宝等微肥，以促进植株生长和开花结果。

（3）**保花保果** 为防止茄子落花落果，促进果实迅速膨大，可采用植物生长调节剂处理。可用30～50毫克/千克防落素蘸花，或用小喷壶喷花。也可用沈农番茄丰产剂2号（每瓶10毫升）兑水1升，蘸花或喷花。

（4）**植株调整** 由于嫁接茄子生长势强、生长周期长，需及时整枝，先改善通风透光状况。主要采用双干整枝方法，对茄形成后，保留主枝和门茄下的第一侧枝，其余侧枝全部去掉。对茄收获后及时吊枝，植株封行以后，为了通风透光，减少落花和下部老叶对营养物质的消耗，促进果实着色，可将下部枯黄的老叶和病叶及时摘除。

（5）**二氧化碳施肥** 日光温室茄子冬春季节长期处于密闭条件下，往往因缺乏二氧化碳而影响光合作用，从而影响植株的生长、降低产量及果实的营养品质和商品率，因此在日光温室内增施二氧化碳气肥是实现优质丰产的有效措施之一。方法：每隔10米放置1个塑料桶或罐头瓶等耐酸的容器，容器放在高于茄子植株生长点的位置，将配好的稀硫酸（1.2千克浓硫酸慢慢倒入4.8升水中，边倒边搅拌配成稀硫酸），分装于各个容器中；再按3千克稀硫酸液兑1千克碳酸氢铵的比例，将碳酸氢铵放入容器内，接上带小孔的塑

料管，将塑料管悬挂在温室中，即向温室中施放二氧化碳。

（6）**病虫害防治**　生育前期温度高，易发生蚜虫、红蜘蛛、棉铃虫等虫害；扣棚膜后室内低温多湿，易引起褐纹病、灰霉病及白粉病等病害。生产中要加强田间管理，及时喷药防治病虫害。

（二）多年生嫁接茄子栽培技术要点

1. 植株剪截　一般在 7 月份进行植株剪截。常用方法：一是四面斗茄子采收完后，在对茄以下 2 个一级分枝的上部，用修枝剪把一级分枝剪断，留下 Y 形老干。二是从茄秧茎部离地面 10～15 厘米处修剪，只留下主干。Y 形剪截比在主干基部剪截发枝多、发枝快，第一层果也较多。剪割时要保持切面为斜面，并注意不要在阴天及连雨天进行，最好在晴天上午剪割植株。剪完后可用 0.1% 高锰酸钾溶液涂抹伤口，防止病菌侵入。

2. 剪截后的管理

（1）**肥水管理**　剪截后正值雨季，要注意防雨排涝，防止棚室进水，以免造成涝害。前茬茄子经过几个月的生长，消耗了土壤中的大量养分，因此施足剪枝肥是获得再生栽培高产的关键。剪枝后，为了加速发出健壮新枝，要及时追肥浇水。茄子根扎得较深，表面施肥效果不佳，肥料要深施。剪枝后在行间开沟埋入肥料，也可在根附近扎眼或用追肥枪追肥，然后浇透水。每 667 米^2 追施腐熟人粪尿 3000～4000 千克，或三元复合肥 30 千克、饼肥 50 千克，或尿素 10～15 千克。新株现蕾时，施足肥料，每 667 米^2 可埯施三元复合肥 15～20 千克，或经发酵的饼肥 80～100 千克，施肥后浇水，促进新株生长。开花坐果期间不浇水、不追肥，尽量蹲苗。新枝大部分果实“瞪眼”时，每 667 米^2 追施尿素 10 千克、钾肥 10 千克，施肥后及时浇水。茄子开始采收时，每 667 米^2 随水施尿素 15 千克或粪肥 1000 千克，促秧促果生长。以后随外界和棚室内温度的下降，植株和果实生长渐慢，应减少浇水量和浇水次数。也可采用膜下滴灌，以降低棚室内湿度。

（2）植株调整 剪枝后约7天，即有幼芽萌发，并形成再生茄的新芽和嫩梢，此时整枝是茄子再生栽培成功的关键环节之一。新枝伸长10厘米左右时，选择2～4个健壮、长势好的作为新结果枝，其余的侧枝和腋芽要全部打掉，嫁接茄子还要及时除掉老干基部的野茄萌蘖，以后的整枝、摘叶、保花保果、病虫害防治等管理按常规茄子栽培进行。随着外界气温的逐渐下降要加强保温，白天温度保持25℃～28℃、夜间10℃～15℃及以上。以后的田间管理和剪枝方法与常规茄子栽培相同，这样通过多次周而复始的修剪和管理，即可达到多年生高产高效栽培。

十二、日光温室茄子一大茬栽培技术

茄子日光温室一大茬栽培是指日光温室内一次定植、周年生产、长期供应的栽培形式。市场供应期长达240～260天，每667米^{2}产量可达25000～30000千克。下述技术是基于辽宁省营口地区栽培经验的总结，各地在参考应用时可对播期进行适当调整。

（一）品种选择

茄子一大茬栽培于6月下旬至7月上旬播种，9月上中旬定植，翌年6月下旬至7月上旬拉秧。由于整个生长期经历夏、秋、冬、春四季，宜选择生长旺盛、丰产性好、抗逆性强、低温弱光条件下坐果率高、果实色泽正品质佳、无限生长型的品种。辽宁省的南部及东部地区喜欢紫长茄，主要栽培品种有布利塔、尼罗、东方长茄等。砧木品种可选用托鲁巴姆。

（二）育　苗

1. 苗床准备 苗床要选地势较高地块，要求雨后不存水。床土选用未种过蔬菜的肥沃田园土和优质腐熟农家肥，过筛后按7∶3的比例混匀。每平方米苗床用50%多菌灵可湿性粉剂8克掺细土混

匀，2/3 药土撒在苗床面上，1/3 覆盖在种子上面，用塑料薄膜闷盖 3 天后即可。

2. 浸种催芽　砧木种子浸种前晒种 1～2 天，再放入纱布袋中扎好口，用清水浸泡 48 小时，泡种过程中搓洗 2～3 次。接穗种子先在清水中浸泡 5～10 分钟，再用 50℃～55℃温水浸泡 10～15 分钟，当水温降至 30℃时再浸泡 5～6 小时。

砧木和接穗种子浸种后捞出用清水洗净，再用湿纱布或湿毛巾包好，先在 25℃～30℃条件下催芽 8 小时、再在 10℃～20℃条件下催芽 16 小时，交替进行变温催芽，每天注意淘洗翻动，5～6 天可出齐芽。

3. 播种　将催芽种子均匀撒播在苗床上，砧木托鲁巴姆种子拱土能力差，覆盖 2～3 毫米厚的药土，接穗种子覆盖 10 毫米厚的药土。苗床上面覆盖编织袋，再压浸过水的稻草保湿降温，出苗后撤除。当砧木苗子叶展平，心叶黄豆大小时播接穗种子。

4. 播种后嫁接前管理　苗期正值高温、多雨季节，播种后要注意遮阴、防雨、降温。茄子出苗适宜温度白天为 25℃～30℃、夜间 20℃～22℃，10 厘米地温 16℃～20℃。50% 出苗后要去除覆盖物，遇雨支起塑料棚防雨，使苗床见干，苗出齐后如苗床过干，可用 50% 多菌灵可湿性粉剂 600 倍液浇 1 遍。当砧木苗 2～3 片真叶时移栽到 10 厘米×10 厘米的营养钵内，按照同样标准移接穗苗到分苗床上。营养土配制及消毒方法同播种苗床，分苗后及时浇水，白天温度保持 25℃～30℃、夜间 20℃，秧苗正常生长后，注意降温防徒长。

5. 嫁接　当砧木长至 5～7 片真叶、接穗长至 4～6 片真叶时采用劈接法嫁接。具体方法：将砧木 3 片叶处半木质化位置用刀平切去掉头部，然后在茎中间上下垂直切入 1 厘米深切口；将接穗在 3 片叶处半木质化位置用刀削成楔形，楔形大小与砧木口相符。将接穗插入砧木后对齐，用嫁接夹固定好。

6. 嫁接后管理　嫁接茄苗用拱棚覆盖，嫁接后前 3～4 天白天

温度保持25℃～28℃、夜间20℃～22℃，用报纸或遮阳网全部遮光，空气相对湿度保持在95%以上。3～4天后逐渐见光、通风，降低温湿度。10天后去膜进入正常管理，管理过程中及时摘除砧木侧芽、黄花叶，剔除未成活苗，将大小苗分类管理，炼苗等待定植。

（三）定植前准备

1. 整地施肥 结合整地，每667米^{2}施优质农家肥15米^3、尿素25～30千克、磷酸二铵30～40千克、硫酸钾10千克。

2. 土壤消毒 定植前7～10天，每667米^{2}用50%多菌灵可湿性粉剂或50%甲基硫菌灵可湿性粉剂2千克掺干土拌匀后撒施进行消毒。

（四）定 植

嫁接苗长至5～6片真叶时定植。大行距110厘米，小行距50厘米，株距50厘米，每667米^{2}定植1 400～1 500株。定植时嫁接口要高出垄面3厘米，防止接穗受到土壤中病菌的侵染。定植后苗坨浇足水，水渗下后及时封土。采用滴灌的安装好滴灌管，在窄行的两垄间覆盖地膜。

（五）田间管理

1. 温度管理 由于定植时温度较高，定植后的1～2天中午要用草苫或遮阳网覆盖遮光，防止萎蔫。缓苗后至开花期白天温度保持26℃～30℃、夜间16℃～20℃。开花结果期白天温度控制在25℃～30℃、夜间15℃～18℃，最低不要低于10℃。10月下旬盖草苫，11月下旬盖纸被，翌年3月份以后加大通风量。

2. 光照管理 茄子生长对光照要求较高，严冬季节要张挂反光幕，改善光照条件；经常清洁膜面，提高透光率。在保证温度的前提下，要尽量早揭晚盖草苫，以增加日照时间。阴天、雪天要拉开草苫见光。

3. 肥水管理　采用窄行间膜下灌水（或滴灌），定植后3～5天浇1次缓苗水，然后进行蹲苗，一般在门茄坐果前不再浇水。开花前控制水分，初花期需水量增加要及时补水，盛花期及结果期可多次补水。前期温度高、蒸腾量大增加补水次数，严寒天气尽量少补水或不补水。门茄开始膨大时进行追肥，每667米^{2}可施三元复合肥25千克，结合追肥浇第一次水。门茄收获后浇第二次水，并追肥，以后每隔10天浇1次水，20天左右施1次肥（数量同上）。结果盛期要侧重于氮肥的施用，一般每667米^{2}可施尿素50千克或碳酸氢铵100千克，同时进行叶面施肥。生产中追肥、浇水主要看植株的生长状况来决定。

4. 植株调整　嫁接茄子生长势强，生长周期长，需及时整枝，改善通风透光状况。植株长至30～40厘米时用塑料绳或尼龙绳进行吊秧。采用双干整枝，门茄以上每个对茄下留1个侧枝，侧枝下各留1个茄子，其上面留1片叶摘心，当2条主干离棚膜30厘米或达到人举手高度时摘心。主干摘心后，在下部萌发的新枝上均留1个茄子、1片叶掐尖。在整个生长发育过程中，应及时摘除老叶、病叶，除掉砧木上萌发的侧芽。

5. 保花保果　为防止茄子落花落果，促进果实迅速膨大，需对茄花进行处理，一般在花朵开放一半时，在晴天的上午用防落素溶液喷或涂花柱头部位。

（六）采　收

茄子一般在开花后20～25天即可采收。门茄宜适当早摘，以免影响植株生长。从对茄开始应适时采收，即看萼片与果实连接处的环状带不明显或消失时，表明果实已停止生长即为采收适期。

十三、连作条件下日光温室番茄长季节栽培技术

当前，日光温室番茄一般连作时间为3～4年，有的长达10年

以上，造成土壤障碍愈来愈重，尤其根结线虫病严重发生，常导致减产30%～40%。虽然合理轮作能够克服由于蔬菜连作带来的部分土壤障碍，但因根结线虫病寄主范围广泛，几乎所有蔬菜都能遭其侵染，通过轮作不能从根本上彻底消除。为此，山东省德州市蔬菜办公室王庆福等在山东莘县、平原县、临淄区等番茄集中产区进行了一系列连作条件下日光温室番茄长季节无公害栽培的试验和研究，并不断引进新技术进行组装配套，形成了一套成熟的连作条件下日光温室番茄长季节高效栽培技术，可供各地种植者借鉴。

（一）日光温室改进

番茄长季节栽培要求日光温室墙体坚固厚实，采光角度合理，保温性能良好，室内空间大，因此以水泥立柱竹木结构或无立柱钢架结构日光温室为好。目前，生产中主要采用山东Ⅲ型、山东Ⅳ型、德州Ⅳ型日光温室，其主要结构参数见表4-2。

表4-2　适合番茄长季节栽培的日光温室结构参数

型　号	跨度（米）	前跨（米）	走道（米）	后墙高（米）	脊高（米）	采光屋面角度（°）	后屋面角度（°）
山东Ⅲ型	9	7.7	1.3	2.3～2.5	3.6～3.7	25.1～25.7	45～47
山东Ⅳ型	10	8.6	1.4	2.4～2.5	3.8～4.0	23.8～24.9	45～47
德州Ⅳ型	11～12	9.5～10.5	1.5	3.0～3.5	4.5～5.0	25.3～25.5	45

在温室后墙上，离室外地面高度1米处，每间（3米）挖1个60厘米×80厘米的通风窗，深冬用塑料编织袋装草或麦秸堵上，内外用麦秸泥抹严；高温季节先从外面把泥去掉，露出草袋后再固定防虫网，然后从温室内撤出草袋通风。

扣膜前，在日光温室前沿底脚、后坡屋脊处沿温室东西延长方向设置幅宽1～1.5米的60目尼龙防虫网，温室出入口及其他通风口处也要设置防虫网。

透明覆盖材料宜选用聚氯乙烯长寿无滴膜或 EVA 多功能复合膜，不透明覆盖物选用厚度 5 厘米以上的草苫或保温被。为提高保温效果和防止草苫被雨雪淋湿，深冬季节应在草苫外加盖一层上年撤下的旧棚膜。盛夏季节撤除草苫，在温室棚膜外加盖透光率 30%～40% 的银灰色塑料遮阳网，进行防雨越夏栽培。有条件的可以安装电动卷帘设备。

（二）品种选择

连作条件下长季节栽培的番茄，应选用植株生长势强、耐寒耐热性能好、在结果后期果实不显著变小、高抗根结线虫病的无限生长型品种。经过近几年的栽培实践表明，以色列尼瑞特种业有限公司生产的耐莫尼塔品种表现最好。

（三）培育壮苗

在番茄集中产区，一般由番茄产销合作组织委托育苗中心进行工厂化育苗，既可保证秧苗质量，又可降低育苗过程中因天气不适和管理不当而造成的损失。无工厂化育苗条件时，可自行育苗。

1. 播种前准备

（1）营养土配制　选用土质肥沃、无病虫源且未施用过除草剂的大田土壤，与腐熟的优质农家肥按 6∶4 的比例配制，混合均匀。每立方米营养土中加圣雨 FOB 生物有机肥 5 千克或硫酸钾型复合肥 1 千克、烘干消毒鸡粪 5 千克，充分混匀后装入直径 10 厘米的塑料营养钵内，装土量以离钵口 1 厘米为宜。也可以采用 3 份草灰 +1 份蛭石 +1 份珍珠岩 + 少量腐熟过筛鸡粪（约占总体积的 1/15）+ 少量硫酸钾型复合肥（约占总体积的 1/200）的育苗基质。如不采用营养钵育苗，将配制好的营养土均匀铺撒于苗床上，厚度 10 厘米为宜。

（2）做苗床　苗床应建在地势高燥、排灌方便、利于管理、方便秧苗运输的大田地块。按照种植计划准备足够的苗床，一般每栽培667米^{2}需苗床20米^2，其中播种床2米^2。每平方米播种床用40%甲醛30～50毫升加水3升喷洒床土，用塑料薄膜闷盖3天，揭膜待气味散尽后即可播种。

2. 播种时间　为使开花坐果期避开高温季节，且元旦、春节期间有产品批量上市供应，播种时间应在7月中旬至8月上旬。

3. 播种方法　播种前苗床浇足底水，湿润至床土深10厘米。水渗下后用营养土薄撒一层，找平床面，然后均匀撒播干籽（包衣种子，播前不需处理）。播后覆盖营养土0.8～1厘米厚，每平方米苗床再用50%多菌灵可湿性粉剂8克，拌上细土均匀薄撒于床面上，以防治猝倒病。播种后床面覆盖一层湿草苫或遮阳网，再搭建宽出苗床50厘米、高80～100厘米的小拱棚，小拱棚上加盖60目白色尼龙防虫网，防止虫害发生。70%幼苗顶土时撤除床面覆盖物。育苗期间正值高温季节，应在防虫网外再加盖遮阳网，同时备好完整防雨膜随时准备覆盖防雨，防雨膜宽度以覆盖后雨水能通过防雨膜边缘流到育苗床外为宜。

4. 苗期管理　出苗后及时通风降温，苗床白天温度控制在25℃～30℃、夜间15℃～18℃。幼苗2叶1心时，苗床育苗的要分苗，分苗前浇足分苗水，尽量带完整土坨分苗，以不伤害或少伤害根系，利于缓苗。分苗后结合防病喷施75%百菌清可湿性粉剂1000倍液，或70%代森锰锌可湿性粉剂500倍液。缓苗后，加大昼夜温差，白天温度保持25℃～28℃、夜间15℃～16℃，促进根系进一步发育。第三片真叶展开、第四片真叶长出后，适当浇水并喷洒1遍0.2%磷酸二氢钾溶液，促进花芽分化。第五片真叶展开后，逐步撤掉遮阳网，适当控制水炼苗。苗期如出现徒长苗头，及时喷施低浓度甲哌鎓加以控制。

5. 壮苗指标　幼苗5叶1心、叶片浓绿、茎粗0.4～0.5厘米、节间较短、株高15～20厘米、苗龄25～30天，为番茄壮苗。

（四）定　植

1. 定植前准备

（1）高温闷棚　定植前30天左右，实施高温闷棚。利用麦秸、玉米秸等农作物秸秆，铡碎后与鸡粪等有机肥、石灰氮混合后均匀撒施于土壤表面，翻混入土后密闭棚室进行高温闷棚。通过高温闷棚，能够有效消灭致病微生物及部分地下害虫，还可培肥地力、克服土壤连作障碍。

（2）建外置式秸秆生物反应堆　日光温室番茄应用秸秆生物反应堆，不仅可以补充温室内二氧化碳（CO_2）气体的不足，而且可以增温降湿，减少病害发生。秸秆生物反应堆，分外置式、内置式和内外结合式3种。实践证明，日光温室番茄以外置式、行间（即走道）内置式为好。其中，外置式秸秆生物反应堆需要占据温室一定空间，要于整地施肥前建好。

（3）施基肥　定植前3～5天，先按表4-3推荐基肥用量的70%均匀撒施于土壤表面，然后深翻25～30厘米。在生产中不允许使用城市垃圾、污泥、工业废渣和未经无害化处理的有机肥，一般不使用未腐熟的有机肥。

（4）起垄做畦　以140厘米为1带，起垄做成畦面宽80厘米、畦间走道下底宽40厘米、畦高15～20厘米、中间略高两边稍低的高畦。在畦间走道上施肥，可将剩余的30%基肥，或每667米^{2}另施生物有机肥100～200千克、三元复合肥15～30千克，均匀分撒在各条走道上，土肥混匀后，把走道上的土挖向两边做成畦。在畦面上铺设1～2条塑料滴灌软管，也可以在畦中间开挖深10厘米、宽20～25厘米的水沟。

表 4-3　番茄日光温室栽培每 667 米^2 基肥种类及用量

土　质	腐熟圈肥（米^3）	干鸡粪（米^3）	尿　素（千克）	磷酸二铵（千克）	硫酸钾（千克）	硫酸锌（千克）	硼　砂（千克）
沙壤土 – 中壤土	5	3～5	70～80	80～90	50～60	1～1.5	0.5
重壤土 – 黏壤土	4	3	80～90	100～120	50～70	1～1.5	0.5

2. 定植方法　定植时应保证营养土坨完好不破碎，否则易损伤根系。定植不宜过深，以土坨上平面与畦面相平为宜。定植时，每畦 2 行，行距 60 厘米，株距 40 厘米，实行三角形栽植法，每 667 米^2 定植 2300～2400 株。为缩短节间，降低坐果部位，便于长季节栽培，定植时每 667 米^2 施用矮壮素 1 千克，与 30 倍细土混匀后，施入定植穴中并与土层混合，然后放苗坨定植。

（五）定植后管理

1. 环境调控

（1）温度调控　各生育阶段的温度管理指标不同。定植后的缓苗期温度较高，白天温度保持 28℃～30℃、夜间 18℃～20℃，可通过加盖遮阳网、通风等措施，防止温度超过 35℃，但注意定植后的 3 天不通风。蹲苗期至开花结果期前，白天温度保持 25℃～28℃、夜间 15℃～16℃。结果期温度保持白天 25℃～30℃、夜间 12℃～13℃，最低 8℃。深冬季节遇特殊天气用电热线临时加温，盛夏季节通过遮阳网、通风等措施调节温度。

（2）光照调控　光照调控与温湿度调控结合进行。在冬春低温弱光条件下，选用采光屋面角度好的温室，采用透光性好的透明覆盖材料，并经常擦拭棚膜，保持膜面清洁，白天适当早揭晚盖草苫，日光温室后墙上张挂反光幕，并通过吊蔓调整植株高度避免互相遮光，以尽量增加光照强度和时间。夏秋季节利用遮阳网减少光线透入量，遮阳网覆盖时间为晴天的上午 11 时至下午 3 时，原则

上掌握注意晴天盖、阴雨天揭开不盖，高温时段盖、其他时间揭开不盖。

（3）湿度调控　根据番茄不同生育阶段对湿度的要求和控制病害的需要，最佳空气相对湿度指标：缓苗期80%～90%、开花坐果期60%～70%、结果期50%～60%。生产上常通过全温室地面覆盖、膜下暗灌或滴灌、通风散湿等措施，尽可能把日光温室内的湿度控制在最佳指标范围内。一般在10月份后，随着气温的下降，将地面用地膜全部盖严。在封盖之前，先对地面进行划锄松土，对畦面、垄沟进行修整，以达到盖膜后能在膜下浇水的目的。所用地膜应适当偏厚，厚度在0.008毫米以上。盖膜时将截好的地膜顺成一绺，在畦面上两行番茄之间的小垄上南北向拉直，然后展开，在植株根茎部用剪刀开一切口，围绕植株根茎东西南北向拉平并将剪口处合并压入走道内。

（4）二氧化碳调节　冬春季节增施CO_2气肥，可以弥补低温弱光对番茄光合作用的抑制，提高抗病虫能力和产量。虽然增施有机肥可以显著增加日光温室内CO_2浓度，但冬春季节日光温室通风量较小，为降低室内相对湿度，又常常进行全地面地膜覆盖，致使番茄不能利用土壤释放的CO_2。增施CO_2气肥，可以通过建立秸秆生物反应堆实现，也可以通过化学反应法实现。化学反应法：将70%硫酸盛放在大口塑料桶内，硫酸液面应与桶口相距20厘米以上，每间（3米）放1只盛硫酸的塑料桶。在温室外把碳酸氢铵用塑料袋分装好，要求包装严密，不挥发氨气，并系以石块等重物。每次碳酸氢铵的用量按温室的体积推算，一般为5克/米^3，按此计算出碳酸氢铵总量后再平均分摊到每只反应桶上，每桶1包。晴天上午8～10时，从远离温室门口的一端开始向近门的一端逐桶推进，将盛放碳酸氢铵的塑料袋投入硫酸中，将木棒一头绑以粗钢针等尖物，先用无尖物的一端将盛碳酸氢铵的包装袋下压使其沉底，然后用带尖的一头将塑料袋扎3～5个孔，即能产生CO_2。要保证温室处于密闭状态，不能通风和开门。当反应桶中投入碳酸氢铵不再有气泡产生时，证明硫酸已反应彻底，将桶提至室外，捞出碳酸氢铵再加一层包装袋密封，反应液集中收存，待浇水时再随水冲施。

2. 肥水管理

（1）结果前（蹲苗期）管理 定植后先浇1次定植水，要浇足浇透，水渗后进行多次划锄中耕，始终保持土壤疏松，便于根系快速生长。缓苗后至结果，适当控制肥水供应，以划锄中耕为主，以便控制秧苗高度，增加根系分布深度、广度和数量，形成优质的花芽，为丰产打下良好的基础。因各种原因特别是施用矮壮素不当影响番茄生长时，可在沟内适当浇水和追肥，但水不能浇至根茎处，否则易出现烂茎现象。浇水后要及时划锄松土。

（2）结果期管理 一般情况下，当第一穗果坐住并有核桃大小、第三花序开花时开始浇水追肥，随水冲施已溶解好的含微量元素的双微有机肥、硫酸钾型复合肥、磷酸二铵、硝酸钾等。硝酸钙及微量元素肥料，最好结合防治病虫害喷药时叶面喷施。结果前期，由于基肥较足，可只浇水不施肥或少施肥。严寒的冬季应浇小水，30天左右浇1次。夏秋季节，15～20天浇1次水，并随水冲施上述肥料中的一种。每667米^{2}每次追肥的用量前期及冬季为10～15千克，中后期为30～60千克。原则上掌握前期少，中后期逐渐增多，要特别注意后期钾肥的施用。

3. 植株调整 植株调整可以改善日光温室通风透光条件，降低温室内湿度，提高植株群体光合作用能力，预防病害发生。可采用吊蔓栽培、单干延伸整枝法，当植株转入旺盛生长时及时吊蔓，防止倒伏。

吊蔓时要注意以下五点：一是自北向南每隔2米左右东西向拉1根距棚膜30厘米左右的粗铁丝，然后再在其上南北向顺番茄行拉拴吊绳的铁丝。二是所用吊绳必须选择抗老化的聚乙烯高强度塑料线批，以保证全生育期不老化。三是要将线批直接剪段使用，不可再分批后剪段使用，以免吊绳经不起负荷而折断形成倒架，造成不必要的损失。四是吊绳的下端用活扣系在茎秆上，以便将来落蔓时

重新吊蔓。五是通过吊蔓调整植株生长点高度，应南低北高逐渐倾斜，南北两端相差20厘米左右。

所谓单干延伸整枝法，就是从留第一穗果开始一直到拔秧所有果穗都着生在主茎上，让主茎单轴向上延伸。随着植株的向上生长，要不断地将分杈及时去掉，以保证主茎的顶端优势，避免分杈与主茎争夺养分。

当底穗果采收完后及时去掉老叶，将主茎基部向下盘，保证未熟果有一定的生长空间和方便管理。整枝、去老叶时，腰间可扎一布袋，将打下的枝杈、老叶装入布袋，带出温室进行无害化处理。

单干延伸整枝法操作简单，花芽形成质量较好，果实形状和品质都较好。其缺点是茎秧需要下盘，比较费工费时。一般先采收果实后盘秧，可在行与行或株与株之间交换位置盘秧，防止下盘的茎秧折断。

4. 保花保果与疏花疏果　为加快果实生长发育，促进果实膨大，确保冬春季节番茄坐果率，生产上常用防落素或北京农林科学院研制生产的保果宁蘸花或喷花。不管是采用防落素还是保果宁，均要严格掌握浓度，晴天温度高时使用较低浓度，阴天温度低时适当增加浓度。应用保果宁的常规浓度为每包药兑水1.5升，先用少量热水将药粉化开，再逐渐加水至需要量。将兑好的保果宁装入大口罐头瓶或单手小喷雾器中，当每穗花序上有3朵以上花朵达到盛开标准时，将整个花序全部淹没在保果宁溶液中蘸一下即可。喷花时，一手将花序用手指夹起，一手对准花序喷洒药液，喷药量以雾滴布满花朵而又不下滴为度。喷药时用手挡住叶片，尽量不喷在叶片上，更忌喷在生长点上。蘸花或喷花以晴天上午进行效果最好。每一花序只蘸花或喷花1次，不许重复或多次使用。为便于区分，可以在配药液时加入少许红墨水，使配好的药液呈红色。

根据植株长势，适当留果。长势强、植株健壮，第一穗可留3～4个果，第二穗留4～5个，第三穗及之后可留5～6个；长势弱的植株，第一穗、第二穗尽量少留果，甚至不留果，促使植株尽快健壮。夏秋季节坐果较多时，要及时疏花疏果，特别是要及时疏去小果、僵果、病果和畸形果，按留果计划保留每穗果的结果数。

（六）采收及清洁田园

1. 采收 及时采收，减轻植株负担，以确保商品果品质，促进后期果实膨大。当果实充分成熟时，根据用户需要，整穗采收或带花萼采收。整穗采收者，要等一穗上所有果实都充分成熟时再剪下，轻拿轻放，防止脱果；带花萼采收者，要等某一果实充分成熟时，用剪刀连同果柄一起剪下，然后再将果柄长度剪短到凹于果肩处，防止在运输过程中划破果皮。

2. 清洁田园 及时将温室及周边残枝败叶和杂草清理干净，集中进行无害化处理，以保持田园清洁。特别要注意整枝打杈、去叶盘秧及拔秧后的田园清洁工作。

十四、胡萝卜早春大棚及春露地栽培技术

（一）品种选择

胡萝卜早春大棚种植及春露地反季节栽培必须选用高产、优质、早熟、耐寒性与抗抽薹性强的品种。北京市农林科学院蔬菜研究中心胡萝卜课题组是国内最早开展研究春播杂交胡萝卜的单位，在原先推广红芯系列胡萝卜杂交种的基础上，又新推出了抗抽薹、颜色三红、高产、优质的新一代红芯系列杂交胡萝卜品种，即春早红芯、四季红芯、超级红芯及红芯七寸等品种。

（二）土壤选择与整地施肥

1. 土壤选择 从胡萝卜的品质要求考虑需选择土壤环境好、无污染的区域；从胡萝卜的生长发育习性和生长条件来考虑，它属根菜类蔬菜，其肉质根的大小、品质与土壤的质地关系密切。因此，

要选择在土壤肥沃深厚、质地疏松、有机质含量高、排水良好的壤土或沙质壤土上种植；如果在质地较黏重的土壤上种植，需要增加农家肥的用量，或在翻耕时施入一定量的草木灰。

2. 整地施肥　红芯系列杂交胡萝卜产量高，肉质根长达20厘米以上，因此翻耕深度掌握在25～30厘米，最好于冬前深翻，播种前结合施基肥再翻耕1次。胡萝卜施肥应以基肥为主、追肥为辅，基肥用量为每667米^{2}施充分腐熟农家肥3 000～4 000千克、三元复合肥50千克、钙镁磷肥50千克、硫酸钾25千克，要求均匀地施入距表土6厘米以下土层。播种前要对翻耕的土壤进行纵横细耙2～3遍，耙细整平后晒土。北京地区早春大棚种植最好采用平畦栽培，畦宽1～1.5米，每畦种植3～5行，行株距为25～30厘米×13～15厘米；春露地反季节平畦栽培，畦宽2～3米，每畦种植6～10行，行株距为25～30厘米×13～15厘米。

（三）播种时期与播种方法

1. 播种时期　胡萝卜属半耐寒性及长日照型蔬菜，温度在4℃以上种子即可萌动发芽。根据北京地区的气候条件，胡萝卜早春大棚种植可在2月份至3月上旬种植，春露地反季节栽培在3月中旬至4月上旬种植，延庆等长城以北地区则在4月下旬以后种植。在选择适宜品种的前提下，提早播种可以尽早提前上市。春早红芯、四季红芯、超级红芯、红芯七寸等抗抽薹性强的品种，均可在早春大棚与春露地反季节种植。

2. 浸种催芽　胡萝卜种子发芽率一般在70%左右，露地播种常因缺苗而影响产量。早春大棚与春露地反季节栽培，播种时温度低且发芽缓慢，故采用简单实用的浸种催芽法较好。方法是将脱毛的净籽用50℃温水烫种10分钟，再在30℃温水中继续浸种3～4小时，沥干水后装入纱布袋中，在25℃条件下保湿催芽，约36小时种子即可露白，有10%～20%的种子露白时即可播种。在催芽期间每隔12小时用30℃温水浸洗1次，以增加袋中氧气，防止有机酸、微生物等有害物质的形成。

3. 播种方法与播种量 胡萝卜播种有条播和撒播两种方法，早春大棚与春露地反季节种植采用条播方法为宜，有利于栽培管理。每667米^{2}播种脱毛净籽300～350克，采用撒播的则为500克。播种时将已有10%～20%露白的种子均匀地拌入适量细沙土中，有利于均苗，一般所拌细沙土与露白种子的比例为2∶1。采用条播方式，先按25～30厘米行距开深1～2厘米的播种沟，播种后覆盖厚1厘米的细沙土或焦泥土盖种，然后镇压踏实浇水；采用撒播方式，播种后用尖齿耙来回耙几次，深及2厘米，然后镇压踏实浇水。最后畦面覆盖地膜或少量玉米秸或麦秸保温。浇水3～5天后地面稍干，喷施150毫升50%丁草胺乳油700倍液除草。

（四）田间管理

1. 出苗前后的管理 胡萝卜适宜的出苗温度为18℃～22℃，北京地区2～3月份温度较低，因此早春大棚种植出苗前要保温促早苗、齐苗，一般播后15～20天即可齐苗。齐苗后遇温暖的晴天，白天可适度揭膜通风，防止形成徒长苗或高温引起烧苗。春露地反季节种植出苗后也要及时划破地膜或除去覆盖的玉米或小麦秸秆。

2. 间苗与除草 胡萝卜3～4片真叶期进行第一次间苗，去除弱苗、过密苗、畸形苗；5～6片真叶期进行第二次间苗，随即定苗。结合间苗拔除杂草，如果单子叶杂草较多，可每667米^{2}用10.8%高效氟吡甲禾灵乳油20毫升兑水20升喷雾除草。

3. 保温与通风 北京地区在3月份以前，外界气温较低，应以中耕保墒、保温增温为主，四周棚膜应晚揭早盖，以后逐渐早揭晚盖，尽量延长光照时间提高昼温。进入4月份后，气温回升较快，须加强通风换气，保证棚内温度不超过30℃。4月下旬外界气温稳定升高以后，需要揭除大棚膜，让其露地生长，以利光照充足，积累更多的同化物质，促使肉质根迅速膨大。

4. 中耕与培土 胡萝卜生长过程中需中耕保墒，可在每次间

苗、定苗、浇水施肥后适时进行中耕。由于胡萝卜须根主要分布于6～10厘米土层中，故中耕不宜过深。中耕后适当培土，最后1次培土时将细土培至根头，防止肉质根根头膨大后顶出地面变成绿色，形成绿肩萝卜而降低品质。

5. 肥水管理　胡萝卜苗期需水量不大，不宜浇水过多，应深锄蹲苗，促进主根下伸和须根发展，并抑制叶片徒长。幼苗3～4片真叶时，结合浇水每667米^{2}追施硫酸钾型复合肥15千克。5～6片真叶定苗时，结合浇水每667米^{2}追施磷酸二铵15千克、硫酸钾型复合肥3～4千克。在胡萝卜肉质根明显膨大期即8叶期，充分浇水，始终保持土壤湿润，结合浇水每667米^{2}追施磷酸二铵15千克、硫酸钾复合肥5千克。生产中应注意肥水均匀，防止裂根。如遇地上部分生长过盛，可喷施20毫克/千克多效唑溶液1～2次，间隔时间10天。

（五）采　收

春种胡萝卜收获可根据市场价值以及肉质根大小分批采收，一般在6月中下旬高温来临之前采收完毕，避免高温对胡萝卜品质的影响。也可短期预冷，贮于0℃～3℃冷库中随时供应上市。

（六）病虫害防治

3月份是早春大棚春季地下害虫危害的主要时期，易造成严重缺苗。害虫发生时可用50%辛硫磷乳油1000倍液局部喷施。4～5月份要注意蚜虫危害，发生时可用10%吡虫啉可湿性粉剂4000倍液喷施防治。生长中后期多年重茬地遇温暖多雨天气易发生黑斑病和叶枯病，并且两种病害容易混发，从而导致地上部叶片大面积干枯死亡，从而使胡萝卜肉质根膨大受阻，产量大幅度下降；预防这两种胡萝卜病害，可在定苗后喷施75%百菌清可湿性粉剂600倍液，或50%异菌脲可湿性粉剂1500倍液，病情较重时每隔7～10天喷1次，连续喷3～4次。

第五章 肥水管理技术

一、内置式秸秆反应堆建造及蔬菜定植方法

秸秆反应堆是一种日光温室低温季节栽培的新型辅助设施，主要用于栽培越冬茬蔬菜的温室中。有内置式和外置式两种应用方式，其中内置式秸秆反应堆是在畦下铺玉米秸并掺入菌肥，玉米秸在缓慢的分解过程中，既能提高地温、释放营养，又能改善土壤理化性质，使用1年以后，温室土壤即表现得十分松软。

（一）内置式秸秆反应堆建造

1. 施肥　每年越冬茬蔬菜定植前建造秸秆反应堆，建造前在温室地面普施有机肥，将有机肥撒于温室地面，肥料用量很大，有的菜农在140米长的温室中施入30车（四轮拖拉机）有机肥，同时施磷酸二铵50千克，然后用小型旋耕机翻耕，使肥土混匀。建造温室时，在温室靠近道路的一端，将两个拱架做成活动的，以便拆卸，或将1个拱杆短截，相邻两拱杆之间焊接成横梁，留出出入口，以便小型农用机械进入温室，降低劳动强度。

2. 挖沟　在预定的栽培行上放线，按线挖沟。找两根长140厘米的竹竿，在两根竹竿上绑两根与温室栽培畦等长的线绳，一条绑在竹竿顶端，另一条绑在距此端50厘米处，两条绳的另一端分别绑在另一根竹竿的对应位置。两人各持一根竹竿，站在栽培畦南

北两头，将线绳拉紧，并用木橛固定或用砖头压住。在两条线绳之间的位置挖沟，这样沟宽为50厘米，沟间距为90厘米，沟深为20～25厘米，挖出的土堆放在两沟之间的地面上，将来玉米秸就铺在此沟中。

3. 铺玉米秸　一个300米^{2}的温室大约需1000米^{2}大田所产的玉米秸。铺设时，打开温室前部通风口，将成捆的玉米秸从通风口运入温室，顺行放入沟中，玉米秸捆的直径约30厘米，每两捆或多捆顺行并排摆放，用脚踩踏适度压实，使之与沟口原来的地面平齐。

4. 撒菌肥　玉米秸上撒菌肥，每千克菌肥掺入30千克麦麸，加适量水搅拌至撒施时不随风飞溅为止，不计麦麸重量每沟约需纯菌肥150克。边撒菌种边用铁锹敲击、拍打玉米秸，使混有麦麸的菌肥进入玉米秸秆间隙。菌肥黏性很强，如果不及时敲击，很容易黏在表层玉米秸上，而下层玉米秸不能接触菌肥，以免影响反应堆发挥应有的效果。

5. 埋土浇水　操作者站在玉米秸上，用铁锹从沟的两个侧壁上方堆放的土壤上切土覆盖玉米秸，覆土厚度约10厘米。为便于浇水，要注意保留畦埂，不要将所有的土都覆盖到玉米秸上。然后用脚踩踏，将所覆盖在玉米秸上的土壤压实。顺沟浇水，使玉米秸充分吸水，并让菌肥均匀地附着在玉米秸上，以利玉米秸缓慢地分解。

6. 做高畦　浇水的第二天，水完全渗下，再从沟两侧畦埂处取土，将所有从沟中挖出的土壤都堆到埋了玉米秸的沟上；如果土壤不够，在取土至原来的地面后还要再向下挖土，在玉米秸的正上方，堆成高20～25厘米、宽90厘米的高畦。这样，原来为铺设玉米秸而挖沟的位置就变成了高畦，而堆放挖出土壤的位置则变成了沟状的田间操作通道，这一点一定要搞清楚。然后用钉耙打碎高畦上的土坷垃，耙平畦面。

（二）起垄覆膜

1. 做双高垄　在高畦基础上再做双高垄。操作者站在高畦中

央，用长柄窄头的平锹从高畦中央铲土堆向两边，形成两条垄。使用窄头平锹可以保证双高垄之间的浇水暗沟不至于过宽。

2. 浇水找平 向铲出来的沟中浇水。浇水的目的是利用水的水平性让做出的双高垄呈水平状态，不至于北高南低或南高北低。在浇水的同时，两名操作者分别立于双高垄两侧的行间操作通道中，用钉耙根据水面的位置修整垄面，即使水迅速下渗，也会在水沟的内壁留下水面位置的痕迹，操作者还可以根据这一痕迹修整。经过修整以后，在栽培期间浇水时就不会出现垄沟局部积水或局部干旱的极端现象了。

3. 覆盖黑色地膜 由于玉米秸分解会释放大量热量，地温完全有保障。在秸秆反应堆上覆盖地膜的目的主要是防除杂草和保持土壤水分，抑制土壤水分蒸发，降低空气湿度，因此黑色地膜比透明地膜更适合。地膜两边用土块轻轻压住即可，温室内没有风，不必开沟深埋，这样还有利于秸秆分解产生的二氧化碳气体的释放。最后，将地膜从有卷轴的一端切断。

（三）定植方法

选晴天上午定植，用自制打孔器打定植孔。打孔器前端与营养钵外形一致，下口细、上口粗，只是没有营养钵那样的底，这样打出的定植穴形状就能与幼苗所带的土坨完全吻合，定植后基本不用再填土，苗坨不高不矮、严丝合缝地被安放到定植穴中。注意不能把打孔器做成上下一般粗细的铁筒，否则定植后土坨与土壤之间有空隙，需要填土并浇 2 次水，才能让幼苗根系与栽培田土壤弥合。一条地膜下的双高垄由两条垄组成，在每条垄的垄背上打孔，间距 25 厘米，打孔深度以土面与打孔器上沿平齐为准，保证定植后幼苗土坨表面与垄面相平，不能过深，也不宜过浅。

打孔后，把瓜类、茄果类蔬菜幼苗摆放到定植穴旁边，每穴摆放一株。然后用水壶按穴浇水，水一定要浇足，然后趁水尚未完全渗下，迅速栽苗。左手面向营养钵表面，手指夹住幼苗基部，倒扣营养钵；右手摘除营养钵，将幼苗带土坨取出，安放到定植穴内。水下渗的过程中，土坨会与双高垄土壤紧密结合在一起。定植的深度以苗坨与垄面相平为宜，不宜过深，并注意不要弄散土坨。定植时要注意，垄间两行要交错定植。定植后的第二天，从行间抓土将苗坨与土壤、薄膜之间的空隙封严，注意不要在苗坨表面即植株茎基部培土，以保持茎基部的相对干燥状态，预防病害发生。定植后观察，会发现双高垄竟有 25～30 厘米高，不过没有关系，随着垄下玉米秸秆的逐渐分解消耗，高垄会逐渐下沉。

二、外置式秸秆反应堆二氧化碳施肥技术

用外置式秸秆反应堆产生二氧化碳的施肥方法是近年出现的一种新兴的二氧化碳施肥技术，与前面介绍的内置式秸秆反应堆的原理一样，是利用玉米秸等作物秸秆在分解过程中产生二氧化碳的方法进行气体施肥，由于施用了生物菌肥，秸秆的分解过程是缓慢而可控的。产生的二氧化碳能增强光合作用，同时产生的热量可以提高棚温 3℃～4℃。

（一）外置式秸秆反应堆的制作

1. 挖储气池 秸秆反应堆要在瓜类或茄果类蔬菜进入结果期前建好，位置选在温室进口附近的靠近侧墙的位置，距侧墙 60 厘米。先挖一个马槽形的沟，称为储气池（又称秸秆速腐池），储气池口大底小，上口宽 120 厘米，底部宽 40 厘米，南北走向，长度略短于温室宽度。储气池底部呈由南向北倾斜的坡面，北部深 80 厘米，南部深 40 厘米，将来能让秸秆的渗出液自然地流到北部池底（图 5-1）。先定位放线，按预定的规格确定池宽、池长，在池的四角插上小木棍定位，然后拉线或划线。再挖土，将挖出的土堆在池的四周，并踩踏结实。先挖中间，后挖四周，最后再用铁锹将池壁切削整齐，形成口大底小的槽形储气池。

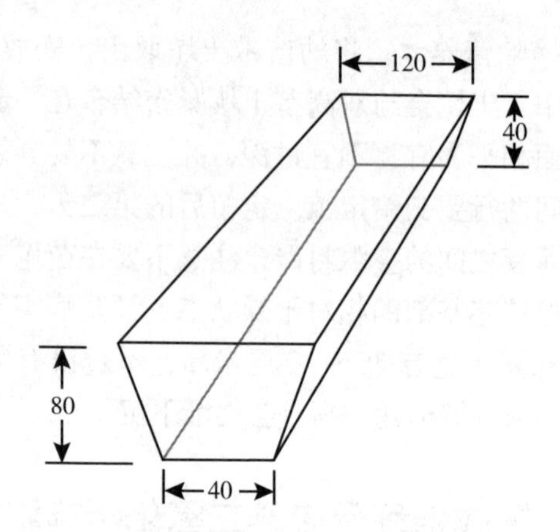

图 5-1 储气池规格示意图 （单位：厘米）

2. 铺薄膜 挖到预定规格后，在池内铺一块从温室上卸下的废旧塑料薄膜，铺于池底面、池壁及池的边缘，以防止秸秆渗出液的渗漏。薄膜边缘用砖头或石块压住，以免滑入池内。

3. 搭横梁 在储气池口每隔 30～40 厘米搭一道横梁，以不易腐朽的水泥柱作横梁为宜（木质横梁容易腐朽，只能使用 1 年）。横梁的作用是将玉米秸撑起来，让储气池成为一个能够积存二氧化碳的空间。

4. 安装排风扇 排风扇的作用是将储气池中积存的二氧化碳气体抽送到输气管中。排风扇应安装在储气池中部靠近蔬菜栽培行一侧的地面上，两侧用砖垒成防护矮框，矮框中安放排风扇，上面用木板、木棍搭横梁或覆盖水泥板，用以保护排风扇。然后用草泥封堵排风扇与防护矮框之间的空隙，防止漏气。

5. 覆盖隔离层 在储气池的横梁上覆盖隔离层，用以承接玉米秸秆的碎屑，隔离层的材料是纱网，也可以用旧窗纱或旧蚊帐代替。排风扇上也要覆盖塑料薄膜，防止进水。

6. 铺玉米秸 一切准备好后，就可以向储气池上铺玉米秸了。先在储气池一侧铺一道废旧的塑料薄膜，当玉米秸堆好后要用这一薄膜覆盖、包严。从温室前部揭开薄膜，运入玉米秸，成捆铺在储气池上，第一层纵向铺设、第二层横向铺设、第三层再纵向铺设，如此一层一层往上垛。3 层玉米秸垛的厚度约 40 厘米，用脚踩踏结实，并修整垛的边缘，折断伸出垛外的秸秆。

7. 撒菌种　秸秆反应堆所用菌种的作用是延缓玉米秸秆的分解速度，而不是促进玉米秸分解。如果没有菌种，玉米秸秆会迅速分解，集中放出热量和二氧化碳，起不到持续气体施肥的作用，甚至会造成危害。每 3 层玉米秸撒一层菌种，每层菌种用量为 300 克、加 2.5 千克麦麸、加水拌匀，然后均匀地撒在玉米秸上。用铁锹敲打玉米秸，将菌种振落到缝隙中，以便发挥作用。

8. 钉木桩　在玉米秸垛边缘的薄膜外侧钉木桩，以保证垛的稳定。

9. 覆盖薄膜　每铺设 40 厘米厚的玉米秸撒一层菌种，当玉米秸垛高 2 米左右时，用抽水机向垛上淋水，把玉米秸浇透，然后覆盖薄膜，将垛包住。

10. 铺设输气管　输气管由塑料薄膜制成，市场有现成的商品出售，也可以用塑料薄膜熨烫自制，撑开后输气管直径 40～50 厘米。把输气管铺在蔬菜吊架的拉线之上，东西方向延伸，与温室等长。首部连接排风扇，末端用绳子扎紧。开动排风扇，就能将积存在储气池中的二氧化碳抽入输气管。在开启排风扇的状态下，用点燃的蚊香或香烟在输气管下部每隔 50 厘米烫 1 个直径 1 厘米左右的出气孔，这样二氧化碳就会源源不断地被输送到整个温室中。

（二）外置式秸秆反应堆的应用

建堆后，前 10 天内可用储气（液）池中的水循环向反应堆淋水 2～3 次，以后可用井水补充，每隔 7～8 天向反应堆补 1 次水。在使用过程中，由于玉米秸会不断地分解消耗，秸秆反应堆会变得越来越矮小，在秸秆消耗 60% 左右时，需要在垛上再铺玉米秸、撒菌种、浇水。整个生长季节，需要铺玉米秸 3～4 次。玉米秸除分解产生二氧化碳和热量外，积存于储气池中的渗出液也可作为肥料使用，可以用水泵从储气池北端将其抽出来或用瓢舀出来，随灌溉水施入蔬菜栽培畦。从结果开始，每天上午从日出 1 小时后开始，开启排风扇，抽气进行气体施肥，时间为 2 个小时，天天如此，连续施肥效果明显。

三、微灌技术

在温室蔬菜浇水时，菜农多采用大水漫灌，存在着用水量大、病害严重、降低室温和蔬菜品质差等问题，而应用微灌技术（滴灌或微喷）能够有效克服这些弊端，还可使室内空气相对湿度降低 20% 左右；使用微灌几乎不会引起地温下降，有利于作物生长；微灌浇水还可结合施肥，把肥料直接送到作物根部，提高肥料的利用率；降低室内湿度，可以大大地减少蔬菜病虫害；微灌比大水漫灌节水 50%～90%；病虫害少，用药少。

（一）微灌装置及其组装

微灌设备安装容易，移动方便，配套性好，出水均匀，寿命长，故障少，价格低。目前，生产上应用的微灌系统主要由控制首部枢纽、输水管路和滴灌管（或微喷头）3 部分组成。

1. 控制首部枢纽 首部枢纽通常设在微灌系统供水水源处，由水泵、施肥罐、过滤器及压力表等组成，具有动力、过滤、进肥等作用。控制首部可安装定时装置。水源可以是河水、塘水、溪水、水库水或池塘水等，水经过水泵加压并经过滤器过滤后进入微灌系统。

首部根据肥料进入微灌系统的方式不同可以分为泵后式（压入）和泵前式（吸入）微灌系统。泵后式微灌系统是指肥料在水泵出水口后，与灌溉水一起压入输送管道的后置式微灌系统。水泵可以是管道泵、潜水泵、自吸泵，施肥罐要求强度大，能承受较大的压力。泵前式微灌系统是指肥料在水泵进水口前，通过水泵吸力与水一起进入输送管道的前置式微灌系统。

水泵可选择管道泵、潜水泵、自吸泵。管道泵一般用于多温室固定式微灌系统。潜水泵、自吸泵一般用于单温室或多温室移动式微灌系统。就自吸泵而言，其动力有 0.37 千瓦、0.55 千瓦等多种型号，0.37 千瓦自吸泵可同时灌溉 667 米^{2}温室，0.55 千瓦自吸泵可同时灌溉 667～1 234 米^{2}温室。

过滤器可以是沙石式过滤、筛网式过滤或离心式过滤等，其作用是过滤水与肥料混合物，确保进入微灌系统的水质清洁、无杂质。在生产上使用较多的是筛网式过滤，可根据灌溉面积和主管要求流量选择不同大小的过滤器。在使用中要经常清洗滤网，以防堵塞。

泵前式施肥罐的容积根据灌溉水量需要确定，一般移动式容积为 25～50 升，固定式为 200～1 000 升。

2. 输水管路　输水管路为微灌系统的输水部分，由主管、支管等组成。主管一般采用聚氯乙烯管，支管采用聚氯乙烯管或黑聚乙烯管等材料。为节约土地，防止老化，延长使用寿命，主管多埋在地下。支管在温室端面，为便于移动，多铺设在地面，需选用黑色管，以防止老化，管径一般为 25 毫米。在支管与主管连接处装一阀门，用于控制浇水流量。

3. 滴灌管和微喷管

（1）滴灌管　这是微灌系统的出水部分，滴灌管上安装滴头。滴灌管滴头间距取决于滴头流量、蔬菜种类及土壤透水性等多种因素，一般为 0.3 米。滴灌管铺设在畦面植株根部，与畦长相同；为节省成本，也可铺在畦面两行株中间。铺设时，滴灌管要铺平、拉直。根据滴头安装在滴灌管上的不同方式可分为软管滴灌管、内镶式滴灌管、外镶式滴灌管等多种。

①软管滴灌管　这是一种直径为 2～4 厘米的高强度聚乙烯薄膜管，壁厚 0.15～0.4 毫米，管壁一侧每隔 10～30 厘米打两排直径为 0.8 毫米左右的小孔。软管安装时小孔朝上，一端接在支管上，

另一端倒折用细绳扎牢堵住。水压大时，水从管壁上小孔中喷出，滴入畦面；水压小时，水呈水滴状滴出。使用时水压不可过大，以免软管破裂。其优点是价格便宜；其缺点是前、末端出水不均，使用寿命较短。

②内镶式滴灌管　这种滴灌管因其滴头镶嵌在滴灌管管壁内侧而得名，是目前应用广泛、性能先进的滴灌器械。内镶式滴灌管滴头采用了流道消压技术，即滴灌管内水进入滴头时，水通过滴头内一条弯曲狭长的流道，水流与流道壁产生摩擦，形成细微的水流而消压，从而使滴灌管近端和远端滴头压力均匀。另外，内镶式滴灌管滴头还具有过滤作用，因此这种滴灌管具有出水均匀、抗堵性能好的优点。由于滴头内镶，滴灌管外表光滑，安装和移动时不易破损，使用寿命长。

（2）微喷管　悬挂式微喷管上安装微喷头，悬挂安装在离地面高2.5～2.5米处，输水管管径为25毫米，微喷头间距4米。大棚悬挂式微喷头按散水方式分为单流道旋转式悬挂式微喷头和压力散水式微喷头，工作压力2.5～3千克/厘米^2，散水直径4米。

（二）温室微灌系统设计

1. 多温室微灌系统　由水源、首部枢纽（水泵、施肥罐、过滤器、节制闸阀组成）、主管、支管、滴喷管道、闸阀、滴灌管和微喷头组成。滴灌和微喷灌为同一系统时，通过开启不同泵和闸阀进行滴灌和微喷灌调节。

2. 单温室移动式微灌系统　由水源、首部枢纽（水泵、小型施肥罐、过滤器、快速接头组成）、滴喷管软管道、滴灌管和微喷头组成。该系统适用于小规模农户使用，同时要求灌溉田块接近水源。

（三）滴灌、微喷适用范围

滴灌管每孔出水1～3升/小时，盖地膜前后都可以使用，肥水集中根系两侧，不接触作物叶片，灌溉效率高，对温室湿度影响

小，适宜于任何季节、任何品种蔬菜的灌溉。其缺点是容易因农事操作而损坏。

微喷每个喷头出水约 90 升 / 小时，喷布均匀，效率较高，操作方便，对农事影响小，比较适合夏秋蔬菜栽培，在育苗上具有独特的优越性。

滴灌和微喷各具优势，最好混合使用。根据不同季节、不同品种和各生育期特点，随时启用有利的灌溉方式，以期达到蔬菜周年生产和节水灌溉的目的。

（四）效果分析

主要表现在以下几方面：一是节水效果好。经测试，滴灌灌溉可节水 70%，微喷节水 50% 左右。二是较好地改善了土壤理化特性，采用该节水灌溉系统田块土壤基本不板结。三是操作方便。灌溉施肥只要打开泵和阀门即可，供水快慢通过阀门调节，肥料浓度通过进肥阀门调节，浓度可控制在 0.2%～0.3% 之间，做到了薄肥勤施、以水调肥。

四、日光温室番茄肥水管理基本流程

（一）日光温室秋冬茬番茄浇水施肥基本流程

1. 缓苗期　秋冬茬番茄定植时如果浇水量小，定植后 7 天内要再浇 1 水，称作缓苗水，这一水要浇足，保证蹲苗期间有充足的水分供应，不需要再浇水。

2. 蹲苗期　缓苗后就进入了蹲苗期。由于温室秋冬茬番茄定植期正值高温季节，很多菜农都在定植后统一以大水漫灌的方式浇足定植水，定植前也施足了基肥。因此，从定植至第一穗花序开花坐果阶段一般不追肥，并适度控水，尽量不浇水。俗话说“旱长根、水长苗”，不浇水的目的是促进幼小植株根系的发育，适当抑制地上部的生长，避免徒长，为将来大量坐果打基础。当然，适当控制浇水并不是绝对不浇水，如果定植水或缓苗水浇得少，即使在蹲苗期也必须浇小水补充水分，可顺沟浇水，水未流到地头即封闭畦口，让畦中的水自己流到地头。蹲苗期绝对不浇水的观点是错误的，这样会影响植株发育。不覆盖地膜者要勤中耕，既保墒又散湿。

3. 结果期 第一花序坐住的果实似核桃大小时，结束蹲苗，进行定植后的第一次追肥并浇1次大水，每667米^{2}可追施三元复合肥15～20千克。以后，在第二花序、第三花序坐住的果实如核桃大小时再各追1次肥，每次每667米^{2}追施硫酸钾复合肥30千克。追肥方法是结合浇水冲施，或从大行间揭开地膜开穴、开沟埋施，然后将薄膜再次盖严，追肥后浇水。在浇水的间隔期内，保持表层土壤多见干少见湿；若表层土壤见干不见湿，应浇1次小水。在结果盛期，植株上面正在发育的果实多，茎叶生长旺盛，需要充足的肥水供应，根据温度情况一般每5～10浇水1次，随水冲施黄腐酸冲施肥、氨基酸冲施肥或生物菌肥，也可冲施磷酸二铵浸泡液，每次每667米^{2}用肥量为20千克。

进入严寒冬季，要适当延长浇水间隔时间，一般每10～15天浇1次水。如果不是深机井水，最好在温室内修建水槽进行预热。严禁浇水过勤和浇水量过大，避免造成空气湿度和土壤湿度过高，防止因低温高湿导致植株烂根和发生早疫病、叶霉病、灰霉病、菌核病等病害；但也不能因怕降低地温和增加湿度就过度控水。在秋冬茬番茄结果期的后半期，为防止植株生长衰弱和促进果实膨大，除地面追肥外，还要叶面喷施高效氨基酸复合液肥、螯合微肥、磷酸二氢钾、磷酸二铵等肥料，其中施用磷酸二铵具有很好的抗早衰效果。

（二）日光温室越冬茬番茄浇水施肥基本流程

定植后5～7天，在地膜下的暗沟中轻浇1次缓苗水。浇缓苗水后，在第一花序开花坐果之前，植株处于蹲苗时期，不要轻易浇

水，植株干旱时可少量浇水，不准追肥。第一果穗的果实核桃大小、已经坐住后，可浇 1 次水，水量以渗透土层 15～20 厘米深为宜，每 667 米^2 随水追施尿素 10～15 千克。

12 月份至翌年 1 月份，气温、地温很低，日照时间短，光照强度弱，番茄植株的茎叶和果实生长缓慢，因此要少浇水，缺水时也要从暗沟浇小水。开始采收后，植株挂果增多，需要补充营养，应开始追施速效氮肥和磷、钾肥，一般每次每 667 米^2 追施磷酸二铵 25 千克、硫酸钾 20 千克，或三元复合肥 30 千克，也可追施腐熟的粪肥。如果植株长势较弱或不便浇水，应进行叶面追肥，可喷施 0.2% 尿素和 0.2% 磷酸二氢钾溶液，以增强植株生长势。

2 月中旬以后气温回升，天气逐渐转暖，应浇水促进番茄植株生长，但应选晴天上午浇水，浇水量和浇水次数随着气温回升逐渐增加，春季 10～15 天浇 1 次。生产中可根据土壤墒情确定浇水间隔天数，尽量掌握“浇果不浇花”的原则，以防降低坐果率，即每穗花序的果实坐住后，分别追施 1 次催果肥。可施用冲施肥，或将尿素、硫酸钾溶解于少量水中，浇水时随水冲施，每次每 667 米^2 用肥量为 15～20 千克。

栽培后期，将地膜两边揭起，中耕 7～10 厘米深，并把中耕起来的土耪碎，然后将地膜拉回覆盖。以后随浇水施肥，中耕处会密布生长出新根，使植株在结果后期不早衰。植株最上部的花序坐住果时，最后冲施 1 次肥料，如果植株有早衰迹象，则要喷施 0.1% 磷酸二氢钾溶液、0.5% 尿素溶液，每 6～7 天喷 1 次，连续喷 2～3 次。

五、日光温室黄瓜肥水管理基本流程

定植后 3 天，即可浇缓苗水。过去大多在定植后 5～7 天浇缓苗水，实践表明，这样的做法其间隔时间偏长了。缓苗水后到根瓜坐住之前为蹲苗期，此期间一般不浇水。在蹲苗期间，根瓜尚未坐住，有的种植者见土壤干旱、空气干燥，甚至叶片有些萎蔫，就忍不住浇水，结果则导致植株茎叶徒长，致使根瓜及植株中上部的瓜坐不住，即使坐住瓜其增大也十分缓慢，这是因为大部分营养都集中供应茎叶了。直至根瓜长到10厘米长时再浇1次水，此水称为催瓜水。

黄瓜结果期延续的时间长，管理的原则是“控温不控水”，因为只有保证充足的水分供应才能有产量，生产中不能因为怕黄瓜发生霜霉病等病害而过度控水。一般根据黄瓜生长发育状态并结合生产经验确定浇水时机，结果前期间隔时间可长些，结果盛期间隔时间可短些，通常每5～7天浇1次水，有时甚至需要每隔3天浇1次水。浇水应选择晴天上午进行，浇水量以浇满暗沟为宜。

一般每次浇水均随水施肥，如果浇水时间间隔较短，可每隔1次水施1次肥。施用磷酸二铵或三元复合肥，其中施用磷酸二铵的温室所结的黄瓜果皮颜色好、口感略甜、风味好。每次每667米^{2}的施肥量通常为15千克，对于施肥量的确定，实践中菜农有两种不同的认识，有人怕发生肥害不敢多施肥；而另一些人则过于盲目，笔者曾见到有人在300米^{2}的温室中1次施入50千克三元复合肥，随后浇大水，也未发生肥害。这是因为，黄瓜是一种喜肥喜水蔬菜，只有保证充足的肥水，才能高产，但过量施肥容易导致土壤盐渍化。

除传统的化学肥料外，种植者可以施用腐殖酸、氨基酸、生物菌肥等冲施肥，这些肥料施用方便，效果也好，不容易发生肥害。有些厂家还在肥料中加入了微量元素、植物生长调节剂和杀菌剂，使冲施肥具有提高产量、改善品质、防病治病等多种效果。

由于大量结瓜，在栽培后期，尤其是冬茬、冬春茬黄瓜栽培后期（进入6月份时），容易出现生长衰弱现象，此时不要急于拉秧，可随水冲施尿素或磷酸二铵，用量为每667米^{2}15千克，植株可迅速恢复生长，继续结瓜，效果十分明显。

第六章
植株调整技术

一、番茄植株调整技术

（一）搭　架

1. 建造吊架　用胶丝绳作吊绳，在每个栽培畦上方沿栽培畦走向拉一道钢丝，南端绑在拉杆上。为坚固起见，最好埋设立柱，在立柱上东西向拉一道8号铁丝。在温室北部东西向拉一道铁丝，栽培畦上的钢丝北端可绑在这道铁丝上。钢丝上绑胶丝绳，每株番茄1根。胶丝绳下端可绑在番茄植株基部，也可在畦面沿行向拉一道固定胶丝绳用的拉线，将胶丝绳绑于其上。

2. 建造支架

（1）建造篱架　选择竹竿或木杆，长度依据番茄植株高度而定，无限生长型番茄及栽培期较长者支架要高些。在栽培行上每一株番茄基部外侧竖直插一根竹竿或木杆，顶部用铁丝或尼龙绳连接，以防倒伏。番茄多采用单干整枝方式，植株依附竹竿或木杆向上生长，每隔一段时间要绑缚1次。

（2）建造人字架　双高垄或平畦双行的栽培番茄，分别在两行番茄的植株外侧插竹竿，2根竹竿为一组，顶端绑在一起呈人字形，顶部用一根平直的竹竿将各个人字支架连接成一体。

（3）建造三脚架（四脚架） 双高垄或平畦双行栽培有限生长型番茄或栽培期较短番茄，选用竹竿或其他材料，插在植株基部外侧的土壤中，相邻的3根或4根为一组，顶部绑缚在一起呈锥形。这种架比较坚固，很抗风。

（二）整 枝

1. 单干整枝 只留主枝，而把所有的侧枝陆续全部摘除，留4～8穗果后摘心，也可不摘心，不断落蔓。这种整枝方式单株结果数减少，但果型增大，早熟性好，前期产量高，适合棚室各茬采用，尤其适宜留果少的早熟密植无限生长类型品种，也适合多穗留果、生长期长的温室越冬茬无限生长型番茄品种。

2. 双干整枝 除主干外，再留第一花序下生长出来的第一侧枝，而把其他侧枝全部摘除，让选留的侧枝和主枝同时生长。这种整枝方式可以增加单株结果数，提高单株产量。但早期产量及单果重均不及单干整枝。

3. 改良单干整枝 除主枝外，保留主茎第一花序下方的第一侧枝，留1穗果，其上留2片叶摘心，其余侧枝全部摘除。用这种方式整枝，植株发育好，叶面积大，坐果率高，果实发育快，商品性状好，平均单果重大，前期产量比单干整枝高。

（三）摘 叶

摘除植株下部老叶，使植株最下部的叶片距离地面至少有20厘米的距离。摘叶时应尽量从靠近枝干部位上切断叶片，不要留叶柄，果穗上的叶片不可摘除，以保证上层果实发育良好。之所以摘叶，是因为随植株生长下部叶片逐渐老化，且处于弱光环境下，光合能力降低，消耗量增加，成为植株的负担；老叶的存在还导致了植株郁闭，田间通风透光性变差；同时，由于这部分老叶大多与土壤接近，而土壤又是多种病菌的寄存场所，容易感染病害。

（四）绕蔓与落蔓

1. 绕蔓　通过缠绕让番茄的茎依附吊架攀援生长称为绕蔓。方法：一手捏住吊线，一手抓住番茄茎蔓，按顺时针方向缠绕。操作时要注意，如果田间有感染病毒病的植株，则应先对健康植株进行操作，然后再处理病株，以防把病株的病毒汁液传到健康植株上，田间操作后还要用肥皂水洗手消毒。

2. 落　蔓

（1）盘蔓　操作时，先将绑在植株茎基部的吊线解开，一只手捏住番茄的茎蔓，另一只手从植株顶端位置向上拉吊线（因为吊线是松开的，很容易被拉起来），将摘除了叶片的番茄植株下部茎蔓盘绕在地面上，然后再把吊线下端绑在原来的位置，这样生长点的位置就降低了。操作时注意不要折断茎蔓。由于下部茎蔓是盘曲的，称“盘蔓”。落蔓不仅给番茄提供了继续生长的空间，也能抑制长势，促进坐果。

（2）平铺落蔓　放松吊绳顶端，直接将下部茎蔓平放在栽培行上，植株前端总保持一定的长度吊在尼龙绳上。

（五）打杈与摘心

1. 打杈　依据预定整枝形式，摘除影响基本枝茎叶及果实透光性、长达 15 厘米以上的侧枝。打杈过早，会影响根系发育，抑制植株的正常生长；过晚则消耗养分，影响坐果及果实发育。打杈时，要注意手和剪枝工具的消毒处理，以免传染病害。当发现有病毒病株时，应先进行无病株的整枝打杈，后进行病株的整理，尤其要注意对手和工具用 70% 酒精溶液消毒。打杈要在晴天进行，以利伤口愈合，防止病菌乘虚而入，引起病害。

2. 摘心　当植株长到一定高度、结果穗数达到预定值、植株生长接近栽培后期时，将其顶端摘除称为摘心。摘心可减少养分的消耗，使养分集中到果实上。摘心时间可根据植株生长势和季节而定，如植株生长健旺的可适当延迟摘心，植株生长瘦弱可提早摘心。摘心时，顶端花序上应留1～2片叶。

二、黄瓜植株调整技术

（一）吊　蔓

温室越冬茬黄瓜通常不像露地黄瓜那样采用竹竿支架的架式，而是多采用吊架形式。在缓苗后的蹲苗期间应及时吊蔓，方法是在每条黄瓜栽培行的上方沿行向拉一道钢丝（购买钢丝绳，将其拆散），钢丝不易生锈，而且有自然的螺旋，可以防止吊绳滑动。钢丝的南端可以直接绑在温室前屋面下的拉杆上。在温室北部后屋面的下面，东西向拉一道8号铅丝，将栽培畦上的钢丝北端绑在这道铅丝上面。

钢丝上绑尼龙线，每株黄瓜对应一根。尼龙线的下端的固定方法有多种，实践表明最好的方法是在贴近栽培行地面的位置沿行向再拉一道尼龙线，与栽培行等长，尼龙线两端绑在木橛上，插入地下，每个吊线都绑在这条贴近地面的拉线上。用手绕黄瓜茎蔓，使之顺吊线攀缘而上，称为绕蔓。所有植株缠绕方向应一致，黄瓜植株生长速度快，以后每隔几天要绕蔓1次，否则“龙头”会下垂。

还有一种固定方法是把吊线绑在植株茎基部，此法较有风险，一旦田间操作不慎容易将黄瓜连根拔起，而且捆绑时需注意不能帮得太紧。也可将每根尼龙吊线的下端绑在一段小木棍（如一次性木筷子）上，然后将木棍插在定植穴内。

（二）打杈摘叶去卷须

温室黄瓜多采用单干整枝方法，利用主蔓结瓜，所有侧枝要全部摘除。只有在栽培后期、拉秧之前，才可能利用下部侧枝结少量的回头瓜。

随着植株生长，下部叶片逐渐老化，且处于弱光环境下，光合能力降低，消耗量增加，成为植株的负担；老叶的存在还导致了植株郁闭，田间通风透光性变差；同时，由于这部分老叶与土壤接近，而土壤又是多种病菌的寄存场所，老叶的存在容易引发病害。基于这些原因，要及时摘除老叶。摘叶时要从叶柄基部将老叶掐去，所留叶柄不宜过长，以免留下的叶柄成为病菌的寄居场所和侵染入口，增加发病概率。在温室栽培环境下，没有必要利用卷须的攀援作用，保留卷须徒增养分消耗，所以应掐去。需要注意的是，如果田间有感染病毒病的植株，则应先对健康植株进行操作，然后再处理病株，不要将病株带毒汁液传到健康植株上。对带病植株进行操作后要用肥皂水洗手。

（三）绕蔓与落蔓

绕蔓就是将黄瓜主蔓缠绕在尼龙吊线上，操作时一手捏住吊线，一手抓住黄瓜主蔓，按顺时针方向缠绕。如果一个人管理一个温室，那么几乎每天都要绕蔓，几天不绕蔓，黄瓜龙头就会下垂。绕蔓的同时落蔓。

落蔓，又称盘蔓，黄瓜植株生长速度快，生长点很容易到达吊绳上端，为能连续结瓜，应在摘叶后落蔓。落蔓时，先将绑在植株基部的吊线解开，一只手捏住黄瓜的茎蔓，另一只手从植株顶端位置向上拉吊线（因为吊线是松开的，很容易被拉起），让摘除了下部叶片的黄瓜植株下部茎蔓盘绕在地面上，然后再把吊线下端绑在原来的位置，这样植株的生长点位置就降下来了，黄瓜就又有了生长的空间。也就是说，要向上拉线，而不是向下拉蔓。

黄瓜落蔓到底落到什么程度，一直是困扰种植者的问题，经验表明，整个植株地上部分保留 16～17 片叶最为适宜，多于这一数量就应摘叶落蔓。叶片过多植株郁闭，叶片过少光合面积小不利于高产优质。有些种植者为减少落蔓工作量，一次落蔓很多，是不可取的。

落蔓后，植株下部的没有叶片的茎盘曲在地面上，灰霉病、蔓枯病的病菌很容易从叶柄基部（节）的位置侵染，因此在喷药时同样要喷到，如果发现节部染病，可以用毛笔蘸浓药涂抹。

三、西瓜植株调整技术

西瓜整枝主要是让植株在田间按一定方向伸展，使蔓叶尽量均匀地占有空间，以便形成合理的群体结构。整枝方式因品种、种植密度和土壤肥力等条件而异，有单蔓、双蔓、三蔓和留蔓整枝等。

（一）单蔓整枝

只保留 1 条主蔓，其余侧蔓全部摘除。由于其长势旺盛，又无侧蔓备用，因此要求技术性强。采用单蔓整枝，通常果实稍小，坐果率不高，但成熟较早，适于早熟密植栽培。进行高密度栽植，利用肥水比较经济，西瓜果实重量占全部植株重量百分比高；缺点是费工，植株伤口较多，易染病，易形成空蔓。

（二）双蔓整枝

保留主蔓和主蔓基部 1 条健壮侧蔓，其余侧蔓及早摘除。当株距较小、行距较大时，主、侧蔓可以向相反的方向生长；若株距较大、行距较小时，则以双蔓同向生长为宜。采用双蔓整枝叶数较多、叶面积较大，雌花较多，主、侧蔓均能坐瓜，果实较大。

（三）三蔓整枝

除保留主蔓外，还要在主蔓茎部选留 2 条生长健壮、生长势基本相同的侧蔓，其他的侧蔓予以摘除。三蔓整枝又可分为老三蔓和两面拉等形式，老三蔓是在植株基部选留 2 条健壮侧蔓，与主蔓同向延伸；两面拉即 2 条侧蔓与主蔓反向延伸。三蔓整枝管理比较省工，植株伤口少，一旦主蔓受伤或坐不住瓜时，可再选留副蔓坐瓜。同时，只要密度适宜，有效叶面积大，同样的品种三蔓要比单蔓和双蔓整枝结瓜多或单瓜重量大、产量高。三蔓整枝叶数多，叶面积大，雌花多，坐瓜节位选瓜的机会多，瓜大，是露地栽培和晚熟品种常用的整枝方法。缺点是不宜高密度栽植，瓜成熟较晚。

（四）留蔓整枝新方法

当主蔓长到 30 厘米左右时，选对称 2 个节位留 2 个侧蔓，在这之前的侧蔓全部除掉。这种整枝方法形成的新的主蔓和侧蔓分明，主蔓生长粗壮有力，2 条侧蔓不结瓜，主要是进行光合作用制造养分，雌花开放时幼瓜大、瓜蒂长而粗，花冠大且雌蕊壮，瓜形端正、瓜个大，产量高。另外，还有一种整枝方法是当主蔓长到 20～30 厘米时从根部掐掉，选留 2 个侧蔓，利用侧蔓结瓜。该方法在初期表现为植株生长较弱，但后期长势强劲有力，抗病性强，结瓜大而均匀、产量高；缺点是成熟较晚。

第七章
保花保果技术

一、菜豆落花落荚的原因与对策

菜豆的花蕾数量很多，尤其是蔓生性品种，因生育期较长，主蔓长而节数多，每株能生 10～25 个花序，每一花序生花蕾 4～15 朵。矮生种虽然生育期较短，主茎较短而节数少，但分枝数较多，单株花序数也不少，一般每一花序着生花蕾 7～13 个。但从每一花序的成荚数看，多数花序只能结荚 3～4 个，少数花序结荚 5～6 个或 1～2 个，大量的花蕾或幼荚脱落了。严重时，在地面和叶片上会有大量落下的花和豆荚，很让人心痛和着急。露地栽培的菜豆在一般生产条件和栽培技术水平下，成荚率仅为 30%左右，而温室栽培的越冬茬、秋冬茬和冬春茬菜豆结荚率比露地更低，通常在 25%左右，若能使菜豆的结荚率提高到 50%，其单位面积产量几乎能增加 1 倍。因此，探索菜豆落花落荚的原因及防止落花落荚的有效措施，成为目前菜豆生产中的关键技术。

（一）落花落荚的原因

菜豆发生落花落荚的原因是多方面的，很复杂，综合看主要有以下 3 个方面。

1. 生理因素　有人认为不论外界环境和栽培条件多好，多么适于菜豆正常生长发育，其坐荚率也不会达到 100%。假设结荚率达到 100% 时，叶片光合作用所制造的有机营养就不能满足其植株荚果生长发育的需要。因此，菜豆会自行落下一部分花和幼荚，以减少营养消耗，协调植株营养的供需矛盾，使营养供需平衡。这是生理因素所致的自然落花落荚。

2. 营养因素　菜豆花芽分化较早，植株从幼苗期就开始进入营养生长和生殖生长的并进阶段。因营养生长和生殖生长争夺养分，会使花芽因营养不足而分化不完全、不正常，这样的花芽发育成的花朵则坐不住荚。开花初期也常因营养生长与生殖生长争夺养分而发生落花落荚。如果开花初期浇水过早，早期偏施氮肥，枝叶生长繁茂，到开花结荚盛期全株花序间、花与荚间争夺养分激烈，而导致晚开的花脱落。还有栽培密度过大、支架或吊架不当、田间郁闭、透光通风不良、光照不足、温度过高或过低、缺肥少水或浇水过多、病虫危害、采收不及时、光合物质积累减少等情况，均会导致花器营养不足，使花器发育不良而脱落。很多幼蕾在人们肉眼尚看不到的时候就已脱落了。因营养因素引致落花落荚，以开花盛期表现最普遍。

3. 授粉受精受阻　菜豆分白花和红花（紫红）两种类型，白花菜豆多数花朵为自花授粉，异花授粉只占 0.2%～10%；红花（紫红）菜豆多数进行异花授粉，少数在个别情况下才进行自花授粉。温室越冬茬若用红花（紫花）品种，因温室内缺乏昆虫传粉，不能进行异花授粉，就会造成严重落花落荚。即使采用白花品种，在开花期遇 28℃以上高温也会发生落花，30℃以上落花加剧，35℃以上落花率可达 90% 左右。已开的花和嫩荚遇高温也会脱离，即使坐住荚内种子减少，荚形也不正。这是由于在高温条件下植株的同化物质主要运向茎叶而减少了对花和荚的供应。菜豆花粉保持生活力和花粉管伸长的温度范围为 15℃～27℃，当低于 13℃或高于 28℃时，花粉生活力降低，花粉管伸长缓慢甚至不伸长，因而花朵会因不能受精而脱落。开花时土壤干旱、空气干燥，花粉早衰，柱头干燥，或土壤和空气湿度过大，花粉不能散发，均会使授粉受精不良而致落花落荚。光照弱，花期发育不好，也会落花落荚。温室越冬茬栽培，若保温措施不利，夜温低于13℃，或中午前后通风不及时，白天温度高于28℃，甚至高于30℃，均会导致落花落荚加重。

（二）防止落花落荚的对策

防止棚室菜豆落花落荚，需要采取综合技术措施：一是调节好棚室温度，避免或减轻高温和低温的不良影响。依据菜豆各生育阶段所要求的适温，调节好温度，使棚室温度白天保持20℃～25℃，高于27℃即通风降温。下午盖草苫的时间，以盖草苫后4小时棚内气温不低于18℃、不高于20℃为标准，使夜间温度保持在15℃～18℃，凌晨短时最低气温不低于13℃。二是选用自花授粉率高的白花品种。三是加强肥水管理。用充分腐熟的有机肥和三元复合肥作基肥，基肥要施足。开花结荚期要适期追施氮肥，同时叶面喷施钼、锰微肥，并及时浇水，提高植株营养水平，满足茎叶生长和花器、荚果发育需要，缓解营养生长与生殖生长争夺营养的矛盾。采用地膜覆盖栽培减少水分蒸发，苗期和开花初期控水促使根系发育，确保植株营养生长良好而不徒长。四是合理确定种植密度，及时搭吊架或支架，以改善行间和株间透光通风条件，促进授粉受精。开花期喷洒5～25毫克/千克萘乙酸溶液，每667米^{2}每次喷洒药水30千克左右。及时防治锈病、炭疽病、根腐病、枯萎病、细菌性疫病等病害和蚜虫、美洲斑潜蝇、茶黄螨、温室白粉虱等虫害，确保不因病虫危害而导致花荚脱落。

二、日光温室番茄蜜蜂授粉技术

利用蜜蜂授粉是当前温室果菜类蔬菜栽培的一项关键技术，普通菜农可以向当地养蜂户租借普通蜜蜂，效果很好。缺点是温度低了蜜蜂不出巢。

还有一种优良的授粉蜂即熊蜂，浑身密被绒毛，非常适宜授

粉。北京市农林科学院信息研究所培育的优良熊蜂品种正处于推广阶段，种植者可从该公司或经销商处购买，每箱熊蜂只能使用一个生长季节，自己不能繁殖。熊蜂比普通蜜蜂更耐低温，温度达到8℃以上即出巢授粉，即使在冬季连阴天雨雪天也能授粉，且不受温室高湿环境影响。另外，与普通蜜蜂相比，熊蜂的趋光性弱，不会撞击棚顶，只会专心授粉。

蜂箱要夜间搬入温室，进温室时避免强烈振动，更不要倒置。蜂箱周围不能有电线、塑料等废弃物。蜂箱应置于凉爽处，放置在一个固定的地方，离开地面一定距离以防止蚂蚁等爬虫进入。熊蜂一进温室即可开始工作，熊蜂会在授过粉的番茄花的花瓣上留下肉眼可见的棕色印记（称“蜂吻”）。每个温室只需 1 箱熊蜂即可，可持续工作 2 个月。如在 6000 株番茄（单干整枝）区域内有 50%花朵上留有爪印，则说明熊蜂在有效地工作。熊蜂对高温很敏感，气温高于 30℃时活动即受影响，上午 10 时前后在蜂箱顶部放置一块浸透水的麻布，以后每隔 2～3 小时淋 1 次水。为防止熊蜂飞到温室外面，要在通风口处覆盖一层防虫网。

使用熊蜂授粉时需注意 2 个问题：一是如果剧烈振动或敲击蜂箱，熊蜂会攻击人；不要穿蓝色衣服，不要使用香水等化妆品，以免吸引熊蜂。二是谨慎使用农药，严禁使用具有缓效作用的杀虫剂、可湿性粉剂及含有硫磺的农药。可在黄昏时使用农药，此时熊蜂都已回到蜂箱里，用药前把蜂箱移出温室，翌日再非常小心地将蜂箱放回原来的位置，开口方向应与原来一样。

三、黄瓜化瓜的原因与对策

化瓜是指雌花形成后不能继续长成商品瓜，而是逐渐黄萎、脱落的现象，这样的雌花或幼瓜又称流产果。病瓜从开花处开始萎蔫、皱缩、凹陷，表面出现明显的棱和中空，即使幼瓜长度超过 10 厘米，仍有可能化瓜。化瓜的根本原因是养分不足，或各器官之间互相争夺养分。在低温弱光等不利条件下，少量的化瓜是正常现象，是植株本身自我调节的结果。但如果是大量化瓜就属异常了。

（一）化瓜原因

导致越冬茬黄瓜化瓜的原因很多，主要包括：①低温弱光。前期遇到连阴天等低温弱光天气，植株会形成大量雌花，白天气温低于20℃、夜间低于10℃；光照不足，植株光合作用弱，制造的养分少，不能满足每个瓜条生长发育对养分的需求；土壤温度低，根系吸收能力弱，导致植株因“饥饿”而化瓜。②管理不当。大量施用氮肥，浇水过多，茎叶徒长，消耗大量养分，瓜条发育所需养分不足会导致化瓜。生殖生长过旺，雌花数目过多，瓜码过密，植株负担过重，养分供应不足，也产生化瓜。如果植株强健，管理技术高超，大量留瓜也是可以的，种植者要具体问题具体分析。③气体浓度不适。空气中二氧化碳含量为0.03%，基本可以满足光合作用的需要。但冬季因棚室密封，放风晚，上午光合作用强烈，二氧化碳被迅速消耗，其浓度迅速降低至0.01%以下，就很难满足光合作用的需要，致使有机营养不足，容易引起化瓜。

（二）防治对策

分析发生原因，采取相应对策防治。首先要改善环境条件，建造高标准温室，增强光照。为保证温室内最低光照需要量，只要室外气温不低于-20℃，即使阴天也应在中午前后短期揭苫，使植株接受散射光。有条件时，可安装农用红外线灯补光增温。叶面喷施0.5%磷酸二氢钾+0.2%葡萄糖+0.2%尿素混合液。植物生长调节剂处理，如用100毫克/千克赤霉素溶液喷花。针对生长失调引起的化瓜现象，应加强肥水管理，及时采瓜，特别是根瓜应及早采收，并及时摘除畸形瓜、疏除过密瓜。同时，还要注意抑制徒长。如因缺水缺肥化瓜，要增加浇水、施肥量。

四、黄瓜套袋技术

（一）套袋的优越性

1. 预防病虫　黄瓜套袋，可防止害虫叮咬，防止病菌侵染。例如，黄瓜摘花后套袋还是一种防治灰霉病的方法，黄瓜摘花后使灰霉病菌失去最佳侵染部位，套袋阻隔了病原菌的入侵，从而使黄瓜灰霉病发病率显著降低。开花前及花开败前套袋及摘花是防治黄瓜灰霉病的最佳时期。摘花时间以上午 9 时后为宜，以利于摘花后伤口的愈合。

2. 提高商品性　套袋可以改善果实的商品品质，套袋黄瓜瓜条顺直美观，弯瓜率显著降低，粗细均匀一致，色泽嫩绿，商品性好，畸形瓜少；而且，套袋黄瓜鲜香脆嫩，基本保证了果实营养品质。

3. 提早上市　套袋黄瓜生长速度快，比未套袋黄瓜可提早 1～2 天上市。

4. 减少农药污染　套袋可以空间隔离污染源，提高果实的卫生安全品质。套袋后既避免了农药残留污染，又避免了害虫叮咬和病菌侵染，减少了农药用量，还能提高产量。

5. 延长贮藏期　套袋黄瓜采摘后，因为袋内有水汽存在，湿度大，所以贮藏期和保鲜期长，且耐运输。带袋采摘后，可连同袋一起包装上市，比未套袋的价格高。

（二）果袋选择

选择各种适用于棚室栽培黄瓜或水果型黄瓜的果袋。一是设施黄瓜专用果袋，为白纸淋膜袋，袋长 38 厘米、宽 10 厘米，果袋两侧封口，上下开口。二是长 30 厘米、直径约 7 厘米的长筒形聚乙烯塑料袋。三是厚 0.008 毫米的超薄可降解薄膜袋。四是蓝色聚氯乙烯薄膜袋，这种袋畸形果实最少，并且果实色泽鲜亮。果袋可重复使用8～10次。

（三）套袋方法

1. 防病套袋　套袋前要疏除裂瓜、病瓜、畸形瓜，对套袋黄瓜用甲基硫菌灵、多菌灵、异菌脲喷施，既可净化果实表面，又可预防病害。

2. 套袋时期　套袋适宜时期为坐果期，此时瓜长5～6厘米。套袋宜在晴天上午露水干后的8～11时和下午2～5时进行，避开中午高温期。

3. 套袋操作　袋体上端为套入口，套口宜小不宜大，下端留1个透气孔。套袋前，将果袋压边的两侧对折，先用嘴吹开袋口撑开果袋，以便透气，下端封闭的袋要在底部留出1个透气孔。将萎蔫的花瓣全部摘除，不得留有花瓣残痕。将黄瓜套进袋内，在瓜把处用嫁接夹固定袋口。整理纸袋，将袋体拉平即可，使其呈蓬起状态，以便通风透气。操作时要注意避免损伤幼瓜、瓜把和花蒂。这样，黄瓜便可在果袋的保护下生长，长出的黄瓜条直而不弯。

（四）套袋后管理

套袋黄瓜在栽培管理时应增施畜禽粪便、绿肥、作物秸秆、堆肥等优质腐熟有机肥，一般在播种或定植前20天施入土中。并根据土壤肥力、产量及不同时期吸肥状况，配施磷、钾肥及叶面喷肥，以改善黄瓜品质、减少套袋对果实品质的影响。控制氮肥用量，改进施肥方法，注意深施，施后盖土。基肥宜深施，追肥沟施或穴施。及时摘除老叶、病叶，雨后及时排水，加强病虫害防治，注意观察所套果实的长势，发现有破损的和在袋内受到病菌侵染的果实，要及时摘除和销毁。

（五）套袋黄瓜采收

因气温、品种、用途和当地消费习惯等不同，黄瓜的采收期有较大的差异，一般在开花后 8～12 天采收，结瓜初期 2～3 天采收 1 次，结瓜盛期隔天或每天采收 1 次。采收以早晨果温尚未升高时为宜，尽量不要擦伤瓜皮，轻拿轻放，忌受震动和挤压。采收的果实可平摆在竹篓或纸箱内。采收后可将果袋摘下重复使用，也可带袋采收作为高级礼品蔬菜上市。

五、设施黄瓜乙烯利促雌技术

（一）苗期乙烯利处理

现在很多黄瓜品种的节成性很强，不用进行乙烯利处理，而且乙烯利处理有时会打破黄瓜自身的营养生长和生殖生长的均衡性。但日光温室越冬茬、秋冬茬黄瓜育苗时，由于外界气温偏高，不利于雌花的形成，对有些品种可以进行乙烯利处理。可在嫁接成活后喷 40% 乙烯利水剂 100～150 毫克 / 千克溶液，每展开 1 片真叶喷 1 次，喷后观察幼苗症状，视情况喷 1～3 次。兑水方法是取 40% 乙烯利水剂 3.75 毫升，加水 15 升（1 喷雾器），可喷 1.5 万～2 万株瓜苗，需注意喷到为止不可多用。如果用药量过大或用药浓度偏高，翌日即会出现症状，通常表现为下部叶片向下卷曲、皱缩，呈降落伞状；上部叶片向上抱合、皱缩，不能展开，严重时会出现花打顶形状，形成大量雌花；更严重时，幼苗生长会受到严重抑制，形成老化苗。还有两种极端的情况，如果将来幼苗雌花、雄花都不出现，则是由于浓度太高；如果仍然出现大量雄花而没有雌花，则是由于药剂失效造成的。

（二）生长期乙烯利处理

在定植后至拉秧前的整个生长期，喷施乙烯利是促进黄瓜植株形成大量雌花的重要手段，但这些雌花是否能坐瓜还要看肥水管理及环境因素。生产中，不提倡使用植物生长调节剂促进黄瓜形成大量雌花，因为植株坐瓜的数量取决于自身的能力，强行形成大量雌花往往会打破植株营养生长与生殖生长的平衡，不利于持续均衡结瓜。

冬茬黄瓜生长前期，由于环境温度偏高，植株下部雌花很少，有时植株上只有大量雄花，而没有雌花或雌花很少时。在这种情况下可以喷乙烯利，但要注意掌握喷施时间和浓度，喷施浓度为130～150毫克/千克，也可按每毫升40%乙烯利水剂兑水4～5升计算，最多连喷2次，中间间隔7天。不同黄瓜品种对乙烯利浓度的反应有差异，种植者可逐年摸索对应所栽培品种的乙烯利最适宜浓度，积累经验。乙烯利处理要选择晴天下午4时后进行，把配制好的药液均匀喷在黄瓜叶片和生长点上，力求雾滴细微。

乙烯利用药量大、浓度高、间隔时间短时，会导致黄瓜植株上部各节出现大量簇生雌花。雌花过多且同时发育，会相互竞争养分，雌花虽然多，但能坐住的瓜有时反而更少。出现此种情况，要及时疏花，每节只保留1朵雌花（个别2朵），摘除其他所有雌花和雄花。

黄瓜喷施乙烯利后，雌花增多，几乎节节有雌花。但要使幼瓜坐住并正常发育，必须加强肥水管理，每667米^{2}可追施三元复合肥30千克，并配合叶面喷施0.2%磷酸二氢钾+0.2%尿素混合液，喷2～3次。

六、提高黄瓜坐瓜率技术

喷乙烯利的作用是让植株出现大量雌花，但要让出现的雌花坐住瓜，还需要采取很多措施，使用植物生长调节剂喷花或浸蘸瓜胎就是保证幼瓜坐住、连续刺激果实生长、防止化瓜的主要措施之一。常用的植物生长调节剂有6-BA（植物细胞分裂素）、GA（赤霉素）、BR（芸薹素内脂）、PCPA（防落素）、CPPU（苯脲型细胞分裂素等。处理方法：一般是在黄瓜雌花开花后1～2天浸蘸瓜胎

或喷花，CPPU 的处理浓度为 5～10 毫克 / 千克，BR 的处理浓度为 0.01 毫克 / 千克，PCPA 的处理浓度为 100 毫克 / 千克。还可以按一定的配方将植物生长调节剂混合处理，如 100 毫克 / 千克 PCPA ＋ 25 毫克 / 千克 GA、500～1000 毫克 / 千克 6–BA ＋ 100～500 毫克 / 千克 GA。

在保证黄瓜坐住的同时，这类药剂还有一个作用，就是能让黄瓜的花不开败、不脱落，即使到采收时花也能保持鲜嫩，让黄瓜获得顶花带刺的商品性状。有些公司针对植物生长调节剂的这一特性，将其做成商品出售，在生产中得到了广泛的应用，如“美吉尔鲜花王”“坐果鲜花王”等产品。这里以“坐果鲜花王”（河南郑州迪邦生物科技有限公司）为例介绍其功用和使用方法。

“坐果鲜花王”的有效成分是 CPPU，使用后能快速膨果，瓜条顺直，顶花带刺，且鲜瓜期长。用法是，每瓶（100 毫升）兑水冬春季 2～2.5 升，夏秋季 2.5～3 升。在雌花开放当天或开花前 2～3 天，兑好药液浸瓜胎或用小型喷雾器均匀喷瓜胎 1 次。处理后弹一下瓜胎，把瓜胎上多余药液弹掉，如果没有这个操作步骤，且药剂浓度偏高、药量大，容易形成大花头，逐渐形成多头瓜，后期形成大肚瓜。有些还导致子房发育异常，瓜钮偏扁，后期可能形成畸形的双体瓜。大头花现象经常出现，因此商家和消费者将其作为区分黄瓜是否经过蘸花处理的标志。需要注意的是，在雌花未完全开放前使用，可延迟雌花开放，鲜花戴顶期长；最好在阴天或晴天早晚无露水时处理，避免强阳光或中午高温时使用，药液即配即用；从花到瓜柄全部浸泡 3～4 秒钟，没开花时浸泡，鲜花能保持较长时间；瓜胎受药一定要均匀，每株每次浸泡 1 个瓜胎最好；初次使用最好先做小面积试验，找出最佳的兑水量。

经过蘸花处理，几乎能百分之百保证坐住瓜，但要使瓜条发育起来还需要温度、肥水等条件的配合。在低温季节黄瓜栽培，种植者在肥水方面是不会吝惜的，限制黄瓜发育的关键主要在于环境条件，尤其是温度条件。如果温室建造不符合标准，保温性能差，或

遇到寒流、连阴天等灾害天气，黄瓜同化产物少，植株不具备大量结瓜条件；而种植者却使用蘸花药剂，强行让瓜坐住，就会出现植株细弱，节间变长，叶片稀疏且叶面下卷，果实发育缓慢等症状。这种情况会极大地伤害植株，影响结瓜的连续性，降低后期产量。

第八章 蔬菜高效栽培模式

一、保温性差的日光温室瓜菜一年三熟栽培技术

设施蔬菜生产中，常遇到一些日光温室结构不合理，如墙薄（后墙和山墙厚度70～80厘米），脊高不足2.8米，后屋面角度小（小于30°），填充的保温材料少（30～40厘米厚），覆盖物棉被或草帘薄、质量差等，使日光温室保温防寒性能降低。尤其在寒冷的12月份至翌年1月份，温室内夜间温度下降到10℃左右，若遇连续阴雪天气，外界气温在-16℃～-20℃，这时棚内气温只有0℃～3℃、10厘米地温维持在7℃～8℃，大部分喜温蔬菜会遭受冷害或冻害，导致生长不良甚至死亡。针对此类温室防寒保温性差的特点，将喜温蔬菜旺盛生长期安排在温暖季节，育苗或采收期安排在寒冷季节，可有效避免植株受冻而减轻损失。甘肃省兰州市农业技术推广中心王月梅利用防寒保温性差的日光温室进行小型番茄、小型西瓜、小型白菜一年三茬高效栽培，经济效益显著提高，可供各地借鉴。

（一）栽培季节

第一茬栽培小型番茄，品种为台湾农友千禧、碧娇、龙女、金珠等，可于7月上中旬育苗，8月上中旬定植，11月初采收，翌年1月中旬拔秧，每667米^{2}产量4000千克左右。第二茬小型西瓜，

品种为新金兰、宝冠、美王等，1月初育苗，2月初定植，4月底至5月初采收，每667米^{2}产量2500千克左右。第三茬小型白菜，品种为小巧等，5月初直接播种，7月中下旬采收，每667米^{2}产量5000千克左右。

（二）小型番茄栽培技术

1. 育苗 将未种过瓜菜的园田土7份、草炭2份、蛭石1份混合配制营养土，每立方米加三元复合肥2千克、牛粪10千克、30%多菌灵可湿性粉剂100克、90%晶体敌百虫60克，混匀过筛后配成营养土。

播前种子用10%磷酸三钠溶液浸泡20分钟，可预防病毒病，捞出后用清水冲洗干净，再用50℃温水浸种10分钟，继续用常温水泡种6～8小时。处理好的种子放置在28℃～30℃条件下催芽。

把配制好的营养土铺在苗床上、厚10厘米，浇透底水，待水渗下后，均匀撒播种子，覆盖营养土1厘米厚，再用喷雾器喷湿表土，最后覆盖一层旧报纸保持苗床湿度。

育苗棚用旧棚膜覆盖遮光，白天棚内温度不能高于30℃。出苗前报纸干后，在纸上洒水保湿。出苗后揭取报纸，苗床表土发白时浇水，并用25%噻虫嗪水分散粒剂3000倍液防治白粉虱。当幼苗2～3片真叶时，用营养钵分苗。苗龄30天，6～7叶时定植。

2. 定植 定植前结合整地，每667米^{2}全面撒施充分腐熟牛粪10米^3，或腐熟鸡粪5～6米^3，于午后地面喷洒50%辛硫磷乳油500～700倍液，然后深翻30厘米，按1.4米宽的间距划线。每667米^{2}用油渣200千克、过磷酸钙50千克，混匀后撒施垄下。按垄宽70厘米、沟宽70厘米、垄高15厘米起垄做畦，畦面铺好滴灌设备。没滴灌条件时，垄面开1条10厘米深的暗沟，生长期可采用膜下灌溉。定植最好选晴天傍晚或阴天进行，采用双行定植，株距35厘米，边栽苗边浇定植水。栽后用1.4米宽的地膜全膜覆盖，保持土壤湿度。生长前期为便于管理，可让幼苗在露地条件下生长。

3. 定植后管理

（1）肥水管理　定植后及时用50%辛硫磷乳油700倍液灌根1次，防止地下害虫危害。在浇完缓苗水后，连续中耕2～3次，此后保持土壤湿润或稍干，干旱缺水宜小水勤浇。第一穗果膨大时加大肥水供应，结合浇水每667米^{2}追施磷酸二铵10～15千克、硫酸钾5～10千克。为保证植株生长，可视生长情况再次追肥。进入10月中旬后控制浇水，加强通风，以防湿度过大引发病害。

（2）环境调控　当最低气温下降至15℃以下时扣棚膜保温，10月底覆盖棉被或草苫，做好越冬准备。白天棚温控制在25℃～28℃、夜间15℃～20℃，超过30℃通风，降至20℃关闭通风口，15℃时盖棉被保温。12月份气温急剧下降，此时大部分果实将进入成熟期，管理上以保温为主，尤其是阴雪天大幅度降温时，棉被迟揭早盖，并清扫棚面灰尘，增加光照，以防止冻害。

（3）植株调整　小型番茄植株调整非常重要，在株高30～40厘米时吊秧，采用单干整枝，只留主干，摘除所有侧枝，侧枝长不能超过10厘米，以减少养分消耗。及时去掉下部老叶、病叶和黄叶。拉秧前40～50天，在顶部果穗上方保留2片叶摘心。开花期用30～40毫克/千克防落素溶液处理保果，每隔3天喷1次。在整个生长期加强对灰霉病、晚疫病、棉铃虫、白粉虱、斑潜蝇的防治。

（三）小型西瓜栽培技术

1. 育苗　采用电热温床育苗。先将苗床整平，然后按10厘米间距布电热线，苗床靠边处可缩小到8厘米，在布好的电热线上盖细土2～5厘米厚。营养土按未种过瓜菜的园田土7份、充分腐熟的农家肥3份配制，每立方米加三元复合肥1千克、50%多菌灵可湿性粉剂100克。将装好营养土的营养钵整齐排放在电热床上。

将种子放入55℃温水中不断搅拌，待水温下降至常温时浸泡种子4～6小时，捞出后用潮湿棉布包裹，放在电热毯上，温度保持

28℃～30℃催芽。

播种前1天，营养钵浇透水，密闭棚室通电提温。每钵播发芽种子1粒，播后盖土，再盖地膜，保温保湿。出苗前床温白天保持28℃～30℃、夜间15℃～20℃。出苗后揭膜，床温白天降至25℃～28℃、夜间15℃～18℃，并注意通风，清扫棚面灰尘，增加光照，以防形成高脚苗。一般晴好天气，白天断电、夜晚通电；阴雪天可昼夜通电，育苗后期降温炼苗。湿度管理宜干不宜湿，表土发白时于晴天中午浇小水，浇水后加强通风，降低湿度。待幼苗苗龄30天、4～5片真叶时定植，定植前用50%甲基硫菌灵可湿性粉剂1500倍液灌根，并用1.8%阿维菌素乳油2000倍液叶面喷洒防治斑潜蝇，以防将病虫带入大田。

2. 定植　前茬小番茄收完后，及时清理枯枝败叶，用50%多菌灵可湿性粉剂500倍液+50%辛硫磷乳油800倍液对地面喷雾，消灭地面病菌虫卵。当10厘米地温稳定在10℃时，选晴天双行定植，株距40厘米。为避免地温下降，定植后穴内浇水2次，水渗下后封窝。缓苗期1周内不通风、不浇水，缓苗后白天温度保持25℃～28℃、夜间15℃～18℃，超过30℃通风。以后随着气温升高，逐渐加大通风量。

3. 定植后的管理

（1）肥水管理　定植后在距秧苗10～15厘米处开沟追肥，每667米^{2}追施充分腐熟农家肥2000～2500千克，并将垄沟深翻松土20厘米厚，然后浇水促进伸蔓生长。若开花前土壤干旱，浇小水促进开花结果，开花后不浇水。待西瓜果实直径5～15厘米，结合浇水每667米^{2}追施磷酸二铵10～15千克、硫酸钾10千克，此后保证充足的水分供应。采收前10天停止浇水，以防品质下降。

（2）植株调整　采用双蔓整枝，主蔓用绳吊起，侧蔓爬地生长，在瓜蔓11～12节留瓜。一般第一朵雌花结的瓜小不留，留第二和第三雌花的瓜。采用人工授粉可提高坐瓜率，在上午8～10时雌花开放时进行人工授粉，每天1次直到每株坐瓜为止。授粉期间用同种颜色的毛线，挂在瓜码处标记授粉日期。西瓜拳头大小时，每株保留形状较好的瓜1个，并采用落蔓的方法将西瓜落在垄面，瓜秧仍吊起生长，或不落蔓用网袋将瓜托起吊在铁丝上以防坠落。瓜蔓28～30片叶时摘心。以后再发出的侧枝不摘心。

（3）**病害防治** 及早防病。定植后用50%甲基硫菌灵可湿性粉剂1 500倍液，或50%多菌灵可湿性粉剂500倍液连续灌根2～3次，可有效防止根部病害发生。

4. 采收 小型西瓜花后30天左右成熟。因皮薄、含糖量高，过熟时易裂瓜。成熟期可按人工标记的时间，于午后统一采收。

（四）小白菜栽培技术

西瓜拔秧后，清理棚室，取掉棚膜，于午后地面喷洒50%辛硫磷乳油700倍液。按每垄3行、株距30厘米挖穴，每667米^{2}穴施硫酸铁5～8千克，将肥料与穴内土壤拌匀，然后浇水播种。

白菜出苗后加强管理，垄沟内连续松土、先深后浅，及早间苗和定苗。土壤见干就浇，一般5～7天浇1次小水，先降温保苗。注意不宜大水漫灌，以防发生软腐病。莲座期结合浇水667米^{2}追施人粪尿1 000～1 500千克，以保证莲座叶迅速生长。结球期需水需肥量大，可在距植株15厘米处穴施三元复合肥20千克，然后加大浇水量，以满足包心期对肥水的需求。

主要病害有病毒病、软腐病，主要害虫有蚜虫、菜青虫、菜蛾、小地老虎等，应采用对应的低毒高效农药及早防治。

二、北方塑料大棚甜瓜一年两茬种植技术

吉林省大安市有多年种植甜瓜的历史，近年来推广的塑料大棚春、秋两茬栽培技术，使甜瓜产量和经济效益再创新高。一般春茬每667米^{2}产量2 000～2 500千克，高者可达2 800千克。

（一）选地建棚

选择地势平坦、土质肥沃、有井灌条件、前茬没用过莠去津等除草剂的地块建棚，最好选择葱蒜、玉米、谷子等作物为前茬。全部采用钢筋结构塑料大棚，每棚面积 500 米^2。

（二）整地施肥

棚内最好做成南北垄，垄距 60～65 厘米。结合整地每 667 米^{2}施优质农家肥 5 000～6 000 千克、甜瓜专用肥或三元复合肥 50 千克、硫酸钾 20 千克、钙镁磷肥 10 千克。浇透水后每两垄覆盖一幅宽 1.2 米的地膜。

（三）选择品种

春季大棚栽培甜瓜应选择早熟、高产、抗病、含糖量高、耐低温的品种。目前，可选用的品种有金妃、超级超早糖王、彩虹糖王等。

（四）培育壮苗

1. 种子处理 为了确保播种后出苗整齐和达到防病的目的，对没有包衣的种子要进行晒种、消毒、浸种和催芽。将精选后的种子置于阳光下晾晒 3～5 天，有杀灭病菌和促进种子后熟的作用。浸种前，先在容器中倒入 5 倍于种子量的 55℃热水，将种子倒入热水中，按一个方向不断搅拌，保持恒温 15 分钟左右，可杀死附着在种子表面及潜伏在种子内部的病菌，然后加适量凉水继续搅拌降至室温时浸种 8 小时左右。也可用药剂浸种，即 1 升水加 50% 甲基硫菌灵可湿性粉剂或 64% 噁霜・锰锌可湿性粉剂 2 克浸种 2～4 小时，捞出用清水洗净药液，再用温水浸种。将浸好的种子捞出，沥干水分后催芽。

采用保温瓶催芽法，既省力又出芽整齐。方法是将毛巾用开水消毒后拧干，把浸好的种子均匀平铺在毛巾上卷起，用细线捆牢；保温瓶内放入温开水（28℃～30℃）3～4 厘米深，将捆好的毛巾吊在保温瓶内水的上方（注意毛巾不能沾着水），吊毛巾的线用瓶塞压住。这样在均匀的温度条件下，经 20 小时左右种子即可整齐地露白，此时为最佳播种时期。

2. 营养土配制　用腐熟有机肥和田土按 2∶3 的比例混合并捣碎、过筛，在每立方米混合土中加入研碎的磷酸二铵 1 千克、生物钾肥 2 千克，若土壤黏重应加适量的细煤灰。将肥土混拌均匀，装钵前 1 天喷湿闷好，以手攥成团、落地可散为标准。

3. 苗床准备　采用温室营养钵育苗，播前 15～20 天扣膜暖地，有条件的最好将营养钵摆放到聚苯乙烯泡沫塑料板上。播前 10 天加盖草苫（或棉被）生火加温，同时做好育苗棚消毒及床土清毒，每 667 米^2 可用 40% 百菌清烟剂 250 克和 17% 敌敌畏烟剂 200 克熏蒸 1 次，封闭 3～5 天（将配好的床土及营养钵、生产用具等都同时放在育苗棚内熏蒸），然后将床土装钵备用。

4. 播种　3 月 10 日左右选晴天播种，苗龄 28～30 天。播种时要注意播种深度，覆土厚度 1 厘米为宜，种子要平放，不要芽向上或向下放置。用 30% 噁霉灵水剂配制药土上覆下垫，或覆土后喷 1 次 72.2% 霜霉威水剂 600 倍液，然后覆盖地膜。营养钵表面放温度计，温度以 28℃～30℃为宜，夜间尽量不要让温度下降太多，这样 2～3 天即可出苗。

5. 苗期管理

（1）温度管理　播种后出苗前，室内白天温度保持 28℃～30℃、夜间 18℃～20℃，10 厘米地温保持 20℃左右。出苗后至第一片真叶出现前，棚内温度白天保持 22℃～25℃、夜间 15℃～16℃，以防止幼苗徒长。第一片真叶出现后，棚内白天温度 30℃左右，促进秧苗生长发育。定植前 7～10 天进行炼苗，逐渐加大通风量，控制浇水量，锻炼幼苗的抗旱、耐低温能力。

（2）水分管理　播种时浇透水，出苗前不浇水。第一片真叶出现后若床土干旱应适当浇水。有寒流到来或阴雨天不浇水，浇水应在上午 9 时之前完成。整个育苗期应浇 20℃左右的温水，不能浇刚出井的凉水，遵循不旱不浇、每浇必透的原则。齐苗后喷 1 次 30% 噁霉灵水剂 600 倍液预防猝倒病。当苗长到 2 叶 1 心时喷 1 次 80% 乙蒜素乳油 1 500 倍液。之后，喷 0.3% 磷酸二氢钾溶液，促进花芽分化。

（五）定　植

当 10 厘米地温稳定在 12℃以上时即可选晴天定植，一般 4 月 10 日前后定植，株距 40～45 厘米。定植时要避免出现覆土不严的现象，否则不利于发根缓苗，影响成活率，同时要浇透定植水。栽植深度以垄面和钵面齐平为好。

（六）田间管理

1. 温度及肥水管理　定植后 5～7 天为缓苗期，此期主要技术环节是保温，棚内温度不超过 35℃不通风。缓苗后要适当降温。从缓苗期到开花期需水量较大，发现干旱及时浇水，浇水应在上午 9 时之前进行，以见干见湿为准，不能大水漫灌，棚内温度控制在 25℃～30℃。果实膨大期及成熟期，白天温度保持 28℃～35℃、夜间 15℃～18℃，保持 12℃以上的昼夜温差。在做垄施足基肥后，发棵期浇水要施入适量的冲施肥，以复合型液体有机肥为佳，而果实膨大期以冲施钾肥为主。发棵期浇水要透，果实膨大期以中水为主，其他时期不旱不浇。盛果期少浇或不浇水，以提高甜瓜的品质。定植后每 7～10 天喷 1 次甜瓜专用叶面肥，直到收获。

2. 植株调整　整枝要在晴天上午进行，及早摘除 2 片子叶叶腋内长出的腋芽。为了抢早上市，选留 1 条壮蔓作为主蔓，主蔓留 4～5 片真叶摘心会抽出 4～5 条子蔓。子蔓 1～2 节有瓜的，瓜坐住后子蔓留 3～4 片叶掐尖。如果子蔓 1～2 节无雌花，要留 1～2 片叶掐尖，待长出孙蔓结瓜。每株要保留功能叶片 25 个左右。

3. 人工辅助授粉　早春气温低，自然条件下化瓜多，必须进行人工辅助授粉或喷防落素，以提高坐果率。人工辅助授粉最佳时间为上午 9～11 时，用毛笔蘸雄蕊花粉抹雌蕊柱头，授粉要在没有露水时进行。也可在雌花开放前 1 天上午 8～10 时用防落素喷幼瓜，要严格掌握使用浓度，注意随着温度的升高而降低使用浓度，切记不要喷在茎叶上。有条件的最好每棚放 2 箱蜜蜂，蜂媒传粉甜瓜品质更佳。

（七）采　收

5 月末至 6 月初开始采收，6 月下旬拉秧。春茬甜瓜拉秧后，及时清除棚内残枝落叶及地膜，关闭所有通风口，高温闷棚 10～15 天，可起到杀菌、灭虫作用，为秋茬做准备。

（八）秋茬栽培关键技术

1. 育苗　对于重茬种植的甜瓜，为防枯萎病等病害发生，最好采用嫁接育苗。用白籽南瓜作砧木，甜瓜作接穗。甜瓜 6 月 10～15 日播种，在营养钵内先播砧木种子，过 10 天左右播接穗种子。当砧木 1 叶 1 心、接穗 2 片子叶拉平真叶露尖时开始嫁接。采用插接法，先去掉砧木的生长点，再用削好的竹签顺子叶扎透下面茎（斜插），接穗在距子叶 1 厘米左右处下刀，削成楔形，插入砧木孔内。嫁接后马上扣上小拱棚，棚内温度控制在 28℃～30℃，空气相对湿度控制在 95% 以上。嫁接后 3 天内要用覆盖物遮阴，之后逐渐撤掉。5～7 天逐渐通风，嫁接成活后恢复正常苗期管理。

2. 整地施肥　秋茬棚内要重新打垄、施肥。一般每 667 米 ^{2} 施优质农家肥 4 000～5 000 千克、三元复合肥 30～40 千克、硫酸钾 30～40 千克，同时配合使用重茬剂或其他土壤消毒剂。打垄浇水后覆盖地膜。

3. 定植　7 月 15～20 日定植，密度及方法参照春茬。8 月中下旬开始采收，9 月中下旬拉秧。其他棚内管理参照春茬。

三、塑料大棚春马铃薯、夏芹菜、秋番茄栽培模式

利用塑料大棚进行蔬菜栽培，通过合理安排蔬菜茬口，实行一年多茬栽培，可以提高塑料大棚利用率，增加经济效益。下述塑料大棚春马铃薯、夏芹菜、秋番茄一年三熟高产高效栽培模式，是基于河南省商丘市经验，各地可根据当地气候条件，调整播期，选择当地适宜品种，加以应用。

（一）茬口安排

春马铃薯于12月下旬至翌年1月上旬播种，采用大棚加地膜覆盖栽培模式，4月下旬至5月上旬收获；夏芹菜于5月下旬定植，8月中旬收获；秋番茄于8月下旬定植，10月中旬始收。

（二）春马铃薯栽培技术

1. 品种选择 选用优良脱毒品种费乌瑞它、郑薯5号等，其优点是商品性好、早熟、产量高。

2. 浸种催芽 于播种前15天将种薯切块催芽，单薯重在20克以上、带1～2个芽眼，每667米^{2}种薯用量为190千克。将切块种薯放入50%多菌灵可湿性粉剂500倍液中浸泡20～30分钟，捞出堆闷6～8小时后，再用5～10毫克/千克赤霉素溶液浸泡5～10分钟，捞出放在阴凉处摊晾4～8小时，然后放入避风向阳的塑料小拱棚内催芽。催芽方法：先在棚内地面上铺10厘米厚的湿沙，上面摆放种薯块，芽眼朝上，然后用沙土盖住薯块，依此方式放置2～3层，最后拍紧床面，加盖薄膜保温，床温保持25℃～28℃，并保持床土湿润，待芽长1～2厘米时移栽。于移栽前3～4天，将发芽的薯块按芽长分类整理，然后放在散射光下晾晒炼苗，温度

保持 10℃～15℃。通过炼苗可使薯芽粗壮，色泽变绿，不易被碰掉，抗逆性增强。

3. 整地播种　塑料大棚应建在土层深厚、质地疏松、排灌方便的中性沙壤土地块上。整地时，每 667 米^{2}施腐熟有机肥 5 000 千克、三元复合肥 150 千克，深翻 30 厘米，耙细后按 80～85 厘米宽划线做畦，畦面宽 55～60 厘米。每畦栽 2 行，株距 30 厘米，按三角形栽植，播种深度为 10 厘米左右，每 667 米^{2}栽 5 500 株左右。播前浇足底水，播种覆土后，用 72% 异丙甲草胺乳油 100 毫升加水 50 升喷雾防草，然后覆盖地膜即可。

4. 温度管理　播种后至出苗前一般密闭不通风，棚内温度保持在 20℃左右，夜间不低于 10℃，以促进其尽快出苗。出苗后及时破膜放苗，以防烧苗。苗期晴天揭开棚膜，以增加光照，夜间盖好，阴雨天不揭膜。棚温控制在 20℃左右，超过 30℃时及时通风降温。气温较低时，可在中午 12 时至下午 2 时通风，以后发展为上午 10 时至下午 4 时通风。3 月下旬外界气温升高，可逐步变为全天通风。

5. 肥水管理　播种前一次性施足基肥，生育期内不再追肥。在薯块膨大期，叶面喷施叶面肥或磷酸二氢钾可提高产量。发棵期，土壤湿度应保持在土壤最大持水量的 70%～80%；开花期，水分供给必须充足；结薯期，浇水只需达到垄沟深度的 1/3 即可。

6. 病虫害防治　病害主要是晚疫病，多在花期前后发生，应注意通风换气，降低棚内湿度。发现病株及时拔掉，并用 25% 甲霜灵可湿性粉剂 800 倍液喷雾防治。防治蛴螬等地下害虫，可在播种时用 90% 晶体敌百虫 0.5 千克与细土 35 千克混匀撒施在播种穴内；防治蚜虫，可用 2.5% 溴氰菊酯乳油 2 500 倍液喷雾。

7. 适时收获　当植株大部分茎叶由黄绿色转为黄色，薯块发硬、表皮坚韧，与块茎相连的匍匐枝干枯易脱落时即可采收。一般于 4 月下旬陆续采收，采收宜在晴天进行，以便于贮运。生产中应根据市场行情的变化确定大量上市期，以获得高产高效。

（三）夏芹菜栽培技术

1. 做苗床　苗床应选在地势高、排水方便、保水保肥性好、光照充足的田块。本着栽大苗、壮苗的原则，一般定植 667 米 ^{2} 大田需苗床 67 米 ^{2}，做成宽 1 米的畦。

2. 品种选择　选用 FS 西芹 3 号品种，其优点是高产、抗病、耐热性强、适应性广。

3. 播种　夏季芹菜最适宜的播种期为 3 月中下旬。播种前先催芽，方法是：将种子放入 20℃～25℃水中浸泡 10～12 小时，用清水搓洗干净（洗种次数不得少于 6 遍），捞出后用湿布包好放在 15℃～20℃条件下催芽（超过 25℃种子不发芽），待 60% 种子萌芽时即可播种。播种前先浇足底水，待水渗下后，将种子均匀撒播于床面上，覆盖 0.5 厘米厚的细土，再用地膜覆盖畦面。待种子发芽出土时，及时揭去地膜。

4. 苗期管理

（1）温度管理　芹菜出苗的适宜温度为 15℃～20℃，当苗床温度超过 25℃时，要用遮光率 70% 的遮阳网遮阴降温。

（2）间苗　当幼苗长出 1 片真叶时进行间苗，疏除过密苗、病苗和弱苗，保持苗距 2～3 厘米见方。结合间苗拔去田间杂草。

（3）肥水管理　苗期保持床土湿润，应小水勤浇。当幼苗长出 2～3 片真叶时，结合浇水每 667 米 ^{2} 随水冲施碳酸氢铵 10～15 千克。苗期每 667 米 ^{2} 用磷酸二氢钾 200 克兑水 30 升喷洒叶面，共喷施 2 次。

（4）壮苗标准　苗龄 50～60 天，株高 15～20 厘米，具有 5～6 片真叶，叶色浓绿，根系发达，无病害。

5. 整地定植

（1）整地施肥　一般每 667 米 ^{2} 定植田施优质腐熟猪圈粪 5 000 千克、尿素 50 千克、硫酸钾复合肥 20 千克、硼肥 5 千克，深翻后做成 1.2～1.5 米宽的平畦。

（2）定植方法　夏芹菜由于生育期短，应适当密植，一般以行距20厘米、株距15厘米为宜，每667米^{2}定植22000株左右。栽苗时要浅栽，切忌埋心，栽后随即浇水。

6. 田间管理

（1）中耕除草　定植后至封垄前中耕2～3次，清除田间杂草，缓苗后视植株生长情况蹲苗7～10天。

（2）肥水管理　浇水原则是保持土壤湿润，在植株生长旺盛期保证水分供给。待株高25～30厘米时，结合浇水每667米^{2}追施尿素20千克。上市前15天左右，用1克赤霉素原粉兑水50升喷洒叶面1～2次，以加速植株生长。由于夏芹菜生长期处在高温季节，因此要采用遮光率为75%的遮阳网遮阴降温，以满足芹菜生长的需要。

7. 病虫害防治　斑枯病用50%多菌灵可湿性粉剂500倍液，或75%代森锰锌可湿性粉剂400倍液喷雾防治。疫病用72%霜脲·锰锌可湿性粉剂600倍液，或47%春雷·王铜可湿性粉剂500倍液喷雾防治。软腐病发病初期用72%硫酸链霉素可溶性粉剂1000～1200倍液喷雾防治，每隔7～10天喷1次，连喷2～3次。蚜虫用50%抗蚜威乳油2000倍液，或10%吡虫啉可湿性粉剂4000倍液喷雾防治。

8. 收获　进入8月上中旬，当芹菜长到50厘米高以上时，可根据市价情况陆续收获。

（四）秋番茄栽培技术

1. 品种选择　根据秋番茄生长前期高温多雨，后期又急剧降温的气候特点，选用中晚熟品种金冠F_1、金棚1号，其优点是耐热、抗病、耐贮藏。

2. 播种　育苗大棚栽培一般于7月下旬至8月上旬播种，早播易得病毒病；晚播则后期低温影响果实成熟，使产量降低。育苗期间，为防止雨涝、暴晒和病毒病危害，应将苗床设置在高燥处，并做高畦，搭荫棚，使用穴盘基质育苗。育苗期间不移苗，当苗龄达到20～25天、秧苗具有3～4片叶时为定植适期；若使用大苗定植，则伤根重，病害重。

3. 整地定植 定植前将田块深翻晾晒，每667米^{2}施腐熟有机肥5000千克、尿素20千克、磷酸二铵20千克、硫酸钾40千克，深翻整地后按80厘米宽划线做畦，畦面宽50～60厘米，每畦定植2行，株距35厘米，每667米^{2}定植2500～2800株。

4. 定植后管理

（1）温度管理 大棚秋番茄定植时外界温度高，定植前要扣好棚膜并掀开四周裙膜，只留顶部棚膜防雨、遮强光。定植后昼夜大通风，当外界夜间温度降到15℃以下时，夜间停止通风，白天温度控制在25℃～30℃、夜间15℃～17℃。10月下旬全棚扣严后，只在中午通风排湿。

（2）肥水管理 定植后2～3天，土壤墒情适宜时及时中耕松土。缓苗后可浇1次水，以后为防止徒长应少浇水。随后进行浅耕、蹲苗，直到第一穗果长到核桃大小时再追肥浇水，追肥时可增施一些硫酸钾。10月上旬以后，为降低棚内湿度，应停止浇水。果实膨大期再喷施一些叶面肥。

（3）植株调整 大番茄采用单干整枝法，一般留5～6穗果，每穗留3～4个果形周正的果实，于9月中旬左右打顶。樱桃番茄采用双干整枝法，除保留主干外，再保留第一花序下第一叶腋抽出的侧枝，其他侧枝全部去掉。

（4）药剂处理 开花期，用2.5%防落素喷花，当棚内气温低于15℃时使用浓度为40～50毫克/千克，棚内气温高于15℃时使用浓度为30毫克/千克，每隔5～7天喷1次，可保花保果。

5. 病虫害防治 秋番茄栽培应注意防治病毒病，除选用抗病品种、适期播种、采用营养钵育苗和选用无病苗定植外，提前扣棚能明显减少蚜虫数量。发现病株应及时拔除，并用肥皂水洗手后补栽。发病时每667米^{2}用20%吗胍·乙酸铜可湿性粉剂170～250

克兑水50～70升喷雾防治，每隔7～10天喷1次，共喷2～3次。

秋番茄生长后期须注意预防番茄叶霉病、灰霉病、晚疫病等真菌性病害的发生，防治方法除调节适宜的温湿度外，还应结合进行化学防治。灰霉病和晚疫病在发病初期可用75%代森锰锌可湿性粉剂500～600倍液，或50%多菌灵可湿性粉剂500倍液喷雾防治；后期交替用72.2%霜霉威水剂800～1 000倍液，或58%甲霜·锰锌可湿性粉剂800倍液喷雾防治，一般每隔7～10天喷1次，连喷3～4次。叶霉病可用50%硫磺·多菌灵悬浮剂700～800倍液，或30%异菌脲可湿性粉剂1 500倍液喷雾防治。

6. 采收与贮藏　由于不使用催熟措施，可以尽量延迟采收，以提高商品质量和价格。第一穗果采收期在播后90天左右，以后气温降低、光照不足，果实成熟缓慢。棚内温度降到5℃以下，就要采收全部果实。采收后用筐装起来，放在温室或暖和的屋内进行贮藏，待果实着色后再陆续上市。

四、山东省聊城市蔬菜日光温室结构类型及种植茬口

日光温室结构和蔬菜茬口安排是密切关联的，只有根据日光温室的保温能力，合理安排蔬菜种植茬口，才能在生产上取得较好的效果。以下茬口安排，是基于山东省聊城市的种植经验，可供各地借鉴。

（一）日光温室结构类型及性能

根据其结构类型和保温性能，分为冬用型和春用型两大类。

1. 冬用型日光温室结构特点及性能　冬用型蔬菜日光温室建造规格较高，投资较大，增温保温性能良好，抗灾能力较强。

（1）墙体　墙体分泥土结构和砖结构两种。泥土结构底部厚度

1.5 米以上，顶部厚度 0.8 米以上，后墙高度 1.8～2 米。砖结构厚 0.5 米，中间设 0.12 米隔热层，后墙高度 2 米。

（2）屋脊 屋脊是棚体最高点，即后屋顶与棚面塑料薄膜接茬处。其高度 3.1 米以上，如钢架结构可达 3.5 米。

（3）高跨比 高跨比即屋脊高度和后立柱与棚体前沿距离之比，一般为 1∶2.1 左右，如比值过小则使棚体前屋面与地面夹角变小，影响采光。

（4）塑料薄膜 塑料薄膜选用无滴性强、防雾、增温、保湿性能良好的聚氯乙烯多功能无滴膜。

（5）草苫 草苫用优质稻草制成，厚度 0.03 米以上，每床草苫（规格为 1.2 米×9 米）重量在 45 千克以上，草苫质地厚实紧密。采用在稻草苫上层再加盖一层塑料薄膜，形成双膜夹草苫的覆盖方式，双膜覆盖可使棚温增加 3℃～4℃；保护草苫不受潮湿，保护棚架不被积雪压坏。

具备以上结构参数的太阳能蔬菜温室称为冬用型太阳能蔬菜温室。冬用型温室深冬季节棚内最低温度不低于 8℃，10 厘米地温不低于 11℃，在温室内种植越冬黄瓜、茄子、青椒等蔬菜基本上可以安全越冬。

2. 春用型太阳能蔬菜温室的结构及性能 春用型太阳能蔬菜温室的建造规格较低，投资较少，其主要结构参数如下：①墙体。墙体多为泥土垒制，底部厚 0.8 米，中部厚 0.5 米，顶部厚 0.4 米，后墙高 1.6 米。②屋脊。屋脊高 2.4～2.5 米。③高跨比。高跨比一般为 1∶2.8，前屋面与地面夹角较小，采光性能不及冬用型蔬菜日光温室。④塑料薄膜。采用聚乙烯半无滴膜，半无滴膜成本较低，但防雾性能较差。⑤草苫。草苫厚度一般为 0.015～0.02 米，每床草苫重 20～25 千克。覆盖物草苫上无塑料薄膜双层覆盖，草苫易受潮变湿，影响保温性能，应加以重视。

春用型蔬菜日光温室的增温、保温性能均不及冬用型温室，深冬季节棚内最低温度可降到 0℃，10 厘米地温降到 5℃以下。

（二）根据温室性能安排茬口

冬用型蔬菜日光温室和春用型蔬菜日光温室结构类型和增温保温性能有较大差异，而不同种类的蔬菜其耐寒性和适应性也不一样，所以在安排蔬菜种植茬口时，应该有所区别。然而在生产中，许多农户不能按照自己所建蔬菜日光温室的结构类型合理安排茬口，往往“冬用”和“春用”不分，一个模式；有的农户把春用型温室当冬用型使用，在深冬季节种植黄瓜、茄子等喜温蔬菜，结果极易遭受冷害、冻害的袭击，致使蔬菜产量严重下降，甚至全部毁灭，在这方面各地均有大量的教训。

1. 冬用型温室适宜的茬口　冬用型蔬菜日光温室的增温保温性能较好，在深冬季节种植各类喜温蔬菜，一般不会出现大的问题。

（1）一年一大茬　这种模式是在深冬季节采收供应茄子、青椒、番茄等茄果类反季节高档菜，其特点：一是产品销路好，效益高；二是蔬菜结果期长，产量高；三是育苗换茬次数少，省工省力。其主要栽培技术要点如下。

①选用良种　越冬茄子适宜的品种有天津快圆茄、济南941、北京六叶茄等；青椒适宜品种有寿光牛角黄、以色列系列彩椒等；番茄适宜品种有毛粉802、L402、圣女红果等。

②适时育苗　茄子、青椒、番茄育苗季节一般在7月中旬至8月上旬。如育苗时间过早，蔬菜幼苗经历高温时间过长，容易早衰；如育苗过晚，则蔬菜产品采收期推迟，影响经济效益。

③施足基肥　基肥充足是保证越冬蔬菜栽培成功的关键。每667米^{2}温室基肥施用量要达到腐熟有机肥6～7米^3、饼肥100千克、磷酸二铵50千克、尿素30千克、硫酸钾20千克。一年一大茬栽培模式一般1月上旬开始采收，春节前后进入结果盛期，在管理精细的情况下，结果期可延期到9月上旬，全生育期360天以上，结果期230天以上，每667米^{2}产量达8000～11000千克。

（2）冬春、越夏一年两茬　本模式是冬用型蔬菜日光温室广泛采用的传统种植模式，栽培成功率高，风险小，但蔬菜总产量和效益略低于一年一大茬种植模式。

冬春茬种植蔬菜主要是黄瓜、西葫芦、菜豆等。一般9月中下旬至10月上旬育苗，11月上中旬定植。黄瓜、西葫芦12月中旬即开始采收，翌年1月下旬进入结果盛期；芸豆2月上旬开始采收。以上几种蔬菜的生长期较茄果类蔬菜短，一般5月下旬至6月上旬拉秧，拉秧后可种植一茬越夏菜。

越夏茬可种植耐热的丝瓜、豇豆、南瓜、冬瓜等。4月上旬至下旬在上茬蔬菜拉秧前用营养钵育苗，5月下旬灭茬、整地，施肥后定植，6月下旬至7月上旬开始采收，10月中旬拉秧。

2. 春用型温室适宜的茬口　春用型日光温室增温保温性能较差，蔬菜种植茬口应与冬用型日光温室有所区别。适宜春用型蔬菜日光温室的茬口有以下两种。

（1）秋冬、冬春一年两茬　把蔬菜的采收结果期分别安排在严冬到来之前和严冬之后，避开了严冬季节低温、寒流等恶劣天气对蔬菜的侵袭，因而栽培成功率高，风险小，是春用型日光温室广泛采用的种植模式。

秋冬茬可种植番茄、黄瓜、菜豆等蔬菜，西葫芦在这一茬极易感染病毒病，如无遮阳网、防虫网等覆盖条件最好不种。一般7月下旬至8月上旬播种育苗，黄瓜9月下旬采收，翌年1月上旬拉秧；番茄12月中旬采收，翌年1月下旬拉秧，通常实行单干整枝，留2穗果打顶；菜豆10月下旬采收，12月下旬拉秧。

早春茬可种植黄瓜、西葫芦、茄子、青椒、番茄、豇豆、菜豆等蔬菜。一般茄果类蔬菜11月中旬育苗，瓜类、豆类蔬菜翌年1上旬育苗，均采用酿热物温床或高温育苗温室育苗，2月中旬定植，3月下旬至4月上旬采收，7月中下旬拉秧。

（2）秋冬、深冬、冬春一年三茬　这种种植模式是在一年两茬的基础上，在深冬季节增种一茬耐寒性较强的蔬菜，从而进一步提高蔬菜日光温室的利用率，提高经济效益。冬春茬、秋冬茬的蔬菜

种植种类和季节与前述基本相同。深冬蔬菜可种植芹菜、甘蓝、花椰菜、生菜、樱桃萝卜、茼蒿、油菜等。

以上两种模式适宜在春用型蔬菜日光温室种植，如果肥料、用工等投入到位，管理精细，其蔬菜总产量和效益可接近冬用型蔬菜日光温室的种植茬口模式。

另外，在选择种植作物类别时，还应考虑温室的肥力状况和投入能力，如果温室肥力差、土质沙或碱、有机肥和化肥投入不足，最好不要种植黄瓜等对肥力要求较高的蔬菜，可选择种植芹菜、甘蓝、茄子等对环境条件适应性强的蔬菜种类。

五、日光温室冬芹菜、春黄瓜栽培模式

此模式基于甘肃省崇信县的种植经验，可充分利用日光温室设施条件，提高土地利用率，增加蔬菜产量，可供西北、华北等寒冷地区使用保温性较差的温室的种植者借鉴。

（一）茬口安排

8月初播种芹菜，12月中旬黄瓜播种育苗，翌年1月份收获芹菜，2月中旬定植黄瓜，3月底开始采收黄瓜直至7月20日左右。

（二）品种选择

1. 芹菜品种　选择“绿金蓝”牌文图拉、美国西芹、天津实芹、皇冠、皇后等。

2. 黄瓜品种　以津优30号、津优32号、顶峰1号等为主，搭配品种有津优3号、国育10号、国育3号、特优11号、盛丰13号、博耐13号、冬冠2号、津园2号。

（三）播　种

两者的种子在播前都要经过处理，先是晾晒1～2天，挑除杂

质和秕粒，再用50℃～60℃温水浸种，边倒种子边迅速搅拌，待水温降至30℃时停止搅拌，浸种8～10小时使种子吸足水分，然后捞出沥干水分放在25℃～28℃条件下进行催芽，经24～48小时，待60%“露白”时即可播种。芹菜每667米^{2}用种量200～250克，黄瓜每667米^{2}用种量200～300克。

（四）施　肥

在蔬菜生长期根据长势、天气、叶色等情况酌量适时追肥，每次每667米^{2}追施磷酸二铵15～25千克、尿素5～10千克、硫酸钾10千克，追肥与浇水配合进行效果较好，植株间肥效一致，同时还可有效避免“烧苗”。

（五）栽培技术要点

1. 芹菜栽培

（1）整地施肥　进入7月份清除温室前茬作物秸秆及根茬，耕翻土壤，打碎土块，使土壤上虚下实，整平地面，结合整地施基肥，每667米^{2}施腐熟优质有机肥5000～7000千克、磷酸二铵30～50千克、磷肥50千克、尿素15千克、硫酸钾20～25千克，同时喷施农药防治地下害虫和土传病害。

（2）做畦　整平整细，南北向做平畦，畦宽1米，长同温室宽，四周畦埂高0.15米。

（3）播种　畦内浇足底水，待地面稍干后于晴天上午撒播，每667米^{2}用种子200～250克。为了撒播均匀，可以在种子内掺入一定数量的干细土或草木灰，播种后撒一层厚0.5～0.8厘米的过筛营养土（配制比例为60%无污染田土、30%腐熟优质有机肥、5%磷酸二铵、5%磷肥和硫酸钾），最后压实地面。为了保墒，可以覆盖一层地膜。

（4）定苗　播种15～20天后种子陆续发芽出苗，须及时去除地膜，中耕锄草，土壤见干见湿浇水，待苗高5厘米后定苗，株行

距 5 厘米×8 厘米，每 667 米 ^{2} 平均留苗 10 万株。

（5）**定苗后管理**　在不影响生长的情况下少浇水，通过低温进行炼苗、蹲苗，培育壮苗。霜降前及时扣膜保温，棚温保持 15℃～25℃。芹菜生长期间根据天气、长势、土壤等情况灵活掌握追肥、浇水、施药。翌年 1 月 20 日至 2 月 10 日收获芹菜。

2. 黄瓜栽培　12 月中旬前在装好营养土、浇足水的营养钵内点播黄瓜，每 667 米 ^{2} 用种子 350～450 克，播后扣小棚，温度保持 25℃～28℃，以利黄瓜种子发芽和幼苗生长。2 月 20 日至 3 月 10 日整地施基肥，同时喷施农药防治地下害虫和土传病害，起垄覆膜。垄高 15～20 厘米、宽 90～100 厘米，小沟宽 15 厘米，大沟宽 20～30 厘米。黄瓜定植，浇定植水，缓苗后及时吊蔓、摘除卷须。充分利用黄瓜喜水喜肥的特点，实行大肥足水较高温的促成栽培，加速生长，提高产量。3 月 20 日至 4 月 10 日开始采收黄瓜直至 7 月份。

六、山东省莱州市日光温室蔬菜的几种高效种植模式

山东省莱州市根据地理、气候特点，采用春提早、秋延后、越冬、越夏栽培模式。特点：一是充分利用秋季光照充足的优势，在北部沿海平原重点扩大果菜类秋延后种植面积，其他地区在加大保温措施的基础上，重点种植越冬蔬菜；二是针对春季气温回升慢和低温持续时间长的特点，采用严冬季节增温育苗或工厂化育苗技术，设置早春种植茬口，扩大瓜类、茄果类棚室种植面积；三是针对夏季高温多雨间有干旱的特点，采用遮阴避雨措施，设置越夏蔬菜种植茬口，提高日光温室的利用率，改善夏季蔬菜市场的淡季供应状况。山东省农业厅高林旭对此种植模式进行了详细的测算和总结。

（一）秋延后番茄（黄瓜、茄子、辣椒）、早春厚皮甜瓜（西瓜）、伏白菜（萝卜）

1. 主要茬口

（1）秋延后番茄 选用L-402品种，于6月15日播种，8月1日定植，从10月7日开始收获，翌年2月17日收获结束，采收期130天。10月7日至11月7日每667米^{2}的前期产量为624千克；11月8日至翌年1月24日的中期产量为6 174千克，该期平均每667米^{2}日产量为64.3千克；1月25日至2月17日的后期产量为1 430千克。本茬口每667米^{2}总产量达8 228千克。

（2）早春茬厚皮甜瓜（洋香瓜） 选用日本梅龙品种，12月3日播种，采用加温保温的工厂化育苗方式，于翌年2月20日定植，行距80厘米，株距45～50厘米，每667米^{2}栽植1 800株左右。5月初一次性收获结束，每667米^{2}产量达4 088千克。

（3）伏白菜 于5月10日直播到提前起好垄的大田中，每667米^{2}种植4 000株左右，于7月20日一次性收获，每667米^{2}产量3 570千克。

2. 关键技术 此模式适宜在经济条件较好、水资源较丰富的平原地区发展。

（1）工厂化穴盘育苗 通过工厂化育苗，使秋延后番茄苗期避免由高温引起病毒病的发生，使早春厚皮甜瓜能够早育苗、育壮苗，减少因分苗引起的伤根和土传病害，保证苗齐苗壮。适时定植，为高产高效奠定坚实的基础。

（2）化学控制 第一茬秋延后番茄苗定植时，使用矮壮素灌根，控制因气温高、温差小等因素造成的徒长现象。一般掌握在每667米^{2}用矮丰灵0.5千克左右。

（3）合理整枝 番茄选用无限生长型品种，适当加大种植密度，采用单干整枝，每株留6～7穗果，每穗留3～4个果。厚皮甜瓜在育壮苗适时定植的基础上，采用基部留叶扩大前期叶面积，

促使早坐瓜、早收获。

（4）病虫害防治　加强以生物农药为主的病虫害防治，番茄重点控制病毒病、灰霉病、早（晚）疫病及叶霉病的发生。采用有针对性的高效、低毒、低残留农药及早进行预防；厚皮甜瓜重点防治病毒病、霜霉病；伏白菜生长期间正处于高温季节，应以防治软腐病、病毒病为主。

（二）早春厚皮甜瓜、越夏豇豆、秋延后厚皮甜瓜、深冬菠菜

1. 主要茬口

（1）早春茬厚皮甜瓜　选用伊丽莎白品种，12 月 13 日播种（采用工厂化育苗），翌年 1 月 24 日按行距 80 厘米、株距 45～50 厘米进行定植，每 667 米^{2}栽植 1 800 株，4 月 26 日一次性收获结束。每 667 米^{2}产量 3 560 千克。

（2）越夏茬豇豆　选用特选 901 品种，4 月 19 日套种在厚皮甜瓜大行内，从 6 月 17 日开始收获，9 月 6 日收获结束，采收期 80 天。6 月 17 日至 7 月 2 日每 667 米^{2}的前期产量为 326 千克；7 月 3 日至 8 月 17 日的中期产量为 1 237 千克，该期平均每 667 米^{2}日产量为 27.5 千克；8 月 18 日至 9 月 6 日的后期产量为 457 千克。该茬总产量达 2 020 千克。

（3）秋延后茬厚皮甜瓜　选用日本梅龙品种，8 月 8 日播种（工厂化育苗），9 月 10 日定植，每 667 米^{2}栽植 1 800 株，11 月 16 日一次性收获结束，每 667 米^{2}产量 2 890 千克。

（4）深冬菠菜　收获厚皮甜瓜后接着翻地，条播菠菜。选用日本圆叶菠菜品种，11 月 19 日进行直播，翌年 1 月 20 日一次性收获，每 667 米^{2}产量 862 千克。

2. 关键技术　此模式可在冬季风较大、气温回升慢的沿海地区发展。重施腐熟有机肥，合理施用磷、钾肥，促成两茬厚皮甜瓜的高产、优质、高效。棚内作物全部采用地膜覆盖，以降低空气湿度；

均匀供水，避免忽干忽湿造成裂瓜。厚皮甜瓜均应在合理调控肥水的前提下，及早防治霜霉病、病毒病为主的病害；越夏豇豆应以防治虫害为主，可选用生物农药进行早期预防。

（三）越冬黄瓜、越夏番茄

1. 主要茬口

（1）越冬茬黄瓜 选用津春3号品种。9月2日播种，用黑籽南瓜作砧木进行嫁接育苗。10月4日按照大行距80厘米、小行距40厘米，株距30厘米进行定植。11月8日开始采收，6月10日收获结束，采收期163天。从11月8日至翌年1月8日每667米^{2}的前期产量为1546千克；1月9日至5月5日的中期产量为7800千克，该期的平均日产量为65千克，此期市场价较高；5月6日至6月10日的后期产量为1895千克。此茬每667米^{2}总产量11241千克。

（2）越夏茬番茄 选用美红品种，于4月15日播种，6月16日定植（根部灌施矮丰灵），每667米^{2}栽植2800株。8月8日开始收获，10月29日收获结束，采收期为81天。从8月8日至8月23日每667米^{2}的前期产量为964千克；8月24日至10月8日的中期产量为3567千克，该期平均每667米^{2}日产量为81千克，此期番茄的市场价在各种常规蔬菜中为最高；从10月9日至10月29日的后期产量为2031千克。此茬每667米^{2}总产量为6562千克。

2. 关键技术 此模式可在无霜期短、夏季凉爽的山区发展。黄瓜采用嫁接换根栽培，以防止枯萎病等土传病害的发生，提高植株抗逆性，增加产量。适当早扣棚膜，进行棚内高温消毒，并可做到冬前蓄热，防止土壤热量散失。采用地膜下小水暗浇，降低棚内湿度，创造有利于黄瓜生长而不利于病害发生的环境。在施足有机肥、补充追施化肥的基础上，深冬低温期施用二氧化碳气肥，提高冬春棚室栽培条件下的光合效率，增加单位面积产量。使用遮阳网覆盖技术，降低夏季棚内高温并有防雨作用，为番茄生长营造有利的空间环境。根据植株的生长状况，一旦出现徒长、落花落果、花

打顶等现象，除了通过肥水、温度进行调控外，应及时用矮丰灵800倍液进行喷施，使黄瓜、番茄均能处在正常的生长状态中，并取得理想的经济效益。

七、日光温室越冬甜瓜、延后番茄、早春茄子栽培模式

此种植模式源于甘肃省酒泉地区，可充分有效地利用日光温室及地力，3种蔬菜种植时间安排上相对比较合理，一定程度避免了季节变化对日光温室的影响，且采收上市期属淡季供应期，具有一定的价格优势，可取得显著的经济效益。

（一）茬口安排

9～10月份播种甜瓜，10～11月份定植，翌年3月份开始采收甜瓜，6月份拉秧；7月份播种番茄，9月份定植，12月份采收；11月份播种茄子，第三年2月份定植，3月份开始采收，收获至6月份以后。

（二）适宜品种

甜瓜选用抗病、耐寒早熟、品质佳的品种，如伊丽莎白、劳朗、古拉巴、西布罗托、台农2号、玉金香等。番茄选用适应性强、抗病性强的品种，如毛粉802、早丰、同辉、L-402等。茄子选用抗病、高产、优质的品种，如紫光大圆茄、茄杂二号、二苠茄、快圆茄、紫阳长茄、兰竹茄等。

（三）栽培技术

1. 甜　瓜

（1）播种　采用温室育苗，在9～10月份催芽播种于配好营养土的营养钵内，播前浇透水，水渗后每钵播1粒种子，覆细土

1～1.5 厘米厚，床上加盖地膜或小拱棚。

（2）**苗期管理**　播种至出苗，白天温度保持 30℃～35℃、夜间 20℃～22℃。出苗后去地膜，出苗至 1 片真叶，白天温度保持 25℃～30℃、夜间 16℃～18℃。1～2 片真叶期，白天温度保持 28℃～32℃、夜间 14℃～16℃。定植前 5 天炼苗，白天温度保持 20℃～25℃，夜间 8℃～12℃。

（3）**定植**　定植时间一般在 10～11 月份，定植前结合整地每 667 米^2 施优质农家肥 5 000 千克、过磷酸钙 50 千克、硫酸钾 10 千克，其中 60% 普施，40% 集中沟施，并用地膜覆盖栽培畦。在垄台中央开定植沟，80 厘米行距，按 38 厘米株距栽苗；100 厘米行距，按 30 厘米株距栽苗，每 667 米^2 栽 2 000 株左右。

（4）**田间管理**　定植后浇 1 次缓苗水，待瓜坐住后、有核桃大小时浇 1 次膨瓜水，每 667 米^2 随水追施尿素 5 千克，之后要保持水分充足，视情况追施速效肥。吊蔓或搭架，当主蔓有 6～7 片叶时绑蔓，绑蔓时呈“S”形弯曲调节植株高度，使龙头处在南低北高一条斜线上。用单蔓整枝，在 11 节后选留 1～2 个瓜柄粗、瓜形正的子蔓瓜，瓜前留 2～3 片叶摘心，瓜下子蔓全部摘除。在雌花开放时进行人工授粉，每天上午 8～10 时将当天开放的雄花摘下去掉花瓣，在雌花柱头上轻轻涂抹即可，授粉后挂上不同颜色的纸牌。通过揭盖草苫的时间和通风早晚及通风口大小来调节温度。

2. 番　茄

（1）**培育壮苗**　播种前进行种子消毒，以防种子带菌。把种子放入 50℃温水中浸泡 15 分钟或放入 50% 多菌灵可湿性粉剂 500 倍溶液中浸泡 20 分钟，然后取出用清水冲洗干净，再放入自然水温中浸泡 2～3 小时，取出阴干待播。

7 月份正值夏季高温多雨，应采用遮阴避雨育苗。做成宽 1～1.5 米的高畦育苗，整平整细。播前浇足底水，将种子均匀播于苗床上，播后要稍盖土，搭平棚或小拱棚用双层遮阳网覆盖降温保墒。出苗后及时用 5% 井冈霉素水剂 700 倍液喷雾预防猝倒病、立枯病等苗床病害。幼苗2叶前进行移苗进钵，同时做好防夏季高温烈日和暴雨的遮阴避雨工作。钵土应取用未种过茄果类蔬菜的土壤，以田园土：腐熟有机肥：焦泥灰为6：3：1的比例混合，并加少量三元复合肥。整个苗期要用50%百菌清可湿性粉剂600倍液+40%乐果乳油1000倍液喷施2～3次。育成的秧苗以植株矮壮、茎部直径粗大且色深的为好，要适当控制肥水，避免徒长。

（2）定植前准备　每平方米用50%多菌灵可湿性粉剂5～8克进行土壤消毒。同时，每667米^{2}施腐熟有机肥2500～3000千克、三元复合肥25千克或有机复合肥50千克作基肥，结合翻耕，全层深施。整地开深沟做畦，做成畦宽连沟1.5米的高畦。

（3）定植　9月上旬移栽。定植前秧苗应用50%百菌清可湿性粉剂500倍液+40%乐果乳油1000倍液喷施1次，以防幼苗带病和蚜虫等传播病毒。秧苗带药带土移栽，避免伤根，避免高温日晒，增强抗逆力。栽后及时浇水，防止死苗缺株。定植行距75厘米，株距25～30厘米，双行移栽，每667米^{2}栽2400～3000株。

（4）田间管理

①肥水管理　分次施肥，方法为栽后5～7天及时施提苗肥，每667米^{2}施尿素5千克，可每担水加尿素0.2～0.3千克、过磷酸钙1千克浇施。第一、第二穗果膨大，第三、第四穗果坐稳后适当施重肥，每667米^{2}可施三元复合肥15～20千克。另外，在果实膨大期间，于傍晚喷施2%过磷酸钙浸出液或0.2%磷酸二氢钾溶液，以促进果实生长发育。

②整枝搭架绑蔓　此期栽培番茄，生长前期气温高，易使节间细长，茎叶细弱，可用矮壮素控制，防止徒长，促进植株生长健壮。使用时间在株高25～30厘米时，矮壮素使用浓度为250～500毫克/千克（50%矮壮素原液1毫升兑水1～2升）。株高30～40厘米时及时立人字形支架，进行绑蔓，使枝条均匀分布。

③保花保果和疏果留果　用10～15毫克/千克2,4-D溶液蘸花保花保果。为防止果实大小不均，次级品多，要疏花疏果，一般

每穗果留 4～5 个即可。

④温度管理　番茄是喜温作物，在 15℃以上生长良好，5℃以下停止生长。要在早霜来临前扣棚，前期注意加强通风降温，后期要保温，促使番茄正常生长发育。

（5）采收　一般在 11 月中下旬开始采收上市，可用 2000 毫克/千克乙烯利溶液浸果 1 分钟催熟，经 3～5 天即可转红上市。

3. 茄　子

（1）播种　该种植模式一般于 11 月上旬在温室或阳畦内用营养钵育苗。播种前进行催芽，畦内浇足底水，水渗后覆一层细土，选晴天中午将已发芽的种子播于钵内，播后覆土 1～1.2 厘米厚。

（2）苗期管理　播后至出苗，白天温度保持 30℃～32℃、夜间 20℃～22℃。齐苗至定植前 7～10 天，白天温度保持 25℃～28℃、夜间 18℃～20℃，定植前 7～10 天至定植白天温度保持 18℃～20℃、夜间 15℃。

（3）定植　定植时间一般在 2 月上旬，定植前结合整地每 667 米^{2}施优质农家肥 5000 千克、过磷酸钙 50 千克、尿素 10 千克，每 667 米^{2}定植 2200～2500 株，可采用大小行或大垄双行栽植，实行地膜覆盖。

（4）田间管理　定植后要及时浇缓苗水，当门茄开始膨大时结合浇水每 667 米^{2}追施硫酸铵 15～20 千克，或磷酸二铵 8～10 千克，以后视情况每隔 10～15 天浇 1 次水，隔一水追 1 次速效肥，化肥与有机肥交替使用。同时，要及时整枝打杈，加强通风，摘除下部枯黄叶、病叶。

八、塑料大棚黄瓜、番茄、菠菜栽培模式

（一）设施类型

塑料大棚，通风口设防虫网，棚内悬挂诱杀虫板。

（二）黄瓜栽培技术要点

1. 品种选择　选择抗病、高产、早熟、耐寒性强的优质黄瓜品种，如福星、津绿11号。

2. 育苗　育苗期2月上旬温室育苗。营养土配比为腐熟有机肥：园田土：细炉灰=5：4：1。每立方米营养土中加入尿素0.5千克、磷酸二铵1～2千克混匀。种子浸泡4～6小时，置25℃～30℃条件下催芽，1～2天可出芽，直播于营养钵内或播于苗床上（此法需分苗）。播后白天温度保持25℃～30℃、夜间18℃～20℃，出苗后白天温度保持25℃～30℃、夜间12℃～16℃。苗龄40天左右。壮苗标准为株高15～18厘米，茎粗1厘米，5～6片真叶，叶色浓绿，龙头舒展。

3. 定植　定植期在3月下旬。大行距80厘米、小行距50厘米、株距35厘米，每667米^{2}栽2800～3000株。结合整地每667米^{2}施有机肥5000千克、磷酸二铵20～30千克、尿素10千克，带土移栽，暗水定植。

4. 田间管理　缓苗前白天温度保持30℃～32℃、夜间12℃～16℃，定植后1周内不通风。缓苗后白天温度保持26℃～30℃、夜间14℃～16℃，通风口由小到大逐渐通风。膨瓜期白天温度保持28℃～30℃、夜间13℃～18℃，5月下旬可昼夜通风。

浇足定植水，7～10天后浇1次缓苗水（水量不宜大），然后中耕蹲苗。待子叶色深绿、叶片肥厚、坐住根瓜，即结束蹲苗，浇1次催瓜水。以后每隔10天浇1次水，盛瓜期5～6天浇1次水。追肥宜少量多次，前期少，结瓜盛期多施。每次浇水每667米^{2}可随水施尿素20～30千克。

（三）番茄栽培技术要点

1. 品种选择　应选择早熟、抗病毒、商品性好的品种，如粉宝等。

2. 育苗　种植667米^{2}番茄，需苗床面积40米^2。苗床营养土以肥、土比为3∶7或4∶6。为预防病虫害，每平方米用50%多菌灵可湿性粉剂8克进行土壤消毒；用50%辛硫磷乳油拌豆饼或麦麸撒入苗床周围防治地下害虫。种子处理先用55℃温水浸泡20分钟，不断搅拌，水温降至30℃时再浸种6～8小时。为防治番茄猝倒病、早疫病等病害，可用1%高锰酸钾溶液浸种15～20分钟，然后用清水冲洗干净，置于30℃条件下催芽，待种子露白时播种。

5月下旬为最佳播期，一般种植667米^{2}番茄用种子50克。播种前苗床先浇透水，待苗床土松散后撒播种子，播后覆盖杂草。出苗后及时除草、间苗，苗距10厘米×10厘米。及时防治蚜虫，以防病毒病的发生。壮苗的标准：茎粗，节间短，有6～8片真叶，苗高15厘米左右，叶片肥大，叶色浓绿，开始现蕾，须根较多，苗龄为35～40天。

3. 定植　7月中旬进行定植，定植前，结合整地每667米^{2}施优质圈肥5000千克、过磷酸钙50千克、尿素15千克、硫酸钾20千克，以及锌肥、硼肥、铁肥各2千克。深翻整细耙平起垄，采取单垄双行种植，大行距70厘米，小行距45厘米，株距35厘米，每667米^{2}栽3000～3500株。

4. 定植后管理　定植后适时中耕2～3次。第一穗果膨大时适时浇水，结合浇水每667米^{2}追施尿素15千克。第二、第三穗果膨大期，结合浇水每次每667米^{2}追施45%硫酸钾型复合肥15千克。采取单干整枝，每株留4穗果，每穗留4个果。适时抹去侧芽和疏花疏果，用防落素点花。

（四）菠菜栽培技术要点

1. 品种选择　选择品质好、抗寒性强的大叶菠菜，如皇家绿宝石、菠杂10号等。

2. 播种　11月上旬播种，播种前耕翻土地，平整田块，按10厘米×10厘米的株行距单粒点播。

3. 田间管理　播种后随即浇水，出苗后检查有无缺苗断垄，一经发现及时补播，确保全苗齐苗。

九、大棚黄瓜、蒜苗、莴笋周年栽培模式

是甘肃省天水市麦积区设施蔬菜基地探索总结出来的大棚黄瓜、蒜苗、莴笋周年高效栽培模式，充分发挥了设施栽培春提前和秋延后的特性，又规避了蔬菜市场旺季，是一种成本低、技术操作简单、经济效益较高的生产茬口组合。

（一）茬口安排

该模式是一年三熟。莴笋 10 月中旬育苗，12 月下旬定植，4 月中下旬采收；黄瓜3月下旬育苗，5月上旬定植，6月上旬开始采收，8 月下旬拉秧；大蒜 9 月上旬播种，12 月上旬开始收获。

（二）早春茬黄瓜栽培技术要点

1. 品种选择　选用津优系列、农大 14 号等优质高产品种。

2. 培育壮苗　3 月下旬在大棚内护根育苗，苗龄 35～40 天。先将种子进行温汤浸种和催芽处理。用未种过瓜类作物的肥沃田园土 6 份与优质腐熟农家肥 4 份配制营养土，过筛闷堆待用。不具备护根育苗条件的，整平苗床，上面铺盖 8～10 厘米厚的营养土，浇足底水，待种子露出 0.3 厘米左右的芽时播种，按 8 厘米×8 厘米的规格点播。播后覆盖 2 厘米厚的细药土。细药土用田园土 50 千克 + 钙镁磷肥 1.5 千克 +70% 代森锌可湿性粉剂 0.15 千克 +70% 甲基硫菌灵可湿性粉剂 0.15 千克配制而成。

从播种到子叶出土，白天温度保持 25℃～30℃、夜间 20℃左右。幼苗出土后适当降温，白天温度保持 25℃左右、夜间 16℃左右。苗期经常保持床土湿润，浇水要选择在晴天进行，可结合用 0.2% 磷酸二氢钾 +0.2% 尿素水溶液追肥，追肥后充分通风。定植

前7天适当控水控温进行炼苗，促成壮苗。

3. 定植 莴笋在4月下旬一次性采收后，及时清理田园，整地施肥，为定植黄瓜做好准备。当黄瓜苗龄30～35天，株高8～10厘米，有4～5片真叶时定植。每垄栽2行，垄间距60厘米，株距40厘米，每667米^{2}栽2500～2700株。

4. 田间管理

（1）肥水管理 定植前结合整地每667米^{2}施优质有机肥4000千克、三元复合肥40千克。定植缓苗后，结合浇水每667米^{2}施腐熟人粪尿1000千克，15天后再追施1次。黄瓜生长快，肥水供应要及时，按照薄肥勤施、少量多次的原则，一般每采收2次每667米^{2}追施磷酸二铵20千克或冲施肥15千克。整个生长期要保持土壤湿润。进入盛瓜期后，根据土壤墒情，每隔7～15天浇水1次。

（2）温度管理 定植后要保持较高棚温，以利于缓苗。缓苗后加强通风，一般在晴天白天棚内温度达到28℃～30℃时通风；在阴天适当通风即可，白天棚内温度保持20℃左右、夜间15℃（不低于10℃）。5月下旬，大棚四周昼夜通风。

5. 病虫害防治

（1）病害防治 黄瓜主要病害有霜霉病、疫病、枯萎病、白粉病等，特别要注意对霜霉病的提早防治。除农业防治措施外，从5月下旬开始，每隔5～7天用25%多菌灵可湿性粉剂或70%丙森锌可湿性粉剂500倍液喷雾预防。霜霉病病斑出现后，用72%霜脲·锰锌可湿性粉剂750倍液喷施防治；阴雨天气可每667米^{2}用45%百菌清烟剂0.2千克，于傍晚关闭大棚熏烟，第二天早晨通风，熏烟与喷药轮换使用。

（2）虫害防治 黄瓜的虫害主要是蚜虫，可用10%吡虫啉可湿性粉剂4000～6000倍液喷施防治。

（三）蒜苗栽培技术要点

1. 品种选择 选用甘肃省成县的红皮蒜种。精选无霉变、无伤害的饱满蒜瓣，每 667 米 ^{2} 用蒜种 200～250 千克。

2. 整地施肥　黄瓜拉秧后，及时清洁田园，揭去棚膜，结合整地每 667 米 ^{2} 施农家肥 3000 千克、磷酸二铵 40～50 千克。如果底墒不足，可浇大水 1 次造墒待用。

3. 播种　根据黄瓜长势与市场行情确定其拉秧期，一般 8 月下旬黄瓜拉秧后，9 月上旬及时播种大蒜。边开沟、边栽种，栽后喷 75% 代森锰锌水分散粒剂 800 倍液，再栽种下 1 行。沟深 8～10 厘米，株行距 10 厘米×15 厘米。

4. 田间管理　播后浇 1 次透水，保持土壤见干见湿。播后 10～15 天蒜瓣即可顶土出苗，及时浇提苗水，并结合浇水每 667 米 ^{2} 追施尿素 10～15 千克。齐苗后土壤墒情好时，用小锄在行间浅锄除草，注意防止伤根。随着蒜苗生长的加快要及时追肥和浇水，促进蒜苗健壮生长，以后再追肥 1～2 次，每次每 667 米 ^{2} 施尿素 15 千克。浇水以保持土壤湿润为原则。进入 10 月下旬，外界气温逐渐降低，要及时覆盖棚膜防寒保温，早晚封闭棚室，晴天通风降温排湿，白天温度保持 20℃～25℃，促进蒜苗的生长。

5. 收获　播种后 90～120 天即可陆续收获上市，具体收获时间可根据市场需求调节。一般 12 月上旬市场价格上扬时，即可收获。收获时，连根挖起，去除根部泥土和下部黄叶，扎成小捆上市。

6. 病虫害防治

（1）虫害防治　用糖、醋、酒、水、90% 敌百虫原药按 3∶3∶1∶10∶0.5 的比例配成溶液，每 150～200 米 ^{2} 放置 1 盆，随时添加药液保持不干，诱杀种蝇类害虫。成虫盛发期或蛹羽化盛期，在上午 9～11 时喷洒 40% 辛硫磷乳油 1500 倍液，或 2.5% 溴氰菊酯乳油 2000 倍液防治；在大蒜烂母期和蒜头膨大期分别进行药剂灌根防治，可选用 48%毒死蜱乳油 5000 倍液，去掉喷雾器喷头，对准蒜苗根部灌药，然后浇水。如果随浇水滴药灌溉，用量要加倍。

（2）病害防治　叶枯病、紫斑病、锈病、煤污病、病毒病是蒜苗生长期常见的病害，除农业防治措施外，还应及时采取必要的农药防治，防止病情蔓延。发病初期，用75%百菌清可湿性粉剂500～600倍液，或64%噁霜·锰锌可湿性粉剂500倍液喷雾防治，每隔7～10天1次，连喷2～3次。

（四）莴笋栽培技术要点

1. 品种选择 选用当地农家自留种。该品种茎秆粗壮、皮薄、肉质纤维量极少、品质好，丰产潜力大。

2. 培育壮苗 10月中旬在大棚育苗，3叶1心时间苗、分苗、蹲苗，苗期谨防灰霉病和冻害发生。苗龄70～80天、5～6叶时定植，定植前10天炼苗。

3. 定植 蒜苗采收后，及时整地施肥，起垄覆膜。每667米^{2}施优质农家肥4000千克、磷酸二铵50千克。一般12月下旬至翌年1月下旬定植，每垄栽2行，垄间距60厘米，株距40厘米，每667米^{2}栽2500～2700株。

4. 田间管理

（1）温度管理 莴笋具有较强的耐低温性。定植期正值低温阶段，此时以保温防寒为主，尽可能提高大棚内温度，白天温度保持10℃以上，夜间不要低于-1℃。缓苗后晴天中午适当小通风排湿换气，随着外界气温的升高，逐渐加大通风量。

（2）肥水管理 缓苗后在行间进行第一次中耕、蹲苗。浇提苗水后深中耕1次，中耕时要细致周到，不要锄烂碰伤幼苗所带的土坨，严禁伤根散坨，以利蹲苗，促进根系发育。中耕后以控为主，少浇水，多中耕，增温保墒，强根壮苗。当莴笋长到8片叶并开始团棵时，应顺沟浇1次透水并随水追1次提苗肥，每667米^{2}用三元复合肥25～30千克，而后中耕、蹲苗防徒长。此期自8片叶到茎部开始肥大前，要以控为主。因此，此次中耕要锄深锄透，而后充分蹲苗，中途不要再浇水，严防徒长蹿高。直到植株长到16～17片叶，莲座叶片充分开展，田间即将封垄，心叶与莲座叶平头，茎部开始肥大，直径3～4厘米时结束蹲苗。蹲苗达到要求后，浇1次透水，并随水每667米^{2}施入尿素25～30千克，使幼苗更健壮，嫩茎迅速膨大。此次肥水一定要掌握好时机，浇早了叶片徒长，茎部蹿高，影响加粗生长，商品性差，遇低温易发生灰霉病；浇晚了影响茎横向生长，表皮发硬变老，以后再增施肥水时易裂茎。

5. 采收　4月中下旬开始收获，当茎顶新叶与外叶叶尖等高时采收。剔除老叶、病叶和根部，留4～5层顶部好叶，每10千克为一捆，准备上市。选留生长健壮的作为留种株继续管理，待种子成熟后采种。

十、江苏省徐州市日光温室蔬菜周年栽培模式

江苏省徐州地区实现日光温室可冬季不加温生产茄果、瓜类蔬菜，基本消除了冬春蔬菜淡季，茬口也由单一的早春茬发展到早春茬、越夏茬、秋延茬、秋冬茬、越冬茬等。

（一）日光温室高效周年种植模式

1. 秋延后番茄、早春洋香瓜、伏白菜　秋延后番茄品种选用合作908等，于7月15～20日播种，8月15日前后定植，10月中下旬开始收获，前期产量一般为600～1000千克/667米^2，总产量达4500千克/667米^2；早春洋香瓜品种选用日本梅龙等，12月5日前后播种，2月20日定植，每667米^{2}定植1800株，5月初收获结束，此时市场价最好，总产量达3800～4200千克/667米^2；伏白菜于5月10日直播，每667米^{2}种植4000株，7月20日前后一次性收获，每667米^{2}产量3500千克左右。该模式适宜在经济基础和水资源条件较好的地区发展。该模式可延伸应用到黄瓜、茄子、辣椒、早春西瓜、萝卜等。

2. 早春甜瓜、越夏豇豆、秋延后甜瓜、菠菜　早春甜瓜品种

选用日本梅龙、盛开花等，12月15日前后播种，2月20日前后定植，每667米^{2}栽1800株，5月上中旬收获结束，此时市场价格为春季最高，总产量达到3560千克/667米^2；越夏豇豆品种选用之豇28–2、特选901等，4月底5月初套种在厚皮甜瓜大行内，从6月下旬开始收获，采收期80天左右。前期产量一般为400千克/667米^2，总产量为2000千克/667米^2；秋延后甜瓜品种选用日本梅龙，8月初播种，9月初定植，每667米^{2}栽1800株，11月底收获结束，总产量达3000千克/667米^{2}左右；收获甜瓜后接着翻地条播菠菜，品种选用日本圆叶菠菜，翌年2月上中旬收获结束，总产量为1500千克/667米^2。

3. 冬春番茄、豇豆、夏秋番茄 冬春番茄品种可选L–402、合作906、908、中杂系列番茄等，9月中旬育苗，10月底定植，翌年1月份采收，3月中旬拉秧；豇豆选之豇28–2、特选901等品种，3月份点播，5月份始收，7月初拉秧；夏秋番茄可选毛粉802、合作908、合作906等品种，6月上中旬育苗，7月中旬定植，并覆盖遮阳网，8月中下旬撤网，9月中旬始收，10月下旬拉秧。

4. 冬春番茄、冬瓜、夏秋白菜 冬春番茄同上；冬瓜可选一串铃早熟冬瓜品种，2月初育苗，3月中下旬定植，每667米^{2}定植4000株，6月初采收，6月中下旬拉秧；夏秋白菜可选夏阳、热抗王等耐热抗病虫的优良品种，6月下旬直播，8月中旬收获。

5. 秋冬番茄、早春黄瓜、夏秋香菜 秋冬番茄可选择L–402、合作906、合作908、中杂系列番茄等品种，8月中旬育苗，9月底定植，12月底至翌年1月初采收，2月上中旬拉秧；早春黄瓜可选择津优3号、津春3号等耐低温、早熟、抗病、丰产的品种，12月底至翌年1月上旬育苗，2月中旬定植，5月中下旬拉秧；香菜应选用耐高温的小粒种香菜品种，6月上旬至6月底分期排开播种，播前催芽，并进行网（遮阳网）膜（农膜）双层覆盖，温室外围保持通风通畅，7月底至9月上中旬分批上市。

6. 冬春甜椒、春丝瓜、秋黄瓜、冻垡甜椒 选用高产、抗病、

早熟的优良品种，如苏椒5号、汴椒1号等。10月下旬至11月初育苗，3月上旬定植，5月初陆续采收上市，5月下旬撤去棚膜，7月下旬拉秧。雨季注意排水防涝，天气干旱可适当浇水；丝瓜选用早熟的白肉籽品种，在3月上旬进行浸种催芽，采用营养钵育苗，4月下旬在距棚架南侧下内侧20厘米处套栽，5月下旬外界气温稳定在20℃时撤膜，使瓜蔓爬上棚架。6月中旬打掉下部侧枝，进入盛果期后及时摘除老叶、长势弱的瓜蔓和过多雄花，当瓜条长至30～40厘米，达到成熟时便可采摘上市；秋黄瓜选用耐热性强、高产、抗病的津春4号和津研4号等优良品种。7月下旬甜椒拉秧后，及时整地做畦，畦内种2行，播前浸种催芽，畦内浇足底水。此时气温较高，丝瓜蔓可遮阴降温，遇干旱及时浇水。9月份可采收上市，10月中下旬拉秧。拉秧后棚室冻垡。

（二）日光温室蔬菜周年栽培技术要点

1. 合理轮作　充分利用土壤养分不同和不同蔬菜对养分的吸收不同的特点，进行合理轮作。例如，把需氮较多的、需磷较多的和需钾较多的蔬菜轮作，或把深根性蔬菜同浅根性蔬菜轮作，就可以充分利用土壤中各层次的养分。一般需氮较多的叶菜类后茬最好安排需磷较多的茄果类，吸肥快的黄瓜、芹菜、菠菜后茬最好种翌年对有机肥反应较好的番茄、茄子、辣椒等。

2. 防治盐害　由于长期进行周年多茬次的栽培与利用，尤其是茄果类、瓜类或豆类蔬菜的长期连作以及大棚覆盖阻隔，土壤雨水的淋溶减少，加之土壤耕作不善，肥力下降，影响了蔬菜产量的提高，品质下降。土壤次生盐渍化的情况日趋严重，是棚室栽培土壤连作障碍的主要表现。同时，由于长期单纯考虑效益，实行不合理的栽培制度和多茬次栽培，甚至同种蔬菜连作或过多地间套作，而忽视了对地力的培养，也导致土壤劣化，肥力下降，病虫草害特别是病害发生严重。防治方法：主要是通过采用科学配方施肥法，以有机肥为主，化肥为辅和氮、磷、钾按比例配合施肥的施肥原则，在施足基肥的

基础上，根据作物的生长需要进行适量追肥。另外，要正确选择施肥种类和施肥方法，尽可能施用不带副成分的肥料，如尿素、硝酸钾、硝酸钙、磷酸二铵等。采用配方施肥，按需供给，可以明显降低盐分在土壤中的残留积累量，延长温室内土壤使用年限。

3. 防治虫害

（1）选用抗病品种，调整作物布局 这是病害防治的重要途径，是最经济有效的方法。生产中应尽量选用兼抗品种，并要考虑品种的丰产、优质特性，种植时注意品种搭配，合理布局，避免单一品种长期连片种植。例如，津研、津杂系列抗黄瓜霜霉病和枯萎病；毛粉 802、双抗 2 号抗番茄病毒病；长茄较圆茄抗茄子黄萎病；辣椒较甜椒抗疫病等。

（2）加强田间管理 深翻土地，增施有机肥，清洁棚室内病虫残株，减少病虫来源，压低病虫基数。加强肥水管理，补施叶面肥、二氧化碳气肥等，增强植株抗性。忌大水漫灌，阴天不浇水，防止病害发生。

（3）生态防治 首先是控制湿度，棚室蔬菜栽培必须起垄覆膜，采取膜下暗浇，最好应用滴灌或渗灌，以及行间铺草等措施控制湿度；其次是增温排湿，早晨适当提早揭苫，待棚室内温度升至28℃后，再打开通风口排湿；下午要加大通风量，棚温控制在20℃左右。12 月份至翌年 2 月份要掌握好揭苫和放苫时间，注意保温。

（4）嫁接防病 实践证明，嫁接栽培是防治土传病害的一条经济高效途径。

（5）化学防治 化学防治是重要的防治手段，它具有使用简便、效果明显的特点，菜农很容易掌握。但蔬菜病虫种类多，农药品种复杂，使用不当易促使病虫产生抗药性，并污染蔬菜。因此，必须做到合理用药，适期早防。同时，要积极开发和推广生物农药、高效低毒低残留农药和粉尘剂、烟剂等，将土壤消毒、种子处理、药剂喷雾、喷粉、熏烟等方法有机结合起来，把病虫害的防治手段提高到一个新的水平。

第九章
病虫害防治技术

一、智能蔬菜病虫害诊断与防治专家系统（软件）简介

智能蔬菜病虫害诊断与防治专家系统（VPS）由河北科技师范学院王久兴教授研制，是基于图像的智能化实用型开放式农用专家系统类计算机软件，具有基于数码图像而非文字描述的直观智能推理诊断功能，拥有2 589种蔬菜病虫害的25 800幅症状图像和300万说明性文字的数据库，能自由添加农药种类并与防治方案链接，能自由添加编辑蔬菜、农资种类、病虫种类和相应图像文本。十分适宜农业企业、蔬菜专业合作社、基层农药商使用。

（一）智能诊断功能

计算机根据用户对特征图像的勾选，进行图像处理，推导分析，得出结果及其可信度，通过浏览详细信息进一步确认。操作步骤是，从树状目录或快捷键选择待诊蔬菜，比如选择了“黄瓜”，界面右边就会出现该蔬菜所有病虫害的特征照片，这些照片按照茎蔓、叶片、果实、根系、花朵等发病部位（虫害按虫态）分类，通过点击相应的页签实现类别变换，用户通过与病虫害样本特征比对，根据图形匹配原则勾选，然后点击“诊断”按钮，计算机开始

推理运算，给出 1～3 个结果（图 9-1）。点击诊断结果显示区的“查看详细信息”按钮，展开病虫害个案，进一步查看该病虫害的文字资料、图片、防治农药等信息。

（二）浏览查询功能

浏览查询功能是依据图像对比匹配和文字信息辅助进行诊断。界面采用了树状目录，用户可沿病害种类—蔬菜分类—蔬菜种类—病害名称查询到每条病虫害的记录。每条蔬菜病害记录的显示内容包括包括不同部位、不同发病时期、不同发病程度、不同环境条件下的发病症状照片，及病原显微、电镜、手绘图像，共 5～100 幅；每条虫害记录包括危害状和卵、幼虫、成虫、蛹等不同虫态图像 5～40 幅。数码照片均为田间实拍，色彩逼真，清晰自然。病害文字包括病害别名、病原菌拉丁文学名、症状、发病条件、防治方法、特效药剂、药剂配方等，虫害文字包括拉丁文学名、形态特征、生活史及生活习性、发生规律、防治方法、特效药剂、药剂配方等。浏览的同时可以打印，可对图片进行放大、缩小、全屏显示、切换、预览等操作（图 9-2）。在全屏幕显示的状态下，用户可以把样本与图像对比，得出结论。

（三）农资促销

每种病虫害都链接着防治用的农资（农药、肥料、植物生长调

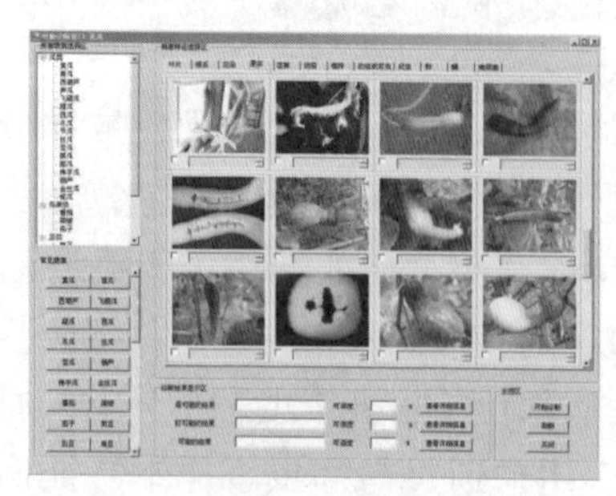

图 9-1　智能诊断功能界面

图 9-2　浏览查询功能界面

节剂等），用户可以有针对性地输入农药数据，不同的农药商可输入不同的内容。系统自带上千种农资、农药，相应信息包括名称、生产厂家、地址、电话，用户可修改或删除。

（四）数据管理

软件采用开放设计，可以根据当地蔬菜栽培状况和农药种类对内容进行修改和补充。主要包括：编辑蔬菜病虫害种类，用户可以添加、修改、删除蔬菜种类、蔬菜名称和病虫害种类及名称（图9–3）。编辑蔬菜病虫害个案信息，可以对每种蔬菜病虫害的图片及该图片的说明进行添加、修改、删除，并对该病虫害的文字信息进行编辑、修改。智能诊断功能修改，添加、修改、删除特征类别，自行设定病虫害图像特征值。编辑农药信息及其与病虫害的对应关系，用户可以添加、修改、删除农药的种类、名称和相关信息，甚至可以修改农资分类层数、增减类别（图 9–4）。

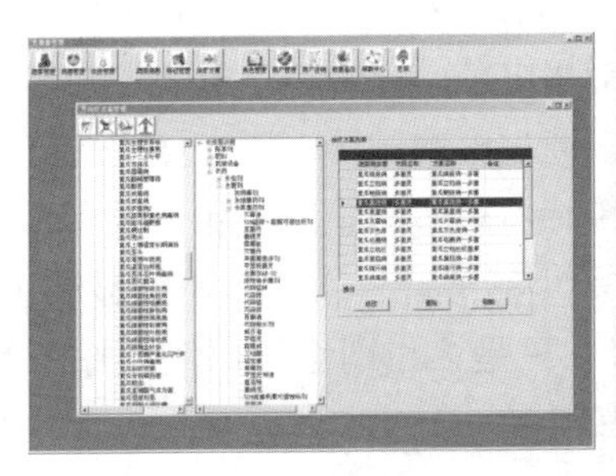

图 9–3　编辑蔬菜分类界面

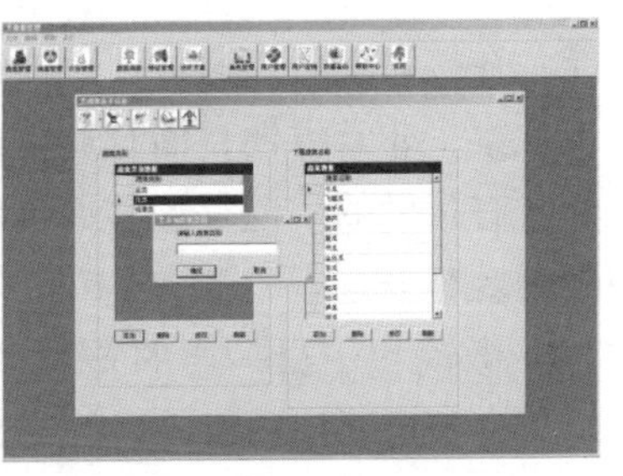

图 9–4　设置防治方案界面

二、显微镜选购及其使用方法

（一）显微镜选购

光学显微镜有多种分类方法，按使用目镜的数目可分为双目和单目显微镜；按图像是否有立体感可分为立体视觉和非立体视觉显

微镜；按观察对象可分为生物显微镜、金相显微镜等；按光学原理可分为偏光、相衬和微差干涉对比显微镜等；按光源类型可分为普通光、荧光、红外光和激光显微镜等；按接收器类型可分为目视、摄影和电视显微镜等。

1. 病原检测用显微镜选购 观察病原当然要用生物显微镜，生物显微镜的种类分为多种，一般生物显微镜的观察方式都是光学显微镜，直接用眼睛观察的，这是传统的观察方式。随着技术的不断革新，生物显微镜目前已有机地和电子产品联系起来，通过传感器直接显示在电脑或电视的显示屏上。

生物显微镜依据目数分为4种：①单目显微镜。这种显微镜是最传统的，只能一个眼睛观察，观察时很费力；②双目显微镜。利用双通道光路，实质上是两个单镜筒显微镜并列放置，两个镜筒的光轴构成相当于人们用双目观察一个物体时所形成的视角，观察到的画面显得很真实，这也是这种传统显微镜的优点之一；③一目一通显微镜。这种显微镜观察起来和单目的差不多，但是它多出一个功能，在接口上可以通过传感器链接电脑，或者链接电视，在显示屏上观察，非常方便，而且还可以通过电脑拍照，用来做实验分析是非常有帮助的。但是这种通过传感器观察的画面看起来没有直接用眼睛观察真实，这也是它的一个小的瑕疵；④三目生物显微镜。这种显微镜和一目一通的差不多，只是多出两个用眼睛观察的目镜，观察效果要比一目一通的要好很多。

以病原鉴定为目的时，建议选择双目生物显微镜，需要连接电脑电视时，选择三目生物显微镜。

2. 观察病斑及虫体用显微镜 建议选用体视显微镜，这种显微镜又称“实体显微镜”、“立体显微镜”或“操作和解剖显微镜”，是一种具有正像立体感的显微镜，被广泛地应用于材料宏观表面观察，是一种具有正像立体感的目视仪器，相当于一个复杂的放大镜，主要应用于观察病斑和微小害虫，不能应用于病原菌的显微观察。

（二）生物显微镜使用方法

生物显微镜结构精密，使用时必须细心。其基本操作有以下步骤。

1. 观察前的准备

（1）**取镜**　取用显微镜时，右手紧握镜臂，左手托住镜座，保持镜身直立，放在实验桌上自己身体的左前方，离桌子边缘 10 厘米左右，右侧可放记录本或绘图纸。

（2）**调节光照**　首先把 10 倍物镜转入光孔，将聚光器上的虹彩光圈打开到最大位置，用左眼观察目镜中视野亮度，转动反光镜，使视野的光照达到最明亮、最均匀为止。光线较强时用平面反光镜，较弱时用凹面反光镜。

（3）**调节光轴中心**　使用生物显微镜时，必须使其光学系统中的光源、聚光器、物镜和目镜光轴及光阑中心与显微镜的光轴在同一直线上。

（4）**装片**　将标本片置于载物台，用标本夹夹住，移动推动器，使被观察的标本处在物镜正下方。

2. 低倍镜观察　镜检任何标本都要养成必须先用低倍镜观察的习惯。因为低倍镜视野较大，易于发现目标和确定检查的位置。

转动粗调节旋钮，使物镜调至接近标本处。用目镜观察并同时用粗调节旋钮慢慢升起镜筒（或下降载物台），直至物像出现，再用细调节旋钮使物像清晰为止。

除少数显微镜外，反光镜的位置都要放在最高点。如果视野中出现外界物体的图像，可以将反光镜稍微下降，图像就可以消失；反光镜下的虹彩光圈应调到适当的大小，以控制射入光线的量，增加明暗差。

3. 高倍镜观察　生物显微镜的设计一般是共焦点的。低倍镜对推焦点后，转换到高倍镜基本上也对准焦点，只要稍微转动微调即可使物像清晰。有些简易的显微镜不是共焦点，或者是由于物镜的更换而达不到共焦点，就要采取将高倍物镜下移，再向上调推焦点

的方法。虹彩光圈要放大，使之能形成足够的光锥角度，稍微上下移动反光镜，使亮度适当。

4. 油镜观察 油浸镜的工作距离很小，一般在0.2毫米以内，因此使用油浸镜时要特别细心，对没有“弹簧装置”的油浸物镜，尤其要避免由于“调焦”不当而压碎标本片并使物镜受损。使用油镜步骤操作：①先用粗调节旋钮将镜筒提升（或将载物台下降）约2厘米，并将高倍镜转出。②在玻片标本的镜检部位滴上1滴香柏油。③从侧面注视，用粗调节旋钮将载物台缓缓地上升（或镜筒下降），使油镜浸入香柏油中，镜头几乎与标本接触。④从接目镜内观察，放大聚光镜上的虹彩光圈（带视场光阑的油镜要开大视场光阑），上调聚光器，使光线充分照明。用粗调节旋钮将载物台徐徐下降（或镜筒上升），当出现物像一闪后，改用细调节旋钮调至最清晰为止。如油镜已离开油面而仍未见到物像，必须再从侧面观察，重复上述操作。⑤观察完毕，下降载物台，将油镜头转出，先用擦镜纸擦去镜头上的油，再用擦镜纸蘸少许二甲苯或乙醚酒精混合液（乙醚2份，纯酒精3份），擦去镜头上残留油迹，最后再用擦镜纸擦拭2～3下即可（注意向一个方向擦拭）。

5. 使用注意事项 凡是生物显微镜的光学部分，只能用特殊的擦镜纸擦拭，不能用手指触摸透镜，以免汗液沾污透镜。不得任意拆卸显微镜上的零件，特别是物镜镜头，以免损伤转换器螺口或使之松动。在使用生物显微镜观察期间不能随意移动显微镜的位置。使用高倍物镜和油镜时勿用粗动调焦旋钮调节焦距，以免移动距离过大损伤物镜和玻片。用毕应检查并将物镜镜头、载物台等擦拭干净，盖上防尘罩后归还原位。

（三）体视显微镜使用方法

1. 操作方法 装好显微镜后，在确保供电电压与显微镜的额定电压一致后方可插上电源插头，打开电源开关，并选择照明方式。

根据所观察的标本，选好台板（观察透明标本时，选用毛玻璃台板；观察不透明标本，选用黑白台板），装入底座台板孔内，并锁紧。

松开调焦滑座上的紧固螺钉，调节镜体的高度，目测工作距离在80毫米左右（使其与所选用的物镜放大倍数大体一致的工作距离），调好后锁紧托架，将安全环紧靠调焦托架并锁紧。

装好目镜，先将目镜筒上面的螺丝钉松开，装好目镜后再将此螺丝钉拧紧（目镜放进目镜筒时，要特别小心，不要手触摸镜头透镜表面）。

调好瞳距，当使用者通过两个目镜观察视场时，若不是一个圆形视场，应扳动两棱镜箱，改变目镜筒的出瞳距离，使之达到能观察到一个完全重合的圆形视场（说明瞳距已调好）。

观察标本（对标本调焦）。先将左目镜筒上的视度圈调至“0”刻线位置。通常情况下，先从右目镜筒（即固定目镜筒）中观察，将变倍筒（有变倍装置机型时）转至最高倍位置，转动调焦手轮对标本调焦，直至标本的图像清晰后，再把变倍筒转至最低倍位置。此时，用左目镜筒观察，如不清晰则沿轴向调节目镜筒上的视度圈，直到标本的图像清晰，然后再双目观察其调焦效果。

结束观察时，应移走标本，关掉电源，最后用防尘罩将显微镜严密罩盖。

2. 注意事项　注意显微镜工作使用环境，仪器应避免阳光直射、高温、潮湿、灰尘和酸碱气体的腐蚀。工作间应经常保持清洁，仪器使用后盖上防尘罩。显微镜应放置在牢固稳定的工作台上。操作时应避免污物或手指弄污透镜和滤色片。

三、蔬菜主要病虫害防治技术

（一）蔬菜根结线虫病防治

根结线虫在土壤中多分布在20厘米深土层内，以3～10厘米土层内最多。根结线虫一般可存活1～3年，常以卵或二龄幼虫随蔬菜病残体在土壤中越冬。条件适宜时，由埋藏在寄主体内的雌虫产卵，从蔬菜根冠侵入。栽培地块之间靠病土、病苗、农作器具等途径传播，同一地块内靠浇水、线虫蠕动在土粒间移行蔓延。此虫防治困难，所引发的生长异常现象称为根结线虫病。

1. 农艺防治

（1）**清洁田园**　蔬菜拔秧后必须彻底挖除病根，及时清除病残体，集中带出田外深埋或烧毁，或用石灰进行消毒处理。切忌用带病根的土壤沤肥，或用病土垫猪圈沤肥，防止病虫传播蔓延。

（2）**轮作换茬**　一种线虫一般在同科、同属或邻科、邻属中危害，所以有计划地进行远缘科、属间2～3年轮作，如瓜类蔬菜可与茄果类、葱蒜类等抗（耐）病较强的作物轮作，能减少损失，降低土壤中的线虫数量，起到减少虫源的作用。

（3）**高温闷棚**　6月下旬至7月下旬的高温时节，根据根结线虫的致死温度为55℃（5分钟）的特点，在夏季休棚期进行高温闷棚。方法是，将玉米或小麦等作物秸秆粉碎成3～5厘米的小段，覆于棚内土壤上3～5厘米厚。将腐熟的鸡粪晾干、碾碎过筛后均匀地撒入棚内，每667米^{2}用10米^{3}左右。每667米^{2}用石灰200千克均匀施入棚内。将地面深翻20～30厘米后，大水漫灌，然后盖上新地膜，将温室或大棚上通气孔堵严，棚膜覆严，高温闷棚30～40天，在高温闷棚期间应防止雨水进入。闷棚结束后，浅翻地面，晾晒10天以上，利用棚内高温杀死线虫。

（4）**嫁接**　在黄瓜栽培中，利用黑籽南瓜砧木高抗线虫病、枯萎病、根腐病等特性，可采用嫁接技术防治根结线虫病。用野生番茄作砧木，与普通番茄进行嫁接栽培，也有比较好的防线虫效果。

（5）**热水土壤消毒**　利用高温热水将土壤中的线虫烫死。有人发明了土壤热水消毒机，使用时首先将要消毒土壤表面深翻整平，使之疏松平整，然后均匀铺设耐热滴灌管带，再将其固定连接于热水分配器上，冷水通过热交换后的水温达90℃以上时，便可经热水

口通过分水器用于土壤高温消毒。

2. 化学防治

（1）**阿维菌素处理**　目前最常用的药剂是阿维菌素类药剂，如1.8%阿维菌素乳油，是一种抗生素类广谱杀虫、杀螨剂，同时也作为杀线虫剂使用。低毒，但持效期只有2个月。防治根结线虫在种植前按每平方米用药剂1～1.5毫升的量配药，用2 000～3 000倍液全面均匀喷洒土表，然后立即耙入15～20厘米耕层，充分拌匀后播种或定植。也可兑水均匀沟施或穴施，浅覆土后播种或定植。阿维菌素易光解，不可长时间暴露。生长期间每隔2个月要施药1次，可用1 000～1 500倍液灌根，每株灌药液250克，也可以随水冲施。1.8%阿维菌素乳油对根结线虫病防效为65%～88%，但连续多年使用则防效下降。另外，目前市场上阿维菌素的混配药较多，有些农药中有效成分含量很低，因而防效很差。

（2）**石灰氮处理**　石灰氮学名氰胺化钙，一般为黑灰色粉末，质地较轻，不溶于水，带有电石臭味，是一种土壤消毒剂，其分解的中间产物氰氨和双氰氨都具有消毒、灭虫防病的作用。石灰氮中的副成分氧化钙遇水能够放热，在夏季用棚膜保温，白天地表温度可达65℃～70℃，10厘米地温在50℃以上，20厘米地温也超过45℃，此状态持续20～30天以后，就能防止各种病虫害，并可除掉杂草，同时还能够改良土壤的理化性能，对于根线虫有较好的杀灭和防治效果。

其具体操作过程是，撒施麦糠或稻草，每667米^{2}用量3 000～4 000千克，并稍洒些水；将石灰氮50～100千克均匀撒施在稻草上；用旋耕机将稻草等耕入土层，一般深20～30厘米；用废旧薄膜将土壤表面密封，四周盖严盖紧，让薄膜与土壤之间保持一定空间，有利于提高地温；浇水，水量以不存有积水为宜；密封温室20～30天；密封结束后，根据土壤湿润程度开棚通风，调节土壤湿度，然后疏松一下土壤即可栽培作物。石灰氮对人体毒害作用很强，使用时要注意安全。

3. 其他药剂 1%甲氨基阿维菌素苯甲酸盐（简称甲维盐）乳油1 500倍液灌根；10%噻唑磷颗粒剂每667米^{2}用量1.3～2千克，定植前施入土壤；5%淡紫拟青霉粉剂，用量为每667米^2 1.5～2千克，定植前施入土壤；1.8阿维菌素乳油加水喷施于穴内，每667米^{2}用0.6千克；5%线虫必克，为纯生物制剂，可在苗期每667米^{2}用0.5千克与营养土混匀后施用，在成株期每667米^{2}用1～1.5千克与适量厩肥或干细土混匀后施入土中；92%熏线烯乳油，每667米^{2}用量9千克，使用方法是整平土地后，用土壤注射器注射农药，然后覆土、盖膜，密封熏蒸7天，揭开松土散气7天后播种或移栽蔬菜或其他作物。也可以按播种行开沟，按规定用量加水稀释10～15倍后浇于沟中，立即盖土、盖膜，密封熏蒸7天揭去地膜，划锄用药沟，松土散气7天即可播种或移栽。

（二）黄瓜靶斑病与褐斑病辨析

日光温室黄瓜靶斑病发生严重，症状多样，防治困难，加之学术上的分歧，导致很多菜农包括一些技术人员把靶斑病和褐斑病混为一谈，甚至以讹传讹，致使所采取的防治措施不当，影响了防效。因此，辨明两种病害的症状差异，对采取正确防治措施很有必要。

1. 黄瓜靶斑病 农民俗称此病为“黄点病”，英文名为Target leaf spot，因此我国直接翻译为靶斑病。病原是*Corynespora cassiicola*，称为多主棒孢霉，该菌属半知菌亚门、丝孢纲、丝孢目、暗色菌科、棒孢属。靶斑病主要危害黄瓜叶片，顶部叶散生水渍状病斑，后逐渐成灰白色病斑，边缘色深，外缘褪绿，界限明显，直径1～5毫米、近圆形或椭圆形，扩展中受叶脉限制呈不规则形或多角形，对光观察，颜色变化明显，也可看到受叶脉限制而呈多角形的痕迹。后期在病部布满灰黑色霉状物。总之，靶斑病的特点是病斑小，近圆形，黄褐色，中间有点白。

也有人描述为，病斑初呈淡褐色后变为绿褐色，略呈圆形，直

径 6～12 毫米，多数病斑的扩展受叶脉限制，呈不规则形或多角形，有的病斑中部呈灰白色至灰褐色，上生灰黑色霉状物即病菌的分生孢子梗和分生孢子。严重时，病斑融合，叶片枯死。

还有人描述为，病菌以危害叶片为主，严重时蔓延至叶柄、茎蔓。叶正、背面均可受害，叶片发病，初为黄色水渍状斑点，略凹陷，受叶脉所限，有时为多角形。发病中期病斑扩大为圆形或不规则形，易穿孔。中后期多个相邻病斑常连成片，病健界限明显，表现深黄褐色；随着病情进一步发展，病斑变灰褐色，干裂、坏死。发病严重时，病斑在叶面大量散生或连成片，造成叶片枯死、脱落。病斑大小为 3～30 毫米，以直径 10～15 毫米的中型斑较多。在高温高湿与低温低湿条件下易形成差别明显的大小型病斑，这与病原菌繁殖适宜温湿度相一致，高温高湿时病菌繁殖快，病斑扩展快，形成大病斑；反之，形成小病斑。湿度大时病斑上可生有稀疏灰褐色霉状物，为病菌的分生孢子梗和分生孢子。

其实，靶斑病症状多样，不同人对症状的描述有差异，这正是症状多样性的反映。

2. 黄瓜褐斑病　褐斑病的病原为 *Cercospora momordicae*，称为苦瓜尾孢，属半知菌亚门真菌。在其他瓜类蔬菜上，由此病菌引发的病害称为“尾孢叶斑病”和“叶斑病”，在黄瓜上发生称为褐斑病。此病在黄瓜生长后期，顶部叶片上散生水渍状小型病斑，此时病斑与细菌性叶枯病十分相似，但不同于靶斑病。后逐渐发展成灰白色病斑，边缘色深，外缘褪绿，界限明显，直径 1～5 毫米，近圆形或椭圆形，扩展中受叶脉限制，呈不规则形或多角形，此时与角斑病又十分相似。

病株叶片病斑坏死后，叶片容易脱落。后期，在湿润环境下，在白色病部布满灰黑色霉状物，病斑呈圆形，似炭疽病，但炭疽病颜色偏黄。黄瓜褐斑病发病初期病斑表现为多角形，易与黄瓜角斑病和霜霉病相混淆，发病后期与炭疽病不易区分，因此显微镜检查病原菌对于确诊该病害是必要的。

（三）黄瓜流胶病害诊断与防治

在设施黄瓜生产中，植株发病后常见流胶现象，茎蔓流胶后，其上方逐渐萎蔫直至死亡；瓜条流胶后，其商品性差，甚至出现畸形或软腐而无法食用，损害轻者减产20%～30%，严重影响经济效益。以下是一篇流传甚广的文章，原始出处不详，笔者引用于此，供读者参考。

流胶是黄瓜叶片的光合产物，是黄瓜生长所必需的营养物质，植株发病后韧皮部的输导组织被切断，导致光合产物溢出而产生流胶。

1. 流胶病害症状诊断

（1）黄瓜黑星病 对植株生长点附近的嫩叶、嫩茎、幼瓜、卷须危害严重。生长点受害，可在2～3天内烂掉，造成秃桩。叶片染病产生褪绿的近圆形病斑，后变为黄褐色，病斑干枯后会穿孔，边缘呈星纹状。茎蔓受害出现暗绿色水渍状稍凹陷病斑，表皮粗糙呈疮痂状，破裂后流胶，潮湿条件下病部溃烂可造成部分茎蔓萎蔫。瓜条受害开始流胶，以后发展为深褐色凹陷斑，病斑呈疮痂状，形成畸形瓜。病瓜一般不腐烂，高湿时病斑上长出灰黑色霉层。该病属于低温、弱光、高湿病害，最适温度在15℃～22℃、空气相对湿度在90%以上时棚顶、植株有水滴的情况下病害发生严重。

（2）黄瓜疫病 主要危害叶片、茎及瓜条。叶片发病呈暗褐色水渍状圆形大斑，潮湿时软腐，干燥时青白色易破裂。茎受害呈水渍状软腐、缢缩，产生流胶，引起患部以上萎蔫。如植株有几处节部发病，全株很快萎蔫干枯。瓜条受害出现水渍状暗绿色凹陷病斑，分泌乳白色、渐变琥珀色流胶，进而软化软腐，表面长出白色霉，散发恶臭味。该病最适温度25℃～30℃，露地夏秋高温多雨季节和保护地土壤水分高的地块发病重。

（3）蔓枯病 危害茎、叶、瓜条，该病以接近根颈处的茎节为中心发病区，浅褐色水渍状，组织软化后流胶，发生龟裂，后期病茎干枯，病斑纵裂成乱麻状，严重时整株凋零枯萎。叶片受害自叶缘向内发展成“V”形或近圆形褐色病斑，干燥时易破碎。瓜条感病产生黄色褪绿斑，随着病情发展，病斑凹陷褐色，瓜条畸形弯曲，有时溢出琥珀色流胶。蔓枯病的特点是所有病斑上均生有黑色小粒点。病菌最适温度在 18℃～25℃、空气相对湿度在 85% 以上易发病。连作地、植株长势弱、排水不良发病重。

2. 防治技术

（1）消毒处理　种子消毒可用 55℃温水浸种 15 分钟后催芽播种，或用 40% 甲醛 100 倍液浸种 30 分钟，洗净晾干后播种，可预防这 3 种通过种子传播的真菌病害。保护地空间消毒，每 667 米^{2}用硫磺 2 千克与 4 千克锯末混合后分 4～5 堆点燃密闭熏烟 1 夜，消灭棚内病原菌。

（2）石灰氮防治蔬菜土传病害技术　造成黄瓜流胶病的 3 种真菌病害都属土传病害，连年种植蔬菜的地块可用石灰氮处理土壤。利用夏季高温季节，每 667 米^{2}用石灰氮 35～60 千克和 4～6 厘米长的麦秸或菇渣、牛粪等 1～1.5 吨均匀撒布地上，翻耕 30 厘米深，然后起垄高 30 厘米、垄宽 60～70 厘米，盖上透明薄膜，在膜下浇足水，膜四周盖严，利用太阳能光线照射熏蒸，使膜下土层温度达 40℃以上，连续熏蒸 20～30 天，可有效地杀灭各种土传真菌、细菌病害和根结线虫。

（3）农业预防措施　与非瓜类蔬菜实行 3 年轮作；3 种病害都是在高湿条件下发病，因此保护地栽培铺盖地膜、加强通风，降低棚内湿度；露地栽培采用高畦栽培，避免积水。雨后及时排水，中耕散墒，施足充分腐熟的有机肥、适时追肥，增强抗病能力，用南瓜嫁接黄瓜可以兼治疫病，尤其对防治茎部发病更有效；及时摘除老叶，加强通风透光。

（4）化学防治　黑星病发现病株后及时深埋或烧毁，同时喷 70% 甲基硫菌灵可湿性粉剂 800 倍液，或 50% 多菌灵可湿性粉剂

500倍液+50%甲霜灵可湿性粉剂800倍液防治；疫病喷75%百菌清可湿性粉剂或58%甲霜·锰锌可湿性粉剂500倍液防治，发现中心病株及时处理病叶、病株；蔓枯病喷10%苯醚甲环唑可湿性粉剂或50%百菌清可湿性粉剂或70%甲基硫菌灵可湿性粉剂500倍液防治，茎蔓染病用上述任一种药的50倍米汤药糊涂抹患处效果更好。各种药剂交替使用，每隔5～7天喷1次，至少连喷2次。

笔者补充一点，除上述病害外，细菌性角斑病、菌核病及有些生理病害也会引发流胶，胶液的颜色、质地、浓度各不相同，种植者要注意区分，采取相应的防治措施。

（四）黄瓜常见易混淆病害症状比较

黄瓜抗病性弱，病害多，且受栽培环境影响，病害的症状复杂多样。

1. 霜霉病和疫病

（1）霜霉病 主要侵染叶片，叶片病斑呈散状小角斑，不连片，叶背稍有水渍状霉层。叶片霉层呈白色至灰黑色，病斑为不规则浅褐色，叶片僵化。初期叶片出现水渍状浅绿色病斑，后逐渐变为黄褐色，受叶脉限制。这种症状为氮肥施用过量引起的非典型症状。

（2）疫病 主要侵染叶片、果实、茎。叶片病斑较大，看似大型角斑，细看病斑不受叶脉限制，叶缘有不规则侵染扩展，后期病斑干枯、浅褐色，变薄微透明。叶片常在春季高湿环境下发病，叶背有细微白色霉层。初期叶片呈暗绿色水渍状圆形大斑。此病由疫病病原菌侵染引起。

2. 炭疽病、疫病及磷肥过量

（1）炭疽病 主要侵染叶片、幼瓜。叶片被害后病斑有清晰的多层轮纹，边缘清晰，颜色由初期的浅灰色逐渐变为黄褐色、红褐色，老病斑有破裂现象。瓜条被害后出现圆形病斑，稍凹陷，初期浅绿色，后期暗褐色，常有粉红色黏稠分泌物。

（2）疫病 叶部症状见前文疫病。瓜条受害初为水渍状暗绿色病斑，逐渐缢缩凹陷，长出稀疏白霉层，腐烂、有臭味。

（3）磷肥过量 叶片有不规则褐色条斑，病斑连片时没有轮纹和霉状物，病斑不破裂。雌雄花较少，植株发育迟缓，茎叶变厚，生殖生长过早老化，瓜条无症状，常有秧无瓜。防治办法：合理施肥、控制磷肥。

3. 细菌性角斑病、霜霉病、生理性充水及寒害

（1）细菌性角斑病 主要侵染叶片、叶柄、幼瓜。初期叶面有黄色病斑，叶背为浅绿色水渍状病斑，逐渐变成灰褐色病斑，受叶脉限制呈多角形，对光观察有明显透光感。后期病斑由浅褐色变为灰褐色，温湿度大时叶背有菌脓，干燥病斑易破裂穿孔。为细菌侵染所致。

（2）霜霉病 主要侵染叶片。初期叶缘、叶背出现水渍状浅绿色病斑，逐渐变为黄褐色，病斑颜色比角斑病深，受叶脉限制，对光观察可见明显褪绿斑。温湿度大时叶背有白色或灰黑色霉层。由霜霉病病菌侵染所致。

（3）生理性充水 主要是叶片受害。被害叶叶背出现多角形水渍斑，气温升高后斑块消失，叶面不留痕迹，但衰弱植株水渍斑不消失。无角斑、无分泌物。由于地温高、气温低、空气湿度大、通风不良造成蒸腾受阻引起，常在连阴天出现，为生理性现象。

（4）寒害 主要是叶片受害。围绕叶脉有密度不同的黄色斑点，无水渍状和分泌物，不会发展为角斑。发病原因是低温导致叶片叶脉水滴结成冰点所致。

4. 几种细菌性病害

（1）细菌性角斑病 症状见前文。

（2）细菌性叶斑病 常在成叶上发病。叶面出现黄化区，叶背出现水渍状小斑点，逐渐扩展为圆形或近圆形病斑，病斑凸起、变薄，颜色有白色、灰白色、黄色、黄褐色多种，对光观察可见明显透光感。病健分界处不明显，具有黄色晕圈。

（3）**细菌性缘枯病** 多从下部叶片开始发病，低温季节易感病。初期在叶缘气孔附近产生水渍状小斑点，逐渐扩大为带淡褐色至灰白色晕圈的不规则病斑，有的向中间扩展为V形病斑，有的沿叶缘连成带状枯斑，有的在叶片内部形成圆形或近圆形病斑。病斑很少引起龟裂和穿孔。病健分界处呈水渍状。

5. 枯萎病及两种生理性枯萎

（1）**枯萎病** 一般在开花结瓜初期发病。症状先表现为植株上部和部分叶片在中午枯萎，晚上恢复，以后全株枯萎死亡，茎维管束变褐，湿度大时病斑出现灰白色霉状物。为镰刀菌侵染所致。

（2）**盐渍化生理性枯萎** 发病无规律，植株出现黄化和不同程度的萎蔫，茎维管束不变褐。发病原因是连年种植，有机肥不足、化肥过量导致土壤盐渍化，根系吸收肥水不足。防治方法是多施有机肥，合理施用化肥。

（3）**高温强光生理性枯萎** 一般在连阴天后突然放晴升温时出现。叶片萎蔫不变色，茎维管束不变褐，浇水后恢复。发病原因是连阴天植株长期生长在弱光环境中，天气突然放晴升温导致植株生理脱水所致。防治方法主要是适当遮阴、浇水。

（五）黄瓜霜霉病诊断与防治

1. 危害症状 叶面上产生浅黄色病斑，沿叶脉扩展并受叶脉限制，呈多角形，易与细菌性角斑病混淆。清晨叶面上有结露或吐水时，病斑呈水渍状，叶背病斑处常有水珠，后期病斑变成浅褐色或黄褐色多角形斑。湿度高时，叶片背面逐渐出现白色霉层，稍后变为灰黑色。高湿条件下病斑迅速扩展或融合成大斑块，致叶片上卷或干枯，下部叶片全部干枯，有时仅剩下生长点附近几片绿叶。

2. 发病规律 霜霉病症状多始于近根部的叶片，病菌经风雨或灌溉水传播。病菌萌发和侵入对湿度条件要求高，叶面有水滴或水膜时，病菌才能侵入，空气相对湿度高于83%发病迅速。对温度适应范围较宽，中等温度条件（15℃～24℃）适合发病，高温

对病害有抑制作用。生产上浇水过量或露地栽培时遇中到大雨、地下水位高、株叶密集时易发病。

3. 防治方法

（1）农业防治

①地膜覆盖　改革耕作方法，改善生态环境，实行地膜覆盖，减少土壤水分蒸发，降低空气湿度，并提高地温，进行膜下暗灌，在晴天上午浇水，严禁阴雨天浇水，防止湿度过大，叶片结露。

②科学施肥　施足基肥，生长期不要过多地追施氮肥，以提高植株的抗病性。植株发病常与其体内"碳氮比"失调有关。加强叶片营养，可提高抗病力。按尿素∶葡萄糖（或白糖）∶水＝0.5～1∶1∶100的比例配制溶液，3～5天喷1次，连喷4次，防效达90%左右。生长后期，可向叶面喷施0.1%尿素＋0.3%磷酸二氢钾溶液，还可喷洒喷施宝，提高抗病力。开花初期，每667米^{2}用增产菌（主要成分为芽孢杆菌）5克，幼果期后用10克，加适量的水混匀喷雾，可增加植株抗病性。

霜霉病是黄瓜的毁灭性病害，但目前的防治技术足以控制病情发展，有的菜农缺乏必要的防治知识，采用"不论是否有病，每3天喷1次药"的方法防治，虽然防病效果较好，但浪费药液，污染黄瓜，不足为训。为便于防治，应熟记黄瓜霜霉病的症状及防治要点："温润阴湿露水重，老叶定生霜霉病。叶面斑黄棱角清，背生黑毛是特征。中心病株一出现，精细喷药最重要。良种良法一起上，肥水配合秧苗壮。老叶病叶早摘除，适时收获不早衰。墒大清晨小水浇，叶不结霉病自消。"

（2）生态防治

①排湿　浇水后及时排除湿气，特别是上午浇水后，立即关闭棚室通风口，使温度上升至33℃，并持续1～1.5小时，然后通风排湿。待温度低至25℃，再闭棚升温，至33℃时持续1小时，再通风。以此降低空气湿度，防止夜间叶面结露。

②预防迷雾　保温性不好的日光温室，在低温季节，尤其是早

晨或傍晚，温室内容易出现迷雾现象，加速病菌传播，容易导致霜霉病流行。可以通过提高温室保温性、选用能够消雾的无滴膜的方式加以解决。

③变温管理　将苗床或栽培设施的温湿度控制在适于黄瓜生育，而不利于病害发生的范围内，尽量避开15℃～24℃的温度范围。上午将棚室温度控制在28℃～32℃，最高35℃，空气相对湿度保持在60%～70%。具体方法是日出后充分利用早晨阳光，闭棚增温，温度超过28℃时开始通风，超过32℃时加大通风量。下午使温度降至20℃～25℃，空气相对湿度降到60%，这时的温度虽适合病菌萌发，但湿度低，可抑制病菌的萌发和侵入。在预计夜间温度不低于14℃时，傍晚可通风1～3小时。棚室内夜温低于12℃时，叶面易结露水，为防止这种现象，日落前应适当提早关闭通风口，同时可利用晴天夜间棚室内外气流逆转现象，拂晓将温度降至最低，湿度达到饱和时通风。

④高温闷棚　病情发展到难以用药剂控制时，可采用高温闷棚的方法杀灭病菌，高温闷棚虽然可一次性地将病菌杀死，但危险性大，对技术要求高，并且经闷棚之后，病菌虽然被杀死，但所有未坐住的小瓜和雌花也将脱落，7～10天内不能正常结瓜，而且植株的营养消耗很大会影响植株长势，因此一般不提倡高温闷棚。

高温闷棚的方法是，选晴天早上先喷药，而后浇大水，同时关闭所有通风口，使室内温度升高到42℃～48℃，持续2小时。闭棚时将温度计挂于棚内靠南1/4处，高度与黄瓜顶梢相近。每10分钟观察1次温度，棚温上升到42℃开始计时，2小时后适当通风，使温度缓慢下降，逐步恢复正常温度。如还不能控制病害，第二天再进行1次，病害即可完全控制住。闷棚时，温度不可低于42℃，最高不可高于48℃，低了效果不明显，高了黄瓜易受伤害。闭棚时要注意观察，生长点以下3～4叶上卷、生长点斜向一侧是正常现象；切勿使龙头打弯下垂，引起灼伤。如温度不能迅速达到42℃，可棚内洒水，并加明火，促进增温，持续2小时后，通风不可过急，通风口过大时，温度骤然下降，会使叶片边缘卷曲变干，影响叶片的同化功能。如在观察时发现顶梢小叶片开始抱团，表明温度过高，应小通风；如顶梢弯曲下垂，时间长会使顶梢被灼伤，一经通风即会干枯死亡。

经高温闷棚后，黄瓜生长受到抑制，要立即追肥补充营养，可追施速效肥，并向叶面喷施尿素：糖：水＝1：1：100的糖氮素溶液，或0.2%磷酸二氢钾，促使其尽快恢复正常生长。高温闷棚后，可以从病斑及霉层上判断闷棚的效果，病斑呈黄褐色，边缘整齐干枯，周围叶肉鲜绿色，说明效果很好；如病斑周围仍呈黄绿色，叶背面有霉层，则效果不好，还会继续发病。

（3）药剂防治　发病初期选用50%烯酰吗啉可湿性粉剂500倍液，或10%氰霜唑悬浮剂1500倍液，或52.5%噁酮·霜脲氰水分散粒剂2500倍液，或6.25%噁唑菌酮可湿性粉剂1000倍液，或72%霜脲·锰锌可湿性粉剂800倍液，或58%甲霜·锰锌可湿性粉剂600倍液，或69%烯酰·锰锌可湿性粉剂600～800倍液，或50%嘧菌酯水分散粒剂2000倍液喷雾，每隔7天喷1次，连续防治2～3次。还可选用配方药液，12.5%烯唑醇可湿性粉剂2000倍液＋50%烯酰·锰锌可湿性粉剂800倍液＋2%春雷霉素水剂500倍喷雾。或12.5%烯唑醇粉剂2000倍液＋53%甲霜·锰锌可湿性粉剂600倍液＋3%中生菌素可湿性粉剂1000倍液喷雾，或70%甲基硫菌灵可湿性粉剂800倍液＋50%烯酰吗啉可湿性粉剂3000倍液＋88%水合霉素可溶性粉剂500倍液喷雾。每隔7～10天喷1次，连续防治2～3次。

（六）黄瓜炭疽病诊断与防治

1. 危害症状　黄瓜生长中后期发病较重，病叶初期出现水渍状小斑点，后扩大成淡褐色近圆形病斑，病斑周围有时有黄色晕圈。叶片上的病斑较多时，往往互相汇合成不规则的大斑块。干燥时，病斑中部易破裂穿孔，叶片干枯死亡。后期病斑中部有黑色小点。

干燥条件下，病斑中心灰白色，周围有褐色环。果实染病，从幼瓜即可受害，较大瓜条在表面形成圆斑，后期具有同心轮纹状排列的小黑点。

2. 发病规律 病菌以菌丝体、拟菌核随病残体遗落在土壤中越冬，菌丝体也可潜伏在种皮内越冬。翌年春季环境条件适宜时，菌丝体和拟菌核产生大量分生孢子，成为初侵染源。通过种子调运可造成病害的远距离传播。未经消毒的种子播种后，病菌可直接侵染子叶，引发病害。分生孢子借助雨水、灌溉水、农事活动和昆虫传播。发病最适温度为24℃，潜伏期3天。低温、高湿适合发病，温度高于30℃、空气相对湿度低于60%病势发展缓慢。气温在22℃～24℃、空气相对湿度95%以上、叶面有露珠时易发病。

3. 防治方法

（1）农业防治 选择排水良好的沙壤土种植，避免在低洼、排水不良的地块栽培。重病地应与非瓜类作物进行3年以上的轮作。实行高畦覆膜栽培，控制氮肥用量，增施磷、钾肥，喷施叶面肥，提高植株抗病性。随时清除栽培地的病株残体，减少菌源。要在无露水时进行农事操作，不可碰伤植株，雨后及时排水。保护地栽培黄瓜，上午温度控制在30℃～33℃，下午和夜间适当通风，把空气相对湿度降至70%以下，可抑制病害发生。收获后及时清除病蔓、病叶和病果。

（2）药剂防治 播种前除使用温汤浸种的方法消毒外，还可用50%多菌灵可湿性粉剂500倍液浸种1小时，用清水洗净后催芽播种。也可用50℃温水浸种20分钟、冰醋酸100倍液浸种30分钟，用清水冲净后催芽。发病初期及时喷药，可选用50%咪鲜胺锰络合物可湿性粉剂1000倍液，或10%噁醚唑水分散粒剂800倍液，或30%苯醚·丙环唑乳油3000倍液，或68.75%噁酮·锰锌水分散粒剂1000倍液，或65%多抗霉素可湿性粉剂700倍液，或25%咪鲜胺乳油1500倍液，或10%苯醚甲环唑水分散粒剂1500倍液，或60%吡唑醚菌酯水分散粒剂500倍液，或50%醚菌酯干悬浮剂

3 000 倍液，或 25% 嘧菌酯悬浮剂 500 倍液，或 30% 苯甲·丙环唑乳油 3 000 倍液，或 80% 福锌·福美双可湿性粉剂 600 倍液，每隔 5～7 天喷 1 次，连续喷 2～3 次。

（七）黄瓜疫病诊断与防治

1. 危害症状　幼苗染病多始于嫩尖，叶片上出现暗绿色病斑，幼苗呈水渍状萎蔫，病斑呈不规则状，湿度大时很快腐烂。成株染病，生长点及嫩叶边缘萎蔫、坏死、卷曲，病部有白色菌丝，俗称“白毛”。叶片染病产生圆形或不规则形水渍状大病斑，边缘不明显，扩展快，扩展到叶柄时叶片下垂。干燥时呈青白色，湿度大时病部有白色菌丝产生。严重时，生长点附近幼叶也会发病，导致生长点枯死。瓜条染病，形成水渍状暗绿色略凹陷病斑，湿度大时，病部产生灰白色菌丝，菌丝较短，俗称“粉状霉”。病瓜逐渐软腐，有腥臭味。

2. 发病规律　病菌主要以菌丝体、卵孢子及厚垣孢子随病残体在土壤或粪肥中越冬，借风、雨、灌溉水传播蔓延。发病适温为 28℃～30℃。土壤水分是影响此病流行程度的重要因素。夏季温度高、雨量大、雨天多的年份疫病容易流行，危害严重。此外，地势低洼、排水不良、连作等易导致发病。设施栽培时，春夏之交，打开温室前部通风口后，容易迅速发病。

3. 防治方法

（1）农业防治　选用抗病品种，如津春 3 号、津杂 3 号、津杂 4 号、中农 1101、龙杂黄 5 号、早丰 2 号等。河北科技师范学院培育的温室专用黄瓜品种绿岛 1 号，抗病效果也很好。避免瓜类连作或邻作，老菜区与水稻轮作 1 年以上可以减少土壤和沟水中的菌源。选用云南黑籽南瓜作砧木，进行嫁接育苗。采用高畦栽培，覆盖地膜，减少病菌对植株的侵染机会，这条措施非常重要。种植前清除病残体，翻晒土壤，施足有机基肥，畦高 30～35 厘米及以上，整平畦面，使雨后排水顺畅。苗期适当控水促根系发育，成株期小

水勤浇保持土壤湿润，结瓜采收期要有充足的肥水供应，适当增施磷、钾肥。勤除畦面杂草，及时整枝绑蔓以利通风降湿。避免大水漫灌，避免土壤和空气的湿度过高。露地栽培时，雨季要及时排出田间积水，发现中心病株后及时拔除，病穴撒施少量石灰，防止菌源扩散。

（2）**药剂防治** 播前进行种子消毒，方法是用25%甲霜灵可湿性粉剂800倍液浸种30分钟，而后催芽、播种。苗床或棚室土壤消毒的方法是，每平方米苗床用25%甲霜灵可湿性粉剂8克与土拌匀撒在苗床上。保护地栽培于定植前用25%甲霜灵可湿性粉剂750倍液喷淋地面。田间发病初期，选用52.5%噁酮·霜脲氰水分散粒剂2500倍液，或6.25%噁唑菌酮可湿性粉剂1000倍液，或58%甲霜·锰锌可湿性粉剂600倍液，或64%噁霜·锰锌可湿性粉剂500倍液，或69%烯酰吗啉可湿性粉剂500倍液，或10%氰霜唑悬浮剂1500倍液，或72%霜脲·锰锌可湿性粉剂600倍液，或70%乙铝·锰锌可湿性粉剂500倍液，或25%烯肟菌酯乳油1000倍液，或69%烯酰·锰锌可湿性粉剂600倍液，或55%烯酰·福美双可湿性粉剂700倍液，或50%烯酰吗啉可湿性粉剂800倍液，或50%嘧菌酯水分散粒剂2000倍液喷施，每隔5～7天喷1次，视病情连续防治2～3次。

（八）黄瓜灰霉病诊断与防治

1. 危害症状 叶片多从叶缘开始发病，病斑很大，呈弧形向叶片内部扩展。有时受大叶脉限制病斑呈“V”形，症状像疫病，但病斑不似疫病病斑那样白而薄。在发病后期或湿度较高时，病斑上生有致密的灰色霉层，而不是疫病那样的白色霉层。值得注意的是，在低温高湿条件下，有时灰霉病和疫病会混发，在疫病病斑的坏死组织上着生灰霉病菌。嫩茎上初生水渍状不规则斑，后变灰白色或褐色，病斑绕茎一周，其上端枝叶萎蔫枯死，病部表面生灰白色霉状物。果实多从萼片处发病，同样密生灰色霉层。

2. 发病规律　病菌以菌丝、分生孢子随病残体在土壤中越冬。属弱寄生菌，可在腐败的植株上生存。分生孢子随气流及雨水传播蔓延，侵染的最适宜温度为16℃～20℃，气温高于24℃侵染缓慢。灰霉病属于低温高湿型病害，因此设施栽培时在寒冷季节发病最重。

3. 防治方法

（1）农业防治　播种前或移栽前，或收获后，清除田间及四周杂草，集中烧毁或沤肥，深翻地灭茬，促使病残体分解，减少病原。瓜条坐住后摘除幼瓜顶部的残余花瓣，发现病花、病瓜、病叶要立即摘除并深埋。病穴施药或生石灰。收获后彻底清除病残组织，带出棚室外深埋或烧掉。重病地，在盛夏休闲期可深翻灌水，并将水面漂浮物捞出深埋或集中烧掉。土壤病菌多或地下害虫严重的田块，在播种前穴施或沟施灭菌杀虫的药土。选用抗病品种，选用无病、包衣的种子，如未包衣则种子须用拌种剂或浸种剂灭菌。选用排灌方便的田块，开好排水沟，降低地下水位，达到雨停无积水。大雨过后及时清理沟系，防止湿气滞留，降低田间湿度，这是防病的重要措施。育苗移栽，苗床床底撒施薄薄一层药土，播种后用药土覆盖，移栽前喷施1次除虫灭菌剂，这是防病的关键。生长期间，及时防治害虫，减少植株伤口，减少病菌传播途径。施用酵素菌沤制的堆肥或腐熟的有机肥，不用带菌肥料，施用的有机肥不得含有植物病残体。采用测土配方施肥技术，适当增施磷、钾肥，加强田间管理，培育壮苗，增强植株抗病力，有利于减轻病害。叶面喷施0.3%磷酸二氢钾溶液可以诱导植株的抗病能力。进行高畦覆膜栽培，铺地膜可以降低田间湿度，减少叶片表面结露和叶缘吐水时间，可以减少病菌的侵染机会。利用嫁接育苗，可防治该病的大发生。及时打掉黄瓜植株下部的老叶，而后盘蔓，可减少土壤中的病菌通过下部叶片向植株上部侵染。避免在阴雨天气整枝。

（2）药剂防治　发病后及时摘除病果、病叶，然后再用药，否则很难奏效。初期燃放腐霉利烟剂或百菌清烟剂，隔5～7天熏烟1

次，连续或交替燃放3～4次。也可选择喷洒50%腐霉利可湿性粉剂1500倍液，或25%咪鲜胺乳油2000倍液，或30%乙霉·百菌清可湿性粉剂500倍液，或40%嘧霉胺悬浮剂1200倍液，或20%噁咪唑可湿性粉剂2000倍液，或50%烟酰胺水分散粒剂1500倍液，或40%嘧霉胺悬浮剂1000倍液，或25%啶菌噁唑乳油2500倍液，或40%木霉素水分散粒剂600倍液，或50%异菌·福美双可湿性粉剂800倍液，每隔5～7天喷1次，视病情连续防治2～3次。

（九）黄瓜细菌性角斑病诊断与防治

1. 危害症状　病叶先出现针尖大小的淡绿色水渍状斑点，渐呈淡黄色、灰白色、白色，因受叶脉限制病斑呈多角形。叶背病斑与正面类似，呈多角形小斑，潮湿时病斑外有乳白色菌脓，干燥时呈白色薄膜状（故称白干叶）或白色粉末状。在干燥情况下多为白色，质薄如纸，易穿孔。病斑大小与湿度有关，夜间饱和湿度持续超过6小时者，病斑大；空气相对湿度低于85%，或饱和湿度时间少于3小时者，病斑小。果实上病斑初呈水渍状圆形小点，在较干燥的环境下呈凹陷状，引发果实流胶（具有类似流胶症状的还有黑星病等侵染性病害及某些生理病害）。在高湿环境下，果面病斑会逐渐扩展成不规则的或连片的病斑，并向果实内部发展，导致维管束附近的果肉变为褐色，病斑溃裂，溢出白色菌脓，并常伴有软腐病病菌侵染，而呈黄褐色水渍状腐烂。

2. 发病规律　病菌附着在种子内外传播，或随病株残体在土壤中越冬，存活期达1～2年。借助雨水、灌溉水或农事操作传播，通过气孔或伤口侵入植株。空气湿度大，叶面结露，病部菌脓可随叶缘吐水传播蔓延，反复侵染。发病适温24℃～28℃，最高39℃，最低4℃，适宜空气相对湿度80%以上。昼夜温差大，结露重且时间长时发病重。

3. 防治方法　种子消毒，可用55℃温水浸种15分钟，或冰醋酸100倍液浸种30分钟，或40%甲醛150倍液浸种1.5小时，或次氯酸钙 300 倍液浸种 30～60 分钟，用清水洗净药液后再催芽播种。

浇水后发病严重，因此每次浇水前后都应喷药预防。发病初期选择喷洒 20% 噻菌铜悬浮剂 300 倍液，或 20% 噻唑锌悬浮剂 400 倍液，或 20% 噻菌灵可湿性粉剂 600 倍液，或 80% 乙蒜素乳油 1 000 倍液，或 2% 宁南霉素水剂 260 倍液，或 14% 络氨铜水剂 300 倍液，或 0.5% 氨基寡糖素水剂 600 倍液，或 20% 松脂酸铜乳油 1 000 倍液，或 56% 氧化亚铜水分散粒剂 600～800 倍液，或 1% 中生菌素可湿性粉剂 300 倍液，或 20% 乙酸铜水分散粒剂 800 倍液，或 30% 氧氯化铜悬浮剂 600 倍液，或 30% 硝基腐殖酸铜可湿性粉剂 600 倍液，每隔 5～7 天喷 1 次，连喷 2～3 次。

（十）黄瓜种子戴帽出土的防治

1. 症状表现 幼苗出土后子叶上的种皮不脱落，俗称“戴帽”（或“带帽”）。“戴帽”子叶被种皮夹住不能张开，直接影响子叶的光合作用，真叶展开困难，即使去除种皮后子叶也容易损伤。由于幼苗出土后至真叶展开前的一段时间，子叶是黄瓜进行光合作用的唯一器官，所以戴帽出土现象往往导致幼苗生长不良或形成弱苗。

2. 发生原因 造成戴帽出土的原因很多，如种皮干燥；播种后所覆盖的土太干，致使种皮变干；覆土过薄，土壤挤压力小；出苗后过早揭掉覆盖物或在晴天中午揭膜，致使种皮在脱落前变干；地温低，导致出苗时间延长；种子秕瘦，生活力弱等。

3. 防治方法

（1）精细播种 营养土要细碎，播种前浇足底水。浸种催芽后再播种，避免干籽直播。在点播以后，先全面覆盖潮土 7 毫米厚，不要覆盖干土，以利保墒。不能覆土过薄，且覆土厚度要均匀一致。在大部分幼苗顶土和出齐后分别再覆土 1 次，厚度分别为 3 毫米和 7 毫米。覆土的干湿程度因气候、土壤和幼苗状况而定，第一次因苗床土壤湿度较高，应覆盖干暖土壤；第二次为防戴帽出土，以湿土为好。

（2）**保湿** 必要时，在播种后覆盖无纺布、碎草保湿，使床土从种子发芽到出苗期间始终保持湿润状态。幼苗刚出土时，如床土过干要立即用喷壶洒水，保持床土潮湿。

（3）**覆土** 发现覆土太浅的地方，可补撒一层湿润细土。

（4）**摘“帽”** 发现“戴帽”苗，可趁早晨湿度大时，或喷水后用手将种皮摘掉，操作要轻，如果干摘种壳，很容易把子叶摘断。也可等待黄瓜幼苗自行脱壳。

（十一）黄瓜花打顶现象的防治

1. 症状表现 生长点不再向上生长，其附近的节间长度缩短，不能再形成新叶。在生长点的周围形成包含大量雌花并间杂少量雄花的花簇，有些花簇略稀疏，但多个雌花占据了生长点。花打顶植株所形成的幼瓜瓜条不伸长，无商品价值，同时瓜蔓停止生长。

2. 发生原因

（1）**干旱** 用营养钵育苗，钵与钵靠得不紧，水分散失大；苗期水分管理不当，定植后控水蹲苗过度造成土壤干旱；地温高，浇水不及时，新叶没有发出来，导致花打顶。

（2）**肥害** 定植时施肥量大，肥料未腐熟或没有与土壤充分混匀，或一次施肥过多（尤其是过磷酸钙），容易造成肥害。同时，如果土壤水分不足，溶液浓度过高，根系吸收能力减弱，使幼苗长期处于生理干旱状态，也会导致花打顶。

（3）**低温** 温室保温性能差或育苗期间遇到低温寡照天气，夜间温度低于15℃，致使叶片中白天光合作用制造的养分不能及时输送到其他部分而积累在叶片中（在15℃～16℃条件下，同化物质需4～6小时才能运转出去），使叶片浓绿皱缩，造成叶片老化，光合功能急剧下降，而形成花打顶。另外，白天长期低温也易形成花打顶；育苗期间的低温、短日照条件，十分有利于雌花形成，因此那些保温性能较差的温室所育的黄瓜苗雌花反而多。

（4）伤根　在10厘米地温低于10℃、土壤相对湿度75%以上时，低温高湿造成沤根，或分苗时伤根，长期得不到恢复，植株营养不良，易出现花打顶。

（5）药害　喷洒农药过多、过频造成较重的药害。

3. 防治方法

（1）疏花　花打顶实际是植株生殖生长过于旺盛，营养生长太弱的一种表现，因此先要减轻生殖生长的负担，摘除大部分瓜纽。需要特别注意的是，在温室冬春茬黄瓜定植不久，由于植株生长缓慢，往往在生长点处聚集大量雌花，常被误认为是花打顶。

（2）叶面喷肥　通过摘掉雌花等方法促进生长后，喷施0.2%～0.3%磷酸二氢钾溶液，也可喷施促进茎叶快速生长的植物生长调节剂，或硫酸锌和硼砂溶液。

（3）肥水管理　有些花打顶植株的生长点并未完全消失，只是隐藏在雌花之间，很小，不易分辨。对于这种情况，应浇大水，密闭温室保持湿度，提高温度，一般7～10天即可基本恢复正常。适量追施速效氮肥和钾肥（硝酸钾或硫酸钾）。

（4）温度管理　育苗时，温度不要过高或过低。适时移栽，避免幼苗老化。温室保温性能较差时，可在未插架前，夜间加盖小拱棚保温。定植后一段时间内，白天不通风，尽量提高温度。

（5）控制生长　乙烯利的浓度控制在100毫克/千克以内才属安全范畴，曾有报道称，有人为促进形成大量雌花，在定植初期喷200毫克/千克乙烯利，结果严重抑制了植株生长，导致叶片畸形，致使生长点彻底消失，形成花打顶。

（十二）番茄白粉病诊断与防治

1. 危害症状　叶片染病，初在叶面出现褪绿色小点，后扩大为不规则形粉斑，表面生白色絮状物。起初霉层稀疏，渐增、多呈毡状，病斑扩大连片或覆盖全叶面。叶柄、茎、果实染病时，病部表面也产生白粉状霉斑。

2. 发病规律　在我国北方地区病菌主要在冬作茄科蔬菜上越冬，也可以闭囊壳随病残体于地面上越冬。翌年春条件适宜时，闭囊壳内散出的子囊孢子随气流传播蔓延，后又在病部产生分生孢子，分生孢子借气流或雨水传落在寄主叶片上，分生孢子端部产生芽管和吸器从叶片表皮侵入，菌丝体附生在叶表面。分生孢子从萌发到侵入需 24 小时，每天长出 3～5 根菌丝，5 天后在侵染处形成白色菌丝状病斑，经 7 天形成分生孢子，成熟的分生孢子脱落后通过气流飞散传播，进行再侵染。

北方设施栽培时周年发生，露地栽培 6 月中旬开始发病，7 月上中旬为发病高峰。常形成发病中心，再向四周扩散，病害蔓延很快。通常温暖潮湿的天气及环境有利于发展，尤其在棚室保护地栽培，病害发生普遍且较严重。在 10℃～30℃范围内分生孢子都能萌发，而以 20℃～25℃为最适，超过 30℃或低于 10℃则很难萌发，且会失去生活力。病菌孢子耐旱力特强，在高温干燥天气亦可侵染致病。

3. 防治方法

（1）农业防治　选育抗白粉病品种，加强棚室温湿度管理。加强栽培管理，提高植株抗性。采收后及时清除病残体，减少越冬菌源。棚室要防止湿度过低。提高植株自身生长势，抵抗病菌入侵，其方法是叶面喷施 0.3% 钾肥、1% 尿素或其他植物生长调节剂溶液。

（2）药剂防治　发病前或发病初期选择喷洒下列药剂：2% 武夷菌素水剂 200 倍液，或 40% 硫磺 · 多菌灵悬浮剂 500 倍液，或 50% 硫磺悬浮剂 250 倍液，或 75% 百菌清可湿性粉剂 600 倍液，或 50% 多菌灵可湿性粉剂 500 倍液，或 70% 甲基硫菌灵可湿性粉剂 1000 倍液，或 40% 氟硅唑乳油 8000～10000 倍液，或 10% 苯醚甲环唑水分散粒剂 2000 倍液，或 50% 三唑酮 · 硫磺悬浮剂 1000 倍液，或 25% 腈菌唑可湿性粉剂 3000 倍液，或 25% 腈菌唑乳油 5000 倍液，或 30% 氟菌唑可湿性粉剂 1500 倍液，或 8% 宁南霉素

水剂2 000倍液，或62.25%腈菌唑·锰锌可湿性粉剂600倍液，或12.5%烯唑醇可湿性粉剂2 000倍液，每隔7～15天喷1次，连续2～3次。防治要点是早发现、早预防，喷药仔细、全面。

棚室栽培适宜用粉尘法或烟雾法。定植前几天将棚室密闭，每100米^{3}空间用硫磺粉250克、锯末500克，混匀后分别装入小塑料袋，分放在棚室内，在晚上点燃熏1夜。发病初期于傍晚喷撒10%百清·多菌灵烟剂，每次每667米^{2}用药1千克，或每667米^{2}施用45%百菌清烟剂0.25千克，用暗火点燃熏1夜。

（十三）番茄斑枯病诊断与防治

1. 危害症状　接近地面的老叶先发病，逐渐向上蔓延。初发病时，叶片背面出现水渍状小圆斑，不久正反两面都出现圆形和近圆形的病斑，边缘深褐色，中央灰白色、凹陷，一般直径2～3毫米，密生黑色小粒点。由于品种、栽培环境不同，病斑大小有差异，发病严重时造成早期落叶。茎、果实很少受害，症状与叶片类似。

2. 发病规律　番茄斑枯病的初侵染源一般为带有病株残体的土壤和肥料、带菌的种子、带菌多年生杂草（如酸浆、曼陀罗属及茄科作物）。传播介体主要有昆虫、风雨、灌溉水和农事操作等。病菌在这些媒介上越冬，翌年病残体上产生的分生孢子是病害的初侵染源，借助风雨近距离的扩大侵染。老病区的病残体对翌年的发病起关键作用。分生孢子器吸水后从孔口涌出分生孢子团，分生孢子被雨水反溅到番茄植株上，所以接近地面的叶片首先发病。雨后或早晚露水未干前，在田间进行农事操作时可以通过手、衣服和农具等进行传播。分生孢子在湿润的寄主表皮上萌发后从气孔侵入，菌丝在寄主细胞间隙蔓延，以分枝的吸胞（吸器）穿入细胞内吸取养分，使组织细胞发生质壁分离而死亡，并沿着这些组织扩大。菌丝成熟后又产生新的分生孢子器，新的分生孢子进行再侵染，从分生孢子飞散到新的分生孢子形成只需15天左右。

菌丝生长的适宜温度为22℃～26℃，最低15℃，最高28℃，若温度高于28℃病菌则不能生长。病菌喜高湿度，适宜的空气相对湿度为92%～94%。由于分生孢子器必须有水滴才能释放分生孢子，所以雨水在传播上起很大作用。当气温上升到15℃以上时，田间开始发病。当温度25℃、空气相对湿度达到饱和时，病菌在4小时内就可侵入寄主，潜育期8～10天。在温度为20℃或25℃时，病斑发展快且易产生分生孢子器，而在15℃时，分生孢子器形成慢。温暖潮湿和阳光不足的阴天，有利于斑枯病的发生。当气温在15℃以上，遇阴雨天气，同时土壤缺肥时，植株长势衰弱，抵御病害的能力减弱，病害容易流行。在高温干燥的情况下，病害的发展受到抑制。番茄不同品种抗病性有差异，野生品种类型抗病力较强，普通的栽培品种抗病力较差。高畦栽培植株根部不易积水，通气性好、温度低，能减少发病的机会；而平畦恰好相反，土壤积水、氧气缺乏，发病较重。斑枯病常在初夏发生，到果实采收的中后期蔓延很快。

3. 防治方法

（1）农业防治 重病地与非茄科作物实行3～4年轮作，最好与豆科或禾本科作物轮作，可有效降低该病发生概率。有条件者将发病严重地块土壤更换，防病效果亦较明显，但较费工。所换新土以稻田区土壤发病最轻。采用深沟高畦栽培，避免过度密植，并及时去掉底部老叶，保持田间通风透光及适宜的土壤水分。生育前应勤中耕松土，强壮植株并增加植株抗病能力。及早摘除染病器官，采收后要彻底清除田间病株残余物和田边杂草，集中沤肥，经高温发酵和充分腐熟后方能施入田内。合理用肥，增施磷、钾肥，增强植株抗性，喷施1.4%复硝酚钠水剂8000倍液，可以提高抗病力。

（2）物理防治 如种子带菌，先将种子晾晒1～2天，再用50℃温汤浸种25分钟，不断搅拌，防止种子沉底，温度降低时补充热水保持温度。浸种时间到后加入凉水降温，然后捞出，沥干，催芽。

（3）药剂防治 在育苗时，采用未种过茄科类菜的土壤育苗，可有效避免苗期感病。苗床喷施 1∶1∶200 波尔多液，也可用 50% 硫菌灵可湿性粉剂 1 000 倍液，每 667 米^2 每次喷药液 100 千克，连喷 2～3 次。

发病初期，可选用 25% 咪鲜胺乳油 1 000 倍液，或 40% 嘧霉胺悬浮剂 1 000 倍液，或 65.5% 霜霉威水剂 600 倍液，或 72.2 霜脲·锰锌可湿性粉剂 600 倍液，或 25% 嘧菌酯悬浮剂 1 000 倍液，或 3% 中生菌素可湿性粉剂 2 000 倍液，或 50% 异菌脲可湿性粉剂 1 000 倍液，或 40% 氟硅唑乳油 8 000 倍液，或 12.5% 烯唑醇可湿性粉剂 2 000 倍液喷施，每隔 5～7 天喷药 1 次。

棚室栽培也可每 667 米^2 用 45% 百菌清烟剂 250 克熏烟，或每 667 米^2 用 5% 百菌清粉尘剂 1 千克喷粉。

（十四）番茄早疫病诊断与防治

1. 危害症状　叶片受害初期出现针尖大小的黑褐色圆形斑点，逐渐扩大成圆形或不规则形病斑，具有明显的同心轮纹，病斑表面有革质光泽，病斑周围有黄晕，潮湿时病斑上生有黑色霉层。茎及叶柄上病斑为椭圆形或梭形、黑褐色，多产生于分枝处。果实多在绿熟期之前受害，形成黑褐色近圆形凹陷病斑。

2. 发病规律　主要侵染体是分生孢子。这种棒状的分生孢子晕暗褐色，通过气流、微风、雨水溅流传染到寄主上，通过气孔、伤口或从表皮直接侵入。在体内繁殖多量的菌丝，然后产生孢子梗，进而产生分生孢子进行传播。一季作物收获后，病原以形成的菌丝体和分生孢子随病残组织落入土壤中进行越冬。有的分生孢子可残留在种皮上，随种子一起越冬。分生孢子比较顽固，通常条件下可存活 1～1.5 年。同时，产生的活体菌丝可在 1℃～45℃的广泛温度范围中生长，在 26℃～28℃时生长最快。侵入寄主后，2～3 天就可形成病斑，形成病斑后 3～4 天，就可形成大量的分生孢子，由此而进行多次重复再侵染。在发病的各种条件中，主要条件是温度和湿度，从总的情况看温度偏高、湿度偏大有利于发病。

28℃～30℃时，分生孢子在水滴中35～45分钟的短暂时间内就可萌芽。初夏季节，如果多雨、多雾，分生孢子就形成的快而且多，病害就很易流行。发病与寄主生育期关系也很密切，当植株进入1～3穗果膨大期时，在下部和中下部较老的叶片上开始发病，并发展迅速，然后随着叶片的向上逐渐老化而向上扩展，大量病斑和病原都存在于下部、中下部和中部植株上。肥力差、管理粗放的地块发病更重，土质黏重者较土质沙性强的地块发病重。

3. 防治方法

（1）农业防治 选栽抗病品种，如佳粉15号，中蔬4号、5号，强丰，毛粉802等高抗两种疫病，在田间种植发病慢，损失少。选择连续2年没有种过茄科作物的土地做苗床，如苗床沿用旧址，则床土要换用无病新土。避免与其他茄科作物连作，实行与非茄科作物3年轮作制。及时摘除病叶、枯枝集中深埋或烧毁，同时在植株上喷洒新高脂膜形成保护膜，防止病菌蔓延，阻碍气传性病菌侵入植株。番茄拉秧后及时清除田间残余植株、落花、落果，结合翻耕土地，搞好田间卫生。生长期间增施磷、钾肥，特别是钾肥，促使植株生长健壮，提高对病害的抗性。

（2）种子消毒 从无病植株上采收种子。如种子带菌，可用52℃温汤浸30分钟，取出后摊开冷却，然后催芽播种。或将种子用冷水浸4小时后捞出浸入1%硫酸铜溶液10分钟，再浸入1%肥皂水中，5分钟后捞出，洗净、催芽、播种。或用种子重量0.4%的50%克菌丹可湿性粉剂拌种。也可用2.5%咯菌腈悬浮种衣剂10毫升加水150～200毫升，混匀后可拌种3～5千克，包衣晾干后播种。

（3）设施消毒 定植前对棚室进行熏蒸消毒，每立方米空间用硫磺粉6.7克，混入锯末13.5克，分装后点燃，密闭棚室，熏蒸1夜。

（4）生态防治 苗床内注意保温和通气，每次洒水后一定要通风，叶面干后盖窗，降低床内空气湿度，不利病害发生和发展。筑

高畦种植，做好开沟排水工作，以降低田间湿度。加强棚室的温湿度控制，由于早春定植时昼夜温差大易结露，利于此病的发生和蔓延，生产中应重点调整好棚内温湿度，尤其是定植初期，闷棚时间不宜过长，防止湿度过大、温度过高。浇水后及时通风，有条件的可采用滴灌或膜下暗灌，减缓该病发生蔓延。浇水选晴天上午，浇水后及时通风，特别要避免早晨叶面结露。及时摘除下部老病叶并携出棚外深埋，有利于通风透光并能减少菌源。

（5）药剂防治 田间初现病株立即喷药甚至发病前就开始用药预防，发病最初，未见明显病斑即开始喷药的，防效可达85%以上。一般在发病初期，即部分叶片或茎秆上有病斑发生时开始用药，以保护剂和治疗剂混用效果最好，可选择喷洒70%乙铝·锰锌可湿性粉剂500倍液，或72.2%霜霉威水剂800倍液，或50%福美双可湿性粉剂500倍液，或75%百菌清可湿性粉剂700倍液，或25%甲霜灵可湿性粉剂600倍液，或25%甲霜·锰锌可湿性粉剂600倍液，或64%噁霜·锰锌可湿性粉剂400倍液，或40%三乙膦酸铝可湿性粉剂200～250倍液，或2%武夷菌素水剂200倍液，或52.5%异菌·多菌灵可湿性粉剂800～1200倍液，或50%异菌脲悬浮剂1000倍液。注意喷洒药液要及时、周到，植株中下部位是重点喷药区。每隔5天喷药1次，连续防治2～3次。交替用药，以免产生抗药性。

也可使用下列配方：50%腐霉利可湿性粉剂800倍液+75%百菌清可湿性粉剂600倍液，或0.3%多抗霉素水剂300倍液+70%代森锰锌可湿性粉剂600倍液，或10%苯醚甲环唑水分散粒剂1500倍液+75%百菌清可湿性粉剂600倍液，或10%苯醚甲环唑水分散粒剂1500倍液+50%异菌脲悬浮剂1000倍液。

对茎部病斑可先刮除，再用2%嘧啶核苷类抗菌素水剂10倍液涂抹。

保护地栽培时，结合其他病害的预防，可每667米^{2}用45%百菌清烟剂250克，或于发病初期用45%百菌清烟剂250克+10%

腐霉利烟剂400克，每隔5～10天熏烟1次。在傍晚封闭棚室后施药，将药分放于5～7个燃放点熏烟。也可每667米^{2}喷撒5%百菌清粉尘剂1000克。

（十五）番茄晚疫病诊断与防治

1. 危害症状 多从下部叶发病，叶片表面出现水渍状淡绿色病斑，并逐渐变为褐色，空气湿度大时，叶背病斑边缘产生稀疏的白色霉层。茎和叶柄的病斑呈水渍状、褐色凹陷，最后变为黑褐色，逐渐腐烂。果实上的病斑有时有不规则形云纹，最初为暗绿色油渍状，后变为暗褐色至棕褐色，边缘明显，微凹陷，果实质地坚硬、不变软。

2. 发病规律 病菌借助风雨传播，由植株气孔或表皮直接侵入，病情发展十分迅速。发病适温18℃～22℃，最适空气相对湿度95%以上。因此，高湿低温，特别是温度波动较大，有利于病害流行。

3. 防治方法

（1）农业防治

①选用抗病品种 从生产中的表现来看，大部分番茄品种对晚疫病抗性较弱。相比而言，抗病性较强的品种有普罗旺斯、欧盾、粉达、冬粉3号、博玉368、百利、L-402、中蔬4号、中蔬5号、中杂4号、圆红、渝红2号、强丰、佳粉15号、佳粉17号等，要结合当地实际择优选用。

②实行轮作 晚疫病菌可在土壤中存活2～3年。实行3年以上轮作倒茬，可有效降低田间菌源量，减轻病害发生概率，可以与十字花科蔬菜轮作。

③科学育苗 病菌主要在土壤或病残体中越冬，因此育苗土必须选用没有种植过茄科作物的土壤。提倡用营养钵、营养袋、穴盘育苗，培育无病壮苗，并尽可能远离马铃薯种植田。

④合理施肥 番茄是喜钾作物，氮肥施用量过多可导致霉菌速

生，诱发大规模的病害发生。因此，要控制氮肥施用量，增施磷、钾肥，重施腐熟的优质有机肥。基肥应以充分腐熟、无病虫、无杂草种子的优质有机肥为主，配合施用化肥。一般每 667 米^2 基施化肥硫酸钾 50 千克、磷酸二铵 80 千克；生长期每次每 667 米^2 追施磷酸二铵和尿素各 5～6 千克。

⑤合理密植　一般大架品种窄行 50 厘米、宽行 70 厘米，株距 28～33 厘米；小架品种窄行 40 厘米、宽行 60 厘米，株距 25～28 厘米。

⑥清洁田园　定植之前，清除残茬、枯枝败叶及病残体，可降低病原菌群体数量，然后深翻晒垡，直接杀死土壤中的病原菌。晚疫病零星发生时，趁喷洒药液后叶面未干时，可将病叶、病果轻轻摘除，摘除时可用塑料袋罩住病残体、装入袋内，以防止病菌飞散造成再侵染；然后带出棚外集中烧毁，以减少菌源。叶面干燥时摘除病叶，会加剧分生孢子囊的传播和再侵染。发病严重时可以大量摘除中上部发病叶片，降低菌源量，并进行化学防治。

⑦注意排水　露地种植，雨量的大小和持续时间的长短直接关系到晚疫病害发展的程度，因此要高畦栽培、四沟配套（厢沟、腰沟、围沟、排水沟），雨后及时排水，避免田间积水。

（2）生态防治　因为晚疫病游动孢子的形成和萌发的最适宜温度只有 10℃多，有人认为晚疫病实际上属于低温高湿病害，因此应严格控制棚内湿度，防止适宜温湿度环境出现。适当控制浇水，实行滴灌或膜下暗灌技术，不要大水漫灌。浇水应选在晴天上午进行，浇后要及时通风排湿，阴雨天也不例外，以降低棚内湿度，尽量减少叶片表面结露量和缩短结露时间，避免叶面出现水膜，把空气相对湿度控制在 70% 以下，抑制病菌孳生。掌握好棚内温度，晴天白天温度以 25℃～28℃为宜，上午温度上升到 28℃～30℃时开始通风或遮阴，当温度降到 20℃时应及时关闭通风口，这样夜间可以保持较高温度，夜温以 15℃～17℃为宜，冬季低于 10℃加温。

（3）药剂防治

①土壤处理　大棚蔬菜轮作倒茬有一定困难，在无法倒茬的情况下，可对土壤进行药剂处理。具体方法是：番茄收获后彻底清除田间病残体，用40%三乙膦酸铝可湿性粉剂200～300倍液对全田、立柱、塑料薄膜等进行全方位喷雾消毒，然后进行翻耕。发病严重的田块，定植前再处理1次。

②喷雾　田间出现发病中心时，可选择喷洒72%霜脲·锰锌可湿性粉剂600倍液，或58%甲霜·锰锌可湿性粉剂600倍液，或52.5%噁酮·霜脲氰水分散粒剂2500倍液，或69%烯酰吗啉可湿性粉剂800倍液，或47%春雷·王铜可湿性粉剂800倍液，或50%烯酰·锰锌可湿性粉剂600倍液，或50%嘧菌酯水分散粒剂2000倍液，每隔7天喷药1次，连续防治2～3次。在晚疫病发生比较重的设施，有人为了控制病害扩展蔓延，常常3～5天喷1次药，由于喷药次数增多，棚内湿度持续过大，反而有利于病害的发生流行。要注意轮换用药，避免长期单一使用同一农药，防止产生抗性。选择药剂时要注意，不要用多菌灵、甲基硫菌灵等防治半知菌类真菌病害的药剂来防治晚疫病，否则效果很差并贻误防治时机。

配方用药：35%霜脲·锰锌悬浮剂800倍液+0.0016%芸薹素内酯水剂1500倍液；65%代森锌可湿性粉剂600倍液+5%亚胺唑可湿性粉剂800倍液+2%春雷霉素水剂500倍液；53%甲霜·锰锌水分散粒剂500倍液+30%苯甲·丙环唑乳油6000倍液+88%盐酸土霉素可溶性粉剂500倍液；50%烯酰·锰锌可湿性粉剂800倍液+25%咪鲜胺乳油1500倍液+20%噻菌铜悬浮液600倍液；10%多氧霉素可溶性粉剂1000倍液+5%亚胺唑可湿性粉剂600倍液+2%春雷霉素水剂300倍液；38%噁霜·嘧菌酯（成分：30%噁霜灵+8%嘧菌酯）可湿性粉剂800倍液+10%氰霜唑悬浮剂2000～2500倍液。每隔3天用药1次，连用2～3次，药剂混配要合理。

③熏烟　设施栽培时，还可每667米^{2}用45%百菌清烟剂250

克，傍晚封闭棚室，将药分放于 5～7 个燃放点，点燃后熏烟过夜。棚内湿度较大时不要频繁喷洒液体农药，而要在第一次喷洒药液后间隔 2～3 天进行 1 次烟剂熏蒸，有条件的用烟雾机施药防治 1 次，再视病情进行喷雾防治。

④喷粉　每 667 米^2 喷撒 5% 百菌清粉尘剂 1 千克，施药时间及闭棚要求与熏烟法相同，每隔 7～8 天用 1 次药，最好与喷雾防治交替进行。

（十六）番茄叶霉病诊断与防治

1. 危害症状　叶片正面出现边缘不清晰的微黄色褪绿斑，而后在叶片背面对应的位置长出灰白色后转为紫灰色的致密的茸毛状霉层。

2. 发病规律　以菌丝体和菌丝块在病残体内，或以分生孢子附着在种子上，或以菌丝潜伏在种皮内越冬。翌年如遇适宜条件，产生分生孢子，借气流传播，病菌从幼苗或成株叶片、萼片、花梗等部位侵入，进入子房潜伏在种皮内，如播种带病种子，幼苗即染病。病部产生分生孢子，借气流传播，叶面有水湿条件即萌发，长出芽管经气孔侵入，菌丝蔓延于细胞间，并长出吸器伸入细胞内吸收水分和养分，后在病斑上又产出分生孢子进行再侵染。

病菌发育温度 9℃～34℃，最适温度 20℃～25℃，短期温度升至 30℃～36℃，对病菌有较强的抑制作用。分生孢子产生、萌发和侵入均需空气相对湿度在 80% 以上。该病从开始发病到流行成灾，一般需 15 天左右。阴雨天气，大棚通风不良，棚内湿度大或光照弱，叶霉病扩展迅速；晴天光照充足，棚内短期增温至 30℃～36℃，对病菌有明显抑制作用。温度在 22℃左右，夜间只要叶面有水膜持续 4 个小时，即可诱发病害。温度在 20℃～25℃、空气相对湿度 85% 以上、光照不足的条件下，从开始发病到全田发病需 15 天左右。因此，保护地湿度过大、通风不良、浇大水、闷棚，或遇到连续阴雨天气，很易满足病菌对温湿度的要求。若遇到冬季温度偏高，病害可提前蔓延流行。

3. 防治方法

（1）农业防治 选择抗病品种，如鲁粉2号、鲁番茄4号、毛粉802、L-402、百利、辽粉杂3号、中杂7号、双抗2号、沈粉3号及佳粉系列品种等。

发病重的棚室最好能与非茄科蔬菜进行2～3年轮作。栽培管理的防病重点是控制温湿度，增加光照，预防高湿低温，创造不利于病害发生的条件从而抑制病害。加强水分管理，苗期浇小水，定植时浇透，开花前不浇，开花时轻浇，结果后重浇，浇水后立即排湿，尽量使叶面不结露或缩短结露时间。露地栽培时，雨后及时排除田间积水，

增施充分腐熟的有机肥，避免偏施氮肥，增施磷、钾肥，及时追肥，并进行叶面喷肥，提高植株抗病能力。

每年更换1次棚室薄膜，使用无滴膜，经常清除膜上灰尘。定植密度不要过高，及时整枝打杈、绑蔓，植株坐果后适度摘除下部老叶，以利通风透光。露地番茄要早定植，深中耕，覆盖地膜或培土，促进植株生长。

（2）生态防治 栽培前期注意提高棚室温度，后期加强通风，降低湿度。病势发展时，可选择晴天中午密闭棚室使温度上升到36℃～38℃，并保持2个小时，可有效地抑制病情。但需要特别注意的是，一定要在浇水之后进行，这样可以保持较高的空气湿度，比较安全，如果空气干燥，容易导致落花，延迟结果，降低产量，甚至导致植株死亡。其次，密闭棚室时间不能超过2小时，否则非常危险。

（3）物理防治 种子要用55℃温水浸种10分钟进行消毒。

（4）药剂防治

①苗床消毒 育苗床要换用无病新土。使用旧床的，要在播种前用50%多菌灵可湿性粉剂500倍液，或45%代森铵可湿性粉剂300倍液喷洒进行土壤消毒。

②设施消毒　连年发病的棚室，在定植前要进行环境消毒，即密闭棚室后按每100米^{3}空间用硫磺0.25千克、锯末0.5千克，混匀后分几堆点燃熏烟1夜。

③田间喷雾　发病初期用药剂防治，可选择喷洒12.5%腈菌唑乳油800倍液，或40%氟硅唑乳油6000倍液，或70%代森锰锌可湿性粉剂1000倍液，或50%硫磺·多菌灵悬浮剂700倍液，或50%苯菌灵可湿性粉剂1000倍液，或40%百菌清可湿性粉剂500倍液，或2%武夷菌素水剂100～150倍液，或70%甲基硫菌灵可湿性粉剂800倍液，每隔5～7天喷药1次，连续防治2～3次。

配方药剂：10%多抗霉素可湿粉性1000倍液+10%苯醚甲环唑水分散粒剂1500倍液；2%丙烷脒水剂900倍液+10%多抗霉素可湿性粉剂1000倍液；2%春雷霉素可湿性粉剂400倍液+20%苯醚甲环唑水分散粒剂3000倍液；25%腈菌唑乳油1500倍液+50%克菌丹可湿性粉剂500倍液；50%硫磺悬浮剂400倍液+20%三唑酮乳油2000倍液；10%多抗霉素可湿性粉剂1000倍液+0.5%氨基寡糖素水剂500倍液；40%嘧霉胺可湿性粉剂800倍液+30%醚菌酯可湿性粉剂1000倍液+72%硫酸链霉素可溶性粉剂2000倍液；40%氟硅唑乳油8000倍液+2%春雷霉素可湿性粉剂600倍液+70%甲基硫菌灵可湿性粉剂1000倍液；43%戊唑醇悬浮剂300倍液+有机硅助剂6000倍液，每隔5～7天喷药1次，连续防治2～3次。

④熏烟　棚室也可用沈阳农业大学研制的烟剂1号，每667米^{2}用药400～450克熏烟，或用40%百菌清烟剂300克熏烟。

（十七）番茄生理性卷叶诊断与防治

1. 危害症状　植株下部或中下部叶片卷曲，重者整株卷叶。叶缘稍微向上卷曲，甚至卷成筒状，同时叶片变厚、变脆、变硬。这种生理性病害在田间零星或成片发病。

2. 发病规律　主要是由于高温、强光、生理干旱引发的。在高温、强光条件下，番茄的吸水量弥补不了蒸腾作用的损失，造成植株体内水分亏缺，致使番茄叶片萎蔫或卷曲。在果实膨大期，尤其是在土壤缺水或植株受伤、根系受损时，番茄卷叶会严重发生；高温的中午突然浇水或雨后骤晴，由于植株不能适应突然变化的条件，可能引起生理干旱而卷叶。在高温天气，有菜农为减轻病害，过于强调降低湿度，造成空气干燥、土壤缺水，或干旱后大量浇水，造成水分供应不均衡，也会引发生理性卷叶。设施栽培番茄遇连阴雨或长期低温寡照而后骤晴，同样会引起番茄失水卷叶；植株调整不当也会诱发生理性卷叶，如果整枝过早或摘心过重，不仅植株地上部分生长不好，叶面积减小，还会影响地下部的生长，根量少、质量差，制约水分和养分的吸收和供给，从而影响叶片的正常生长和发育，诱发卷叶；肥料施用不当，氮肥施用过多，或缺乏铁、锰等微量元素，植株体内养分失去平衡，引起代谢功能紊乱，也会引起番茄卷叶。

3. 防治方法　设施番茄在高温、强光条件下要及时通风，通风量要逐渐加大。干燥造成卷叶时可在田间喷水或浇水。在高温季节，可采取覆盖遮阳网及其他遮光降温措施栽培番茄。经常浇水，保持土壤相对含水量在80%左右，避免土壤过干或过湿，避免在高温的中午浇水。进行测土配方施肥，发现缺素时采用根外追肥的方法补救。正确掌握植物生长调节剂的使用浓度，避免污染叶片和生长点。适时适度进行植株调整，侧芽长度超过5厘米以后方可打掉，摘心宜早、宜轻。在最后1穗果上方留2片叶摘心。

（十八）番茄植株徒长诊断与防治

1. 危害症状　徒长植株茎叶旺长，形成许多无效分枝，顶部叶片多而小，叶色淡绿，新形成的枝条虽然数量多但十分细弱、节间长，植株郁闭，通风透光性差，坐果少，产量低。

2. 发病规律　发生徒长的环境原因是光照不足、昼夜温差小、土壤湿度高。肥水管理上主要是因为施肥过多，尤其是氮肥用量

大。另外，整枝不及时、管理粗放，也容易导致植株徒长。

3. 防治方法　番茄只有营养生长与生殖生长相互协调，植株才能健壮而高产，两者是相辅相成的关系。如果生殖生长较弱，营养生长旺盛，植株就会出现徒长症状。理想的状态应该是植株茎粗壮，叶片茂盛，能制造大量同化物，同时植株上有大量果实接收、利用同化物，并通过果实“坠住”植株，使其不至于徒长。

预防徒长：一是加强肥水管理，缓苗期至第一穗果坐住，适当少浇水，或不浇水，防止植株徒长。每穗果实坐住及其膨大时期，要增加浇水次数。二是及时整枝，一般采用单干或双干整枝方式。三是必要时用植物生长调节剂控制徒长。进入营养生长旺期后，每隔 10 天喷 1 次 200～300 毫克 / 千克助壮素，共喷 2～3 次，或在此期喷 1～2 次 20～30 毫克 / 千克多效唑，抑制营养生长，促进生殖生长。值得注意的是，栽培者应从改进栽培措施的角度着手抑制番茄徒长，尽量不使用助壮素、多效唑类的生长抑制剂。以多效唑为例，一旦过量或多次施用，可导致植株低矮，匍匐生长，果穗密集，但果实体积小，产量大幅度降低。而目前又没有多效唑的特效“解药”，发生多效唑药害时，只能通过换土的方法解决。

（十九）番茄放射状纹裂果诊断与防治

1. 危害症状　表现为以果蒂为中心向果肩部延伸，呈放射状开裂，裂纹 4 道左右。一般始于果实绿熟期，出现轻微裂纹，转色后裂纹明显加深、加宽。

2. 发病规律　放射状纹裂果的发生除与品种特性有关外，主要是受环境影响，露地栽培时发生较多。高温、强光、干旱等因素会使果蒂附近的果面产生木栓层，果实糖分浓度增高，当久旱后降雨和突然大量浇水，使果肉迅速膨大，渗透压（膨压）增高，会将果皮胀裂，而开裂部位多在受强光、高温危害最重的果肩部位。

3. 防治方法　选择抗裂性强的品种，一般果型大而圆、果实木栓层厚的品种，比中小型、高桩型果、木栓层薄的品种更易产生

裂果；加强肥水管理，深翻地，增施有机肥，使根系生长良好，缓冲土壤水分的剧烈变化。合理浇水，避免土壤忽干忽湿，特别应防止久旱后浇水过多。避免土壤过湿或过干，土壤相对湿度以 80%左右为宜。温室通风口应避免落进雨水。秋延后番茄在温度急剧下降时，更要注意土壤湿度管理，避免湿度变化过快。露地栽培时，平时要多浇水，避免突然下雨时土壤湿度剧烈变化，雨后及时排水；番茄裂果与植株吸收钙和硼也有关，钙、硼供应不足可引起裂果，因此要及时补充钙肥和硼肥，调节土壤中各种营养元素的比例；氮肥、钾肥不可过多，否则会影响植株对钙的吸收。干旱也会影响植株对钙的吸收，因此均匀浇水至关重要；注意环境调控，防止果皮老化，避免阳光直射果肩是防老化的有效措施，因此在选留花序和整枝绑蔓时，要把花序安排在支架的内侧，靠自身的叶片遮光。摘心时要在最后 1 个果穗的上面留 2 片叶为果穗遮光。设施栽培时要及时通风，降低空气湿度，缩短果面结露时间；喷施 85%丁酰肼（比久）水剂，浓度为 2000～3000 毫克 / 千克，增强植株抗裂性。成熟后及时采收，即在果实开裂前采收。

（二十）辣椒疫病诊断与防治

1. 危害症状　苗期及成株期均可受害。苗期幼茎被害，初呈水渍状暗绿色，后腐烂呈灰褐色或黑褐色僵缩，视幼茎木质化程度，病苗呈猝倒状或立枯状死亡。成株期叶片染病，初呈水渍状暗绿色近圆形小斑，后迅速扩大为不规则形黑褐色，易腐烂，发病与健康部位分界不明晰。结果期主茎及侧枝受害，患部呈水渍状，湿度大时表面出现稀疏粉状白霉，病部以上叶色变淡、萎垂，终呈黑褐色枯萎。果实染病，多从果蒂部开始，呈暗绿色水渍状，果肉软腐，果面出现白色粉状霉（本病病征），晴天病果失水干缩，果皮变皱，呈僵果挂在枝上或脱落。

2. 发病规律　辣椒疫病是土传性病害，病原菌的卵孢子可存活 3 年以上。在北方地区，病菌以菌丝体、卵孢子在土壤中或病组织中越冬，卵孢子借助灌溉水、雨水溅射而传播，作为初侵染接种体，在适宜的温度和湿度条件下，卵孢子开始萌发，产生游动孢子，从孔口或直接侵入辣椒根部、茎部、叶部致病。发病后病部产生孢子囊及游动孢子（无性态孢子）作为再侵染接种体，同样借助灌溉水和雨水溅射侵染致病。在南方菜区，尤其是在广东，病菌越冬期不明显，主要以无性态孢子囊及其产生的游动孢子作为初侵染与再侵染接种体，依靠风雨传播侵染致病，完成其病害周年侵染循环。卵孢子即使存在，所起的作用似乎并不重要。

病菌发育适温为23℃～31℃，适宜空气相对湿度为85%。高温多雨有利于发病，降雨来得早、雨量大、雨日多的年份往往发病重。由于保护地土壤和空气含水量大，十分有利于疫病侵染和扩展，因而发病早而严重。连作是辣椒疫病日趋严重的重要原因，病残株上的大量卵孢子可存活3年以上，成为重要的侵染源。由于保护地辣椒重茬连作，土壤含菌量大，只要气候条件适宜就会暴发成灾。

氮肥施用过多，磷、钾肥和微量元素不足，以及使用未充分腐熟的有机肥，均能使植株抗病力下降，使疫病加重。

3. 防治方法

（1）农业防治

①严格实行轮作　辣椒忌与茄科连作，最好能与禾本科或豆科作物轮作3年以上。据调查，重茬发病率为30%，轮作可降低至1%以下，与大蒜轮作有明显的防病作用，在久未种植辣椒的新菜地易获丰收。

②选用抗病品种　除朝天椒较抗病之外，其他品种抗病性均较差。

③合理密植　每667米^{2}定植3 300～3 500株，以改善田间通风透光条件和降低湿度。但过于稀植容易导致日灼病。

④加强田间管理　在育苗时要选用新土，或用消毒剂对床土进行消毒。在大面积移栽时应采用高垄栽培，垄底宽90厘米，顶宽50厘米，沟底宽20厘米，双行栽苗于高垄上部。防止浇水量过大，避

免田间积水。实行配方施肥，施用腐熟有机肥，适当增施钾肥。

⑤清洁田园　出现病株应及时拔除，将病株带到田外集中烧毁或深埋，并在病穴四周撒上石灰粉进行土壤消毒，以减少病原，绝不能将病株弃于田间或水沟内。收获后及时清除残体并进行深翻，可有效减轻病害。

（2）药剂防治

①种子处理　种子用72%霜霉威水剂800倍液浸泡30～60分钟，捞出用清水洗净，进行催芽或直接播种；或用1%甲醛溶液浸种30分钟，以浸没种子5～10厘米为宜，捞出后漂洗干净，催芽播种。

②苗床消毒　用25%甲霜灵或40%三乙膦酸铝可湿性粉剂8克与适量细土拌匀做成药土，然后取总量的1/3施入苗床内，2/3的药土播种后覆盖。也可用70%敌磺钠可溶性粉剂700倍液进行苗床喷雾消毒，喷雾后要用薄膜覆盖闷上2～3天再播种。

③苗期防治　苗期可选用50%甲霜灵可湿性粉剂500～700倍液，或64%噁霜·锰锌可湿性粉剂500倍液，或58%甲霜·锰锌可湿性粉剂400～600倍液灌根。

④灌根　在定植缓苗后和盛花期，用20%甲霜灵可湿性粉剂500倍液，或64%噁霜·锰锌可湿性粉剂500倍液，或58%甲霜·锰锌可湿性粉剂400～500倍液灌根1～2次，每隔5～7天灌1次。

⑤喷雾　发病初期喷雾防治，可选用52.5%噁酮·霜脲氰水分散粒剂2500倍液，或6.25%噁唑菌酮可湿性粉剂1000倍液，或58%甲霜·锰锌可湿性粉剂600倍液，或64%噁霜·锰锌可湿性粉剂500倍液，或69%烯酰吗啉可湿性粉剂500倍液，或10%氰霜唑悬浮剂1500倍液，或72%霜脲·锰锌可湿性粉剂600倍液，或70%乙铝·锰锌可湿性粉剂500倍液，或25%烯肟菌酯乳油1000倍液，或69%烯酰·锰锌可湿性粉剂600倍液，或55%烯酰·福美双可湿性粉剂700倍液，或50%嘧菌酯水分散粒剂2000倍液，每隔5～7天喷1次，视病情连续防治2～3次。

（二十一）辣椒立枯病诊断与防治

1. 危害症状　主要危害幼苗茎基部。幼苗出土后就可受害，尤以幼苗生长中后期最为严重。子叶期幼苗会弯曲倒伏，稍大的幼苗发病初期白天中午叶片萎蔫，夜间和清晨又恢复，木质部较发达，不会立即倒伏，故称为立枯病。最后，叶片萎蔫不能复原，植株干枯，根部随之变色腐烂。茎基部稍靠上位置，受病菌侵染后产生暗褐色椭圆形病斑，病斑逐渐凹陷，并向两侧扩展，最后绕茎基一周，皮层变色腐烂，茎干缩，露出木质部。潮湿时，病斑表面和周围土壤形成蜘蛛网状灰白色至淡褐色的菌丝体，后期会形成菌核，病原菌同病叶以菌核形态重新回到土壤中，形成再侵染源。紧挨地面位置的茎发病多是由于直接受到来自地表的病菌侵染，症状和前述一致，后期茎基部缢缩，表皮干缩变褐，幼苗稍大时容易与疫病混淆，幼苗很小时容易与猝倒病混淆。

2. 发病规律　病菌主要以菌核或菌丝体在病残体或土壤中越冬，病菌的腐生力很强，在没有寄主的土壤中也能存活 2～3 年。混有病残体的未腐熟的堆肥以及在其他寄主植物上越冬的菌丝体和菌核，均可成为初侵染源。病菌通过雨水、灌溉水、沾有带菌土壤的农具及带菌的堆肥传播，遇到足够的水分和较高的湿度时，菌核萌发出菌丝，以菌丝或菌核产生的芽管直接从幼苗茎基部或根部伤口侵入，也可穿透寄主表皮直接侵入。发病的温度范围为 13℃～41℃，最适温度为 20℃～28℃，12℃以下或 30℃以上病菌生长受到抑制，故苗床温度较高时发病重。播种过密、通风不良、间苗不及时、幼苗生长细弱、植株抗病能力弱的苗床或地块易发病。阴雨多湿、土壤湿度偏高、土质黏重及排水不良的低洼地发病重。光照不足，光合作用差，也易发病。

3. 防治方法

（1）农业防治　实行 2～3 年及以上轮作，不能轮作的重病地应进行深耕改土。种植密度适当，加强通风透光，低洼地应实行高畦栽培，雨后及时排水，收获后及时清园，不施用未腐熟有机肥。发病初期摘除病叶，并用药剂涂抹叶鞘等发病部位。

（2）药剂防治

①营养土消毒　播种前进行苗床消毒，每立方米营养土用50%多菌灵可湿性粉剂200克，拌匀后盖膜闷5～7天。或1000千克床土用40%甲醛溶液250～300毫升加水25～30升，喷洒于床土并充分拌匀，盖膜闷5～7天。或每平方米用70%噁霉灵可湿性粉剂1克，拌土撒施。也可每平方米用50%克菌丹可湿性粉剂或65%代森锌可湿性粉剂3克，加水1.5升，喷洒床土。

②喷雾　发病初期选择喷洒20%甲基立枯磷乳油1200倍液，或36%甲基硫菌灵悬浮剂600倍液，或70%噁霉灵可湿性粉剂3000倍液，或64%噁霜·锰锌可湿性粉剂600倍液，或72.2%霜霉威水剂600～800倍液，或1.5%多抗霉素可湿性粉剂150～200倍液，或58%甲霜·锰锌可湿性粉剂500倍液，或50%多菌灵可湿性粉剂800倍液，或70%代森锰锌可湿性粉剂500倍液，或75%百菌清可湿性粉剂600倍液，或50%苯菌灵可湿性粉剂1500倍液，或40%菌核净可湿性粉剂1000倍液，或50%乙烯菌核利可湿性粉剂1000倍液，每隔7天喷雾1次，连续防治2～3次，重点喷地面和茎基部。

（二十二）大白菜病毒病诊断与防治

1. 危害症状　叶片出现明脉和沿叶脉褪绿，然后发生花叶。叶片皱缩不平，心叶扭曲，生长缓慢。有时叶脉上产生褐色坏死斑点或条斑，严重时病株早期枯死。成株期被害，叶片皱缩、凹凸不平，呈黄绿相间的花叶，在叶脉上也有褐色的坏死斑点或条斑。严重时，植株停止生长，矮化，不包心，病叶僵硬扭曲皱缩成团。

2. 发病规律　病毒在窖藏的白菜、甘蓝留种株上越冬，或在田间的寄主植物活体上越冬，翌年春天，主要靠蚜虫把病毒传到春季种植的十字花科蔬菜上。一般高温干旱利于发病，在28℃时潜育期短，只有3～14天。空气相对湿度在80%以上时不利于发病，在75%以下时病毒病易发生。苗期，一般6片真叶以前容易受害发病，被害越早，发病越重；6片真叶以后受害明显减轻。播种早的秋白菜一般发病重，与十字花科蔬菜连作、管理粗放、缺水缺肥的田块发病重。

3. 防治方法

（1）农业防治　选用抗病品种，如北京新1号、北京新4号、北京新5号、北京抗病106、北京大青口、96–8、北京擂红心、北京橘红心2号、北京68、北京改良67、京春早、小杂56、京绿4号、抱头青、晋菜3号、山东1号、青杂5号、天洋绿、辽白1号、塘沽青麻叶、冀白菜3号、冀白菜6号、早心白、多育3号、杂29、石绿85、石丰88、烟台1号、开原白菜、城阳青等，各地可因地制宜选用。

加强栽培管理，深耕细作，彻底清除田边地头的杂草。及时拔除病株，带出田外深埋或烧毁，可以减少毒源，减轻病害。施用充分腐熟的粪肥作基肥，增施磷、钾肥，还要及时追肥，氮肥要做到多次少量，前少后多，分次追施。包心球每隔7～8天喷1次0.3%磷酸二氢钾溶液，既提高产量，又提高植株抗病力。适期播种，播种早了发病重，播种晚了又影响产量，所以要根据当地气候适时播种，如秋大白菜北京地区播种适期一般为立秋前5天至后3天。苗期采取小水勤浇，一般是“三水齐苗，五水定棵”，可减轻病毒病发生。天旱时不要过分蹲苗，间苗时应除掉弱小病苗。为了防止人工操作传播病毒，操作前和碰到病苗后，要用肥皂水清洗消毒。

（2）药剂防治　可用20%吗胍·乙酸铜可湿性粉剂500倍液，或0.5%菇类蛋白多糖水剂300倍液，或5%菌毒清水剂500倍液，或1.5%烷醇·硫酸铜悬乳剂1000倍液喷雾，每隔5～7天喷1次，连续2～3次。

（二十三）大白菜灰霉病诊断与防治

1. 危害症状　主要危害叶片及花序，病部变淡褐色，稍软化，逐渐腐烂，潮湿时病部长出灰色霉状物，不堪食用。贮藏期主要侵害叶柄基部，病部由外向内扩展，初呈水渍状稍软化椭圆形斑，后形成大块不整形斑，湿度大时病部长出灰霉，即病菌子实体。后病部逐渐腐败或波及邻株。干燥条件下，不长灰霉，易与软腐病混淆，但本病不发臭，有别于软腐病。

2. 发病规律 以菌丝体、菌核在土壤中，或以分生孢子在病残体上越冬，翌年分生孢子随气流及露珠或农事操作进行传播蔓延。适温及高湿条件，特别是阴雨连绵或冷凉高湿，或贮藏窖内湿度大且通透性差，易诱致发病。

3. 防治方法

（1）农业防治 加强肥水管理，露地种植注意清沟排渍，勿浇水过度，增施有机肥及磷、钾肥，避免偏施氮肥。注意田间清洁，及时收集病残物烧毁。贮存菜窖内温度控制在0℃左右，防止温度过高或高湿持续时间过长，以减少贮藏期发病。

（2）药剂防治 发病初期喷洒50%乙烯菌核利可湿性粉剂1 000倍液，或50%异菌脲可湿性粉剂1 500倍液，或50%腐霉利可湿性粉剂1 500倍液，或50%多菌灵可湿性粉剂500倍液，或60%多菌灵盐酸盐超微粉600倍液，每隔7天1次，连续防治2～3次。

（二十四）大白菜根肿病诊断与防治

1. 危害症状 只危害根部，表现为植株矮小，生长缓慢，基部叶片变黄萎蔫呈失水状，严重时枯萎死亡。主、侧根和须根形成大小不等的肿瘤，主根肿瘤大如鸡蛋，数量少；侧根肿瘤很小，圆筒形、手指形；须根肿瘤极小，如同高粱粒，往往成串，多达20余个。肿瘤表面开始光滑，后变粗糙，进而龟裂。

2. 发病规律 病菌在土壤中可以存活6～7年之久，在田间主要靠雨水、灌溉水、昆虫和农具传播，远距离传播则主要靠大白菜病根或带菌泥土的转运。一般种子不带菌。土壤偏酸性、温度18℃～25℃、土壤相对含水量70%～90%是发病的最适条件。连

作地、低洼地、“水改旱”菜地病情较重。

3. 防治方法

（1）农业防治　重病地要和非十字花科蔬菜实行6年以上轮作，并铲除杂草，尤其是要铲除十字花科杂草。收菜时彻底清除病根，集中销毁。发现少数病株，及时清除，随之用15%石灰水浇灌病穴。在低洼地或排水不良的地块栽培大白菜，要采用高畦或垄栽形式。酸性土壤应适量施用石灰，将土壤酸碱度调节至微碱性。

（2）药剂防治　每平方米苗床用15%噁霉灵水剂2毫升加水3升喷淋。也可用50%福美双可湿性粉剂800倍液，或50%硫菌灵可湿性粉剂500倍液灌根，每株用药液0.3～0.5千克。

（二十五）大白菜霜霉病诊断与防治

1. 危害症状　主要危害叶片，最初叶正面出现灰白色、淡黄色或黄绿色周缘不明显的病斑，后扩大为黄褐色病斑，病斑因受叶脉限制而呈多角形或不规则形，叶背密生白色霜状霉。病斑多时相互连接，使病叶局部或整叶枯死。病株往往由外向内层层干枯，严重时仅剩小小的心叶球。

2. 发病规律　病菌随病残体在土壤中，或留种株上，或附着于种子上越冬，借风雨传播，进行多次再侵染。孢子囊形成要求有水滴或露水，因此连阴雨天气、空气湿度大或结露持续时间长时此病易流行。平均最低气温较高的年份发病重，早播、脱肥或病毒病重等条件下发病重。

3. 防治方法

（1）农业防治

①选用抗病品种　生产上推广的夏冬青，热抗白，北京106号，中白，双冠，青庆，豫白1号，北京4号、26号、88号、100号，青愧169，双青156，城阳青，天津青麻叶，开原白菜，跃进1号，青麻叶品系816-812等品种较抗霜霉病。

②适期播种　实践证明，早播比晚播发病重，但晚播往往影响

包心，使产量降低，所以要根据当地气候做到适期播种，如北京市郊播种适期为8月3～7日。

③改进种植方式　南方地区一般采用深沟窄厢高畦栽培，而北方地区一般采用带状等行距种植。北京郊区，采用宽窄行种植方式，留打药行，收到良好的效果。留打药行便于白菜封垄后喷药防治病害和通风透光。采用“六留一”或“四留一”的宽窄行，不仅防病效果好，而且可避免打药操作过程中造成白菜损伤。

④加强肥水管理　要施足基肥，增施磷、钾肥。早间苗，晚定苗，适度蹲苗。小水勤浇，雨后及时排水。莲座期以促生长为主，及时浇水，满足其生长所需水分。包心前中期，可喷施植保素6000～9000倍液或糖尿液（红糖：尿素：水=1:4:100），早上喷，喷在叶片背面，可提高植株抗病力。同时，加强浇水追肥，使白菜提早结球包心，还可防止早衰。

⑤清洁田园　苗期发病后，在间苗、定苗时应清除病苗，拉秧后把病叶、病株清除出田外深埋或烧毁，并深翻土壤，可减少病菌在田间传播。

（2）药剂防治　发病初期可用72.2%霜霉威水剂600倍液，或78%波尔·锰锌可湿性粉剂500倍液，或69%烯酰·锰锌可湿性粉剂600倍液，或50%琥铜·甲霜灵可湿性粉剂600倍液，或70%乙铝·锰锌可湿性粉剂400倍液，或58%甲霜·锰锌可湿性粉剂500倍液，或64%噁霜·锰锌可湿性粉剂600倍液，或90%三乙膦酸铝可湿性粉剂800倍液＋高锰酸钾1000倍液，或25%甲霜灵可湿性粉剂800倍液，或72%霜脲·锰锌可湿性粉剂1200倍液，或70%代森锰锌可湿性粉剂500倍液喷雾，每隔6～8天喷1次，共喷2～3次。

（二十六）大白菜黑腐病诊断与防治

1. 危害症状　大白菜黑腐病往往与软腐病同时发生，形成了两种病害的复合侵染，大大加重了对大白菜的危害。大白菜各时期都会发病，幼苗子叶边缘水渍状，稍黑，迅速枯死。成株期从叶片边缘出现病变，逐渐向内扩展，形成“V”形褐色病斑，周围变黄。病斑内网状叶脉变为褐色或黑色。病斑扩大，造成叶片局部或大部腐烂枯死。叶柄发病，病原菌沿维管束向上发展，可形成褐色干腐，叶片歪向一侧，半边叶片发黄。短缩茎腐烂，维管束变色，有一圈黑色小点，严重的髓部中空，变黑干腐。高湿度条件下病害蔓延很快，严重发病植株多数叶片染病直至枯死。种株发病，叶片上也产生“V”形褐色病斑，病叶脱落，花薹髓部变黑褐色。

2. 发病规律 病原菌随种子和田间病株残体越冬，也可在采种株或冬菜上越冬。带菌种子是最重要的初侵染源，可以通过引种传播到无病区。病原菌可在病残体上存活1年左右，随病残体越冬的病原菌，翌年春季通过雨水、灌溉水、昆虫或农事操作传播带到叶片上，经叶缘的水孔、叶片的伤口、虫伤口侵入。病菌生长适温为27℃～30℃，高温高湿、多雨重露有利于黑腐病的发生，暴风雨后往往大发生，易于积水的低洼地块和浇水过多的地块发病重，在连作、施用未腐熟农家肥及害虫严重发生等情况下发病加重。

3. 防治方法

（1）农业防治 使用由无病田和无病株采收的种子。与非寄主作物，如豆类、葫芦科蔬菜、茄科蔬菜等进行2年轮作，避免和十字花科蔬菜连作。清洁田园，及时清除病残体，秋后深翻，施用腐熟农家肥。适时播种，合理密植。及时防虫，减少传菌介体。合理浇水，雨后及时排水，降低田间湿度。减少农事操作造成的伤口。

（2）物理防治 用温汤浸种法处理时，种子先用冷水预浸10分钟，再用50℃热水浸种25～30分钟。

（3）药剂防治

①药剂处理种子 可用45%代森铵水剂300倍液，或77%氢氧化铜悬浮剂800倍液，或20%噻菌酮1000倍液浸种20分钟，用清水充分冲洗后晾干播种。还可用50%琥胶肥酸铜可湿性粉剂或50%福美双可湿性粉剂，按种子重量0.4%的药量拌种。

②喷雾　发病初期及时喷药防治，可选用77%氢氧化铜可湿性粉剂500～800倍液，或1∶1∶250～300波尔多液，或72%硫酸链霉素可溶性粉剂4 000～5 000倍液，或20%喹菌酮可湿性粉剂1 000倍液，或45%代森铵水剂900～1 000倍液，或50%琥胶肥酸铜可湿性粉剂1 000倍液，或60%琥铜·乙膦铝可湿性粉剂1 000倍液，每隔7～10天喷1次，共喷2～3次，药剂宜交替施用。

白菜幼苗对链霉素、新植霉素等敏感，药害严重，易形成白苗。在成株期使用，白菜心叶表现轻微药害，叶缘变白。

（二十七）大白菜干烧心诊断与防治

1. 危害症状　大白菜莲座期开始发病，但主要发生在包心期以后。菜株包心后，外形正常，表现为菜球顶部边缘向外翻卷，叶缘逐渐干枯黄化。切开菜球，可见菜球内部的个别叶片叶面变干、黄化，叶肉呈干纸状。

2. 发病规律　干烧心是生理性病害，致病原因有不同看法：一种认为是由于土壤中缺少水溶性钙，营养失调引起；另一种认为是由于土壤中缺少活性锰所致。

3. 防治方法　不要在盐碱地中种大白菜。重病地应与非十字花科蔬菜轮作。要精细整地，适期晚播，过早播种干烧心严重。增施腐熟有机肥，使土壤有机质含量达到2.5%～3%及以上。合理施用化肥，氮、磷、钾肥配合使用，避免偏施氮肥。及时、适量浇水，严防苗期、莲座期干旱，莲座期保持土壤相对含水量不低于15%，结球期不低于20%，干旱年份不蹲苗或避免蹲苗过度。莲座期至包心期后，连续喷施0.7%氯化钙溶液+0.7%硫酸锰溶液，预防干烧心病发生。对已发生干烧心病的地块，要及时浇水、追肥，可喷施含钙和锰的复合微肥，防止病势进一步发展，促进菜株恢复健康。为防止干烧心病在贮藏期继续发展，大白菜贮藏窖温度应保持在0℃～2℃，空气相对湿度保持在90%左右。

（二十八）西葫芦菌核病诊断与防治

1. 危害症状　棚室或露地西葫芦均可发病，棚室受害较重。该病主要危害果实和茎蔓，诊断特征是病部前期长出白色棉毛状菌丝，后期纠结形成黑色鼠粪状菌核。茎染病时，多从靠近地面的茎部发病，产生褪色水渍状斑，后逐渐扩大呈淡褐色，高湿条件下病茎软腐，长出白色棉絮状菌丝。茎髓部遭破坏腐烂中空，或纵裂干枯，状如乱麻。果实染病多从顶部残花部位即脐部开始，病部颜色变淡，呈现黄绿色，渐向瓜条上部发展，呈水渍状，病部变软、腐烂，长出白色霉层。后期，散落在田间的病果内部，会形成大量黑色菌核。

2. 发病规律　病部形成的菌核遗留在土壤中或混杂在种子中越冬或越夏，混在种子中的菌核会随播种操作进入田间，留在土壤中的菌核遇到适宜温湿度条件时即可萌发，在地表出现子囊盘，放出子囊孢子，随气流传播蔓延，侵染衰老的花瓣或叶片。在田间，带菌雄花落在健叶或茎上经菌丝接触，易引起发病，并以这种方式进行重复侵染，直到条件不适宜繁殖时，又形成菌核落入土中或随种株混入种子中越冬或越夏。低温、高湿或多雨的早春或晚秋有利于该病发生和流行。连年种植葫芦科、茄科及十字花科蔬菜的田块，排水不良的低洼地，或偏施氮肥，或霜害、冻害条件下发病重。

对发病温室观察发现，该病发生有如下规律：①断根以后，由于嫁接口离地面比较近，近地面的部位容易长出不定根，就失去了嫁接的意义，植株抗性降低，容易感染各种土传病菌。如果不及时剪除不定根，就很容易导致植株茎部的病菌感染，诱发菌核病。②在阴雨天或气温回升，空气湿度、土壤湿度较大时进行整枝掐叶等容易给植株留下伤口的农事活动，植株感染菌核病的概率高。

3. 防治方法

（1）农业防治　有条件者最好与水生作物轮作，或在夏季把病田灌水浸泡15天，或收获后及时深翻，深度要求达到20厘米，将

菌核埋入深层，抑制子囊盘出土。同时，采用配方施肥技术，增强植株抗病力。黄瓜定植断根后，随时检查接穗不定根的发生情况，及时剪除不定根。阴雨天或者气温高、湿度大的时候不要进行整枝掐叶等农事活动，以免植株伤口感染病菌。每年定期对棚室土壤进行处理，尤其是老棚，以减少土壤中的致病菌。

（2）物理防治 播种前用10%盐水漂洗种子2～3次，淘除菌核。用紫外线透过率较高的塑料薄膜覆盖棚室，可抑制子囊盘出土及子囊孢子形成。采用高畦覆盖地膜的栽培方式也可抑制子囊盘出土及释放子囊孢子，减少菌源。

（3）生态防治 棚室栽培时，上午以闭棚升温为主，温度不超过30℃不通风，下午及时通风排湿，空气相对湿度要低于65%。发病后可适当提高夜温以减少结露，减轻病情。防止浇水过量，土壤湿度大时适当延长浇水间隔期。

（4）药剂防治

①种子消毒 种子用55℃温水浸种10分钟，即可杀死菌核。

②伤口消毒 每次整枝摘叶后，都要对植株伤口处进行及时的药剂处理，药剂可选用50%噁霉·申嗪·苦参碱乳油500倍液，或30%噁霉灵可湿性粉剂1 000倍液+72%硫酸链霉素可溶性粉剂1 500倍液。

③喷雾 成株期发病，可选用2%宁南霉素水剂250倍液，或40%菌核净可湿性粉剂600倍液，或50%乙烯菌核利可湿性粉剂1 000倍液，或50%腐霉利可湿性粉剂1 500倍液，或50%异菌脲可湿性粉剂1 000倍液，或50%乙霉·多菌灵可湿性粉剂1 000倍液，每隔8～9天喷1次，连续防治3～4次。病情严重时，除喷雾外，还可把上述杀菌剂兑成50倍液，涂抹在瓜蔓病部，抑制病情发展。

④熏烟与喷粉 棚室地面上出现子囊盘时，可采用烟雾或喷粉法防治，每667米^{2}用10%腐霉利烟剂或45%百菌清烟剂250克，拌锯末分堆点燃熏1夜，隔8～10天1次，连续或与其他方法交替

防治 3～4 次。也可每 667 米^{2}喷撒 5%百菌清粉尘剂 1 千克，每隔 8～9 天 1 次，连续防治 3～4 次。

（二十九）西葫芦疫病诊断与防治

1. 危害症状　主要危害嫩茎、嫩叶和果实。幼苗染病，多始于嫩尖，产生水渍状病斑，病情发展较快萎蔫枯死，但不倒伏。茎蔓染病，多在近地面茎基部开始，初期呈暗绿色水渍状斑，随后病部缢缩，全株萎蔫而死亡。叶片染病，初始产生暗绿色水渍状斑点，随后扩展成不规则的大斑；潮湿时全叶腐烂，并产生白色霉层，干燥时整张叶片变青白色枯死。瓜条染病，初始出现水渍状浅绿褐色小斑，以后软化腐烂，迅速向各方向扩展，在病部产生白色霉层（即病菌孢囊梗和游动孢子囊），最终导致病瓜局部或全部腐烂。

2. 发病规律　病菌主要以菌丝体、卵孢子及厚垣孢子随病残体在土壤或未腐熟的肥料中越冬，翌年遇水产生孢子囊和游动孢子，游动孢子通过气流、雨水、灌溉水及土壤耕作等传播。种子带菌是病害远距离传播的主要途径。游动孢子萌发芽管，产生附着器和侵入丝穿透表皮进入寄主体内，遇高温高湿条件 2～3 天出现病斑，其上产生大量孢子囊，借风雨或灌溉水传播蔓延，进行多次重复侵染。

发病适温 28℃～30℃，最高温度 37℃，最低温度 9℃。土壤水分是影响此病流行程度的重要因素。露地栽培时，在温度高、雨季来临早、降雨时间长、雨量大、雨天多的年份疫病容易流行，危害严重。地势低洼、排水不良、与瓜类作物连作、采用平畦栽培易发病，长期大水漫灌、浇水次数多、水量大等易发病。设施栽培时，春夏之交，打开温室前部通风口后，容易迅速发病。

3. 防治方法

（1）农业防治　选用抗病品种。避免瓜类连作或邻作，老菜区与水稻轮作 1 年以上可以减少土壤中的菌源。选用云南黑籽南瓜作砧木，进行嫁接育苗。采用高畦栽培，覆盖地膜，减少病菌对植株的侵染机会，这条措施非常重要。种植前清除病残体，翻晒土壤，施足有机基肥，畦高30～35厘米及以上，整平畦面，使雨后排水顺畅。苗期适当控水促根系发育，成株期小水勤浇保持土壤湿润，结瓜、采收期肥水充足供应，适当增施磷、钾肥。勤除畦面杂草，及时整枝绑蔓，以利通风降湿。避免大水漫灌，避免土壤和空气湿度过高。露地栽培时，雨季要及时排出田间积水，发现中心病株后及时拔除，病穴撒施少量石灰，防止菌源扩散。

（2）药剂防治

①土壤消毒　苗床或棚室土壤消毒，方法是每平方米苗床用25%甲霜灵可湿性粉剂8克与土拌匀撒在苗床上。保护地栽培时于定植前用25%甲霜灵可湿性粉剂750倍液喷淋地面。

②喷雾　选用52.5%噁酮·霜脲氰水分散粒剂2500倍液，或6.25%噁唑菌酮可湿性粉剂1000倍液，或58%甲霜·锰锌可湿性粉剂600倍液，或64%噁霜·锰锌可湿性粉剂500倍液，或69%烯酰吗啉可湿性粉剂500倍液，或70%乙铝·锰锌可湿性粉剂500倍液，或25%烯肟菌酯乳油1000倍液，或69%烯酰·锰锌可湿性粉剂600倍液，或50%嘧菌酯水分散粒剂2000倍液喷施，每5～7天喷1次，视病情连续防治2～3次。

③灌根　茎基部发病时，可选用25%甲霜灵可湿性粉剂800倍液，或64%噁霜·锰锌可湿性粉剂800倍液，或58%甲霜·锰锌可湿性粉剂800倍液灌根，每隔5～7天灌1次，连灌3次，每株灌药液250～500克。